管理學原理

徐中和、張建濤 主編

財經錢線

前 言

編寫一本普遍使用於高等教育的通俗易懂的《管理學原理》教材，是我們多年的夙願。多年的教學及在企業中的實踐，使我們越來越感受到人才的相對缺乏，尤其是管理類人才的缺乏。這些成為了我們編寫本書的動力。

本書由長期從事管理學教學與研究和從事實踐管理工作的學者們相互切磋，共同研討，分工協作而成；緊緊圍繞高等教育人才培養的目標，更加理論貼近實踐的角度與方法編寫而成。該書是經濟類專業管理基礎課程的通用教材。全書主要按管理職能分章：第一章、第二章由徐中和編寫；第三章、第四章、第八章、第十章由張林雲編寫；第五章、第六章、第九章由劉春江編寫；第七章由杜鵬舉編寫。最後由徐中和、劉春江進行總纂和統稿。在教材的編寫過程中得到了段雄春、程克江、李糾、楊用華的支持與幫助，也參閱了其他同人的相關資料與成果，另外，張建濤、曾小龍參予了大量的審稿工作，在此一併表示感謝。由於是一次新的嘗試，再加上作者水準有限，錯誤之處在所難免，敬請同人斧正。

編者

目 錄

第一章　管理學導論 …………………………………………… (1)
　　第一節　管理的定義 ……………………………………… (2)
　　第二節　管理的職能 ……………………………………… (4)
　　第三節　管理者 …………………………………………… (5)
　　第四節　管理學的特點、研究對象和研究方法 ………… (8)

第二章　管理學思想的發展和演變 …………………………… (15)
　　第一節　管理學發展史概述 ……………………………… (16)
　　第二節　現代管理理論的主要學派及其發展 …………… (30)

第三章　決策 …………………………………………………… (40)
　　第一節　決策的概念 ……………………………………… (41)
　　第二節　決策的程序 ……………………………………… (43)
　　第三節　決策的方法 ……………………………………… (46)

第四章　計劃 …………………………………………………… (60)
　　第一節　計劃的概論 ……………………………………… (61)
　　第二節　計劃及其制訂 …………………………………… (66)
　　第三節　常用的計劃方法 ………………………………… (72)

第五章　組織工作 ……………………………………………… (83)
　　第一節　組織工作概述 …………………………………… (84)
　　第二節　組織設計的基本原則與程序 …………………… (86)
　　第三節　組織結構的類型 ………………………………… (95)

第六章　領導 …………………………………………………… (104)
　　第一節　領導的本質 ……………………………………… (105)

第二節　領導與權力 …………………………………………（107）
　　第三節　領導者 ……………………………………………（111）
　　第四節　領導方式及其理論 …………………………………（115）
　　第五節　領導藝術 …………………………………………（120）

第七章　溝通 ……………………………………………………（127）
　　第一節　溝通的原理 …………………………………………（128）
　　第二節　人際溝通 …………………………………………（133）
　　第三節　組織溝通 …………………………………………（137）
　　第四節　衝突管理 …………………………………………（142）

第八章　控制與控制系統 ………………………………………（149）
　　第一節　控制的含義 …………………………………………（149）
　　第二節　控制的方式 …………………………………………（158）
　　第三節　控制的過程 …………………………………………（166）
　　第四節　控制中的阻力 ………………………………………（171）

第九章　激勵理論 ………………………………………………（180）
　　第一節　激勵概述 …………………………………………（181）
　　第二節　激勵理論 …………………………………………（183）
　　第三節　如何激勵員工 ………………………………………（190）

第十章　管理創新與現代管理的發展趨勢 ……………………（200）
　　第一節　管理創新 …………………………………………（201）
　　第二節　學習型組織 …………………………………………（206）
　　第三節　全面質量管理 ………………………………………（209）
　　第四節　企業資源計劃（ERP）……………………………（215）
　　第五節　現代管理的發展趨勢 ………………………………（222）

第一章　管理學導論

學習目標

1. 掌握管理的概念
2. 掌握管理的職能
3. 瞭解管理學的特點

引導案例

黃敬為什麼總是這麼忙？

黃敬是一家小型機械裝配廠的經理。每天黃敬上班時都隨身攜帶一份他當天要處理的各種事務的清單。清單上的有些項目是他的上級通知他需要處理的，另一些是他自己在以前多次的現場巡視中發現的或者他手下報告的不正常的情況。

一天，黃敬與往常一樣帶著他的清單來到了辦公室。他做的第一件事是審查工廠各班次監督人員呈送上來的作業報告。他的工廠每天 24 小時連續工作，各班次的監督人員被要求在當班結束時提交一份報告，說明該班次開展了什麼工作，發生了什麼問題。看完前一天的報告後，黃敬通常要同他的幾位主要下屬人員開一個早會，會上他們決定對於報告中所反應的各種問題應採取些什麼措施。黃敬在白天也參加一些會議，會見來廠的訪問者。他們中有些是供應商或潛在供應商的銷售代表，有些則是工廠的客戶。此外，有時也有一些來自地方、政府機構的人員。總部職能管理人員和黃敬的直接上司也會來廠考察。當陪伴這些來訪者和他自己的屬下人員參觀的時候，黃敬常常會發現一些問題，並將他們列入他那待處理事項的清單中。黃敬發現自己明顯無暇顧及長期計劃工作，而這些活動是他改進工廠的長期生產效率必須要做的。他似乎總是在處理某種危機，他不知道哪裡出了問題。為什麼他就不能以一種使自己不這麼緊張的方式工作呢？

【問題】

1. 為什麼黃敬總是這麼繁忙？
2. 從管理職能的角度，可以對黃敬的工作做一種什麼樣的分析來解決他面臨的困境？

案例來源：http：//www.docin.com。

第一節　管理的定義

　　管理（management）是人類各種活動中最普通和最重要的一種活動。近一百年來，人們把研究管理活動規律所形成的基本理論與方法統稱為管理學（management science），由此可見，管理學是一門新興的學科，近幾年的學科發展也十分迅速。

　　管理學作為一種知識體系，是管理思想、管理原則、管理技能和管理方法的綜合。隨著管理實踐的發展，管理學不斷充實新的內容，成為指導人們開展各種管理活動，有效達到管理目的和實現組織目標的指南。

　　自從有了人類的共同勞動，就有了管理。綜觀人類社會的歷史不難發現，管理是小到家庭大到國家的各種組織由強變弱或由弱變強的根本，管理是一類特殊的人類社會實踐活動，因對象的不同而具有特殊性，但其概念、原理、職能、要素和過程等具有顯著的普遍性。

　　什麼是管理？這是每個初學管理的人首先遇到的問題。眾所周知，管理涉及各種領域，如行政管理、經濟管理、企業管理以及各種行業、部門和過程的管理。不同的人站在不同的角度也有不同的解釋。從字面上看，管理就是管轄梳理；政治學家認為，管理是建立有效的權力管理系統，科學地分權、授權和集權；經濟學家認為，管理是對組織的資源進行計劃、組織、領導和控制，以實現既定目標的過程，優秀的管理是一種稀缺的經濟資源；心理學家則認為，管理是溝通、協調與激勵，是使人適應於組織和社會的過程；社會學家則認為，管理是一種文化活動，管理水準是社會進步、社會文明的一種標誌。

　　由此可見，管理是一個含義十分廣泛的抽象概念，不同的學者從不同的角度都提出了自己的看法。

　　其中具有代表性的有：

　　（1）強調管理作用的人認為「管理就是謀取剩餘」。所謂「剩餘」就是產出大於投入的部分。這類管理學者認為，任何管理活動都是為了一個目的，就是使產出大於投入。

　　（2）強調決策作用的人認為「管理就是決策」。（西蒙）。這類學者認為，決策貫穿於管理的全過程和管理活動的所有方面，任何組織都離不開對目標的選擇，任何工作都必須經過一系列的比較、評價、選擇才能開始執行。如果一開始決策就錯了，執行得越好，所造成的損失就越大。所以他們認為管理就是決策，決策可以真正反應管理的真諦。

　　（3）強調管理者個人作用的人則認為「管理就是領導」。（穆尼）。該定義的出發點是，任何組織中的一切有目的活動都是在不同層次的領導者的領導下進行的，組織活動的有效性，取決於領導的有效性，所以管理就是領導。

　　（4）強調管理工作的人則認為「管理就是通過別人來使事情做成的一種職能」（孔茨）。為了達成管理的目的，要進行計劃、組織、人事、指揮、控制，管理就是由

這幾項工作組成的。

（5）強調管理過程的人則認為「管理是組織為了達到個人無法實現的目標，通過各項職能活動，合理分配、協調相關資源的過程」（周三多）。

（6）還有的學者把管理看作是一個由計劃、組織、領導、控制所組成的各類管理活動或是管理者組織他人工作的一項實踐活動；也有人認為管理就是用各種數理方法來表示計劃、組織、控制、決策等合乎邏輯的程序，並求出最優答案的一項工作，等等。

【思考】為什麼到了近代，尤其是工業革命之後，管理學才逐漸開始成為一門系統的學科？為什麼存在各種各樣的管理學定義？從你個人的角度出發，你認為管理是什麼？

管理定義的多樣化，既反應了人們研究立場、方法、角度的不同，也反應了管理科學作為一門比較新興的學科的不成熟性。為了反應管理的本質，人們博採眾長，形成了現代管理學中的管理概念，即管理是指組織中決策主體通過信息獲取、決策、計劃、組織、領導、控制和創新等職能的發揮來分配、協調包括人力資源在內的一切可以調用的資源，以實現單獨的個人無法實現組織目標的一系列的過程和手段。

對這一定義可作進一步解釋：

（1）管理的載體是組織。組織包括企事業單位、國家機關、政治黨派、社會團體以及宗教組織等。管理不能脫離組織而存在，同樣，組織中必定存在管理。

（2）管理的本質是活動或過程，而不是其他。更具體地說，管理的本質是分配、協調活動或過程。

（3）管理的對象是包括人力資源在內的一切可以調用的資源。可以調用的資源通常包括原材料、人員、資本、土地、設備、顧客和信息等。在這些資源中，人員是最重要的。在任何類型的組織中，都同時存在人與人、人與物的關係。但人與物的關係最終仍表現為人與人的關係，任何資源的分配、協調實際上都是以人為中心的。所以管理要以人為中心。

（4）管理的職能是信息獲取、決策、計劃、組織、領導、控制和創新。

（5）管理的目的是為了實現既定的目標，而該目標僅憑單個人的力量是無法實現的。

【思考】管理產生的原因是什麼？對個人行為的計劃和約束是不是管理？為什麼？

早在一百多年前，馬克思就指出了管理的兩重性。一方面，管理是由共同勞動的社會結合的性質產生的，只要是協作勞動，客觀上就需要管理，這是任何具有社會結合形態的勞動共有的性質，是任何有許多人進行協作的勞動普遍存在的性質；另一方面，管理又是從共同勞動過程的資本主義性質即對抗性質產生的。在資本主義生產方式中，直接生產者與生產資料所有者之間的對立關係和資本主義生產社會化要求「統一的意志」又是相矛盾的。因此，資本主義的管理就必然具有「監督勞動」的職能，這是資本主義管理的特殊性。

管理的最終目的就是為了追求某種效益，從而實現組織的最終目標。在任何管理活動中都要講究實效，力圖用最小的投入和消耗創造出最大的經濟效益和社會效益，

這是管理的效益原理。實現組織的最終目的是管理的永恆主題，也是管理學的出發點和歸宿點。

第二節 管理的職能

　　管理的職能是在管理過程中所從事的活動或發揮的作用。人類的管理活動具有哪些最基本的職能？關於這個問題至今仍眾說紛紜。不同的學者對管理的職能做出了不同的劃分。如今的管理學教材仍然是圍繞管理職能來加以組織的。

　　最早是在20世紀初，法國的工業家亨利·法約爾在其著作《工業管理與一般管理》中提出，所有管理人員都行使五種管理職能：計劃、組織、指揮、協調和控制。

　　20世紀50年代中期，美國的兩位教授哈羅德·孔茨和西里爾·奧唐內爾把計劃、組織、人員配備、指導和控制職能用作管理學教材的理論框架，這本權威的教材暢銷了二十年。

　　目前國內使用的管理學教材一般把管理的職能分為六種：決策、計劃、組織、領導、控制和創新。

　　以上職能是帶有普遍性的。所有的管理人員不論其什麼頭銜，在何崗位，處於哪一管理層次，都須執行這些基本管理職能。但不同層次對不同職能的時間精力分配不同。具體分別如下：

　　（1）決策是指組織或個人為了實現某一目標，而從若干個可行性方案中選擇一個滿意方案的分析判斷過程。其含義有四層：第一，決策是為實現一定的目標服務的，在對決策方案做出選擇前一定要有明確的目標；第二，決策必須有兩個以上的方案；第三，決策要進行方案的比較，選擇一個滿意的方案；第四，決策是一個多階段、多步驟的分析判斷過程。

　　（2）計劃是為了實現組織目標而預先進行預測、安排和設計的詳細目標方案。計劃工作是對有關未來活動做出預測、安排和設計所進行一系列活動。計劃工作表現為確定目標和明確到達目標的必要步驟之過程。

　　（3）組織只能是因為管理者制訂出切實可行的計劃後，就要組織必要的人力和其他資源去執行既定的計劃，也就是要進行組織工作。組織工作為了有效地實現計劃所確定的目標而在組織中進行部門劃分、權力分配和工作協調的過程。它是計劃工作的自然延伸，包括組織結構的設計、組織關係的確定、人員的配置和組織的變革等。

　　（4）領導就是管理者利用職權和威信施展影響，指導和激勵各類人員努力去實現目標的過程。當管理者激勵他的下屬、指導下屬的行動、選擇最有效的溝通途徑或解決組織成員間的紛爭時，他就是在從事領導工作。

　　（5）控制是保證組織目標按計劃實現所必不可少的，任何組織為了保證有效地實現目標，都要對組織成員和組織活動加以控制。控制工作包括確定控制標準、衡量實際業績、進行差異分析、採取糾偏措施等。

　　（6）管理創新就是指創造一種新的更有效的資源整合範式，這種範式既可以是新

的有效整合資源以達到企業目標和責任的全過程式管理，也可以是新的具體資源整合及目標制定等方面的細節管理。創新是管理工作的原動力。在被稱為「唯一不變的是變化」的當今世界，要想使組織立於不敗之地，管理者必須具有創新精神，敢於應對各種挑戰。管理者的創新活動包括技術創新和制度創新。

【思考】你認為所在的組織的管理重點在什麼方面？有什麼需要改進的地方？

關於管理職能問題，這裡還需補充說明以下兩點：

（1）不同業務領域在管理職能內容上有所差別。雖然管理工作和作業工作是兩類性質不同的工作，但管理工作通常需要緊密地聯繫作業工作。由於不同組織、不同部門的具體業務領域各不相同，其管理工作也就表現出各自不同的特點。例如，同為計劃工作，行銷部門做的是產品定價、推銷方式、銷售渠道等的計劃安排，人事部門做的是人員招募、培訓、晉升等的計劃安排，財務部門做的則是籌資規劃和收支預算，它們各自在目標和實現途徑上都表現出很不相同的特點。當然，在不同的組織層次上，管理工作與作業工作聯繫的密切程度是不一樣的。一般說來，低層次的管理工作與作業工作聯繫得較為緊密，而高層次的管理工作與作業工作的聯繫就相對少些。

（2）不同組織層次在管理職能重點上存在差別。一般說來，不同的管理層次花在不同管理職能工作上的時間比重不一樣。高層管理人員花在組織工作和控制工作這兩項職能上的時間要比基層管理人員相對多些，而基層管理人員花在領導工作上的時間則要比高層管理人員多一些。即使就同一管理職能來說，不同層次管理者所從事的具體管理工作的內涵也並不完全相同。例如，就計劃工作而言，高層管理人員關心的是組織整體的長期戰略規劃，基層管理人員則更側重於短期、局部性的作業計劃。

【思考】管理的職能之間的關係是什麼？管理的職能是一成不變的嗎？

第三節　管理者

組織是管理的載體，管理者（manager）是在組織中執行管理職能的人員。著名的組織學家巴納德認為，由於生理的、心理的、物質的和社會的限制，人們為了達到個人的和共同的目標，就必須合作，於是形成群體，群體發展為組織。管理學上的組織是「為完成特定的工作，達成管理目的，把分散的人或事物按一定的關係，有秩序地組合在一起的有機體」。

組織的基本要素即共同的特徵有三點：①共同目標是組織存在的前提，沒有目標的組織是低效的，不同的組織有不同的目標，而且組織目標應為組織全體成員所瞭解，並成為全體成員的共同目標。②組織成員間具有合作的意願，共同的意志，組織的所有成員都有為實現組織目標而積極努力的決心和願望，組織應該而且能夠把成員的這種共同意志協調和統一起來。③組織內部有暢通的信息溝通渠道，能夠將組織的目標或目標指導下的某項工作的目的和職工的意志聯繫起來。

組織中有許多成員從事一線的操作工作，也有的從事生產輔助性工作，還有的從事管理事務，各自有分工。通常把從事管理工作，負有領導指揮和協調下級成員去完

成組織目標的人員稱為管理者。

如果考慮所從事的業務類型，管理工作可分為計劃工作、財務工作、技術工作、人事工作等。其實，管理學中研究的是帶共性的對象和問題，儘管也研究人事職能、財務管理等，但我們是放在整個管理過程中來研究的。如果我們按管理者在組織結構中的層次來區分的話，就可以研究不同的管理者在組織管理過程中的地位和作用，而不會涉及具體的業務內容，即管理者按層次劃分為高層管理者、中層管理者以及基層管理者。

【思考】你熟悉你所在組織的管理層次嗎？簡單談談你的分析和改進建議。

（1）高層管理者，通俗地說就是一個組織的頭頭。組織有大小，成員有多少，但只要是代表該組織的管理者，就是高層管理者。大學、中學、小學的校長，都是他所代表的那個學校的高層管理者。大公司的頭頭稱總裁或總經理，部門的頭頭稱經理，但這個經理和一般小公司的頭頭也稱經理就大不一樣了，俗話「寧為雞首，不為牛尾」就反應了這種差別。高層管理者除了代表一個組織外，主要是要把握本組織的目標及發展方向、做出計劃和決策、審核組織業績、溝通與其他組織的聯繫。因此，組織的高級管理人員應具備較高的文化素質，較強的戰略意識。

（2）中層管理者，我們通常稱為中層幹部。他們是一個組織中各個部門的負責人，如公司中的部門經理、企業中的車間主任、大學中的系主任等。他們要貫徹、執行高層管理者的指令和計劃意圖，把任務落實到基層單位，並檢查、督促、協調基層管理者的工作，保證任務的完成。他們要完成高層管理者交辦的工作，並向他們提供進行決策所需的信息和各種方案。他們的作用主要是上情下達，下情上達，承上啓下。隨著社會經濟從工業化時代進入知識經濟時代，大量高科技手段在管理中運用，組織結構發生了深刻的變化，大公司的管理層次減少，企業對中層管理者的需求量銳減。

（3）基層管理者或一線管理者，他們是組織中最下層的管理者，直接面向在第一線工作的組織成員。企業車間裡的班組長、職能部門中科長或股長或組長、大學各系部中的教研室主任等。他們所接到的指令是具體的、明確的，所能調動的資源是有限的，工作目標也是比較明確的，即帶領和指揮一線工作人員有效地完成任務。他們要向上級報告任務的執行情況，反應工作中遇到的困難並請求支持，可以說，基層管理者的工作對組織目標的實現和實際業績起著直接的決定作用。

【思考】不同層次的管理者工作上有什麼差別，不同管理者在各項管理職能履行的程度和重點有什麼不同？

管理者要履行管理職能，必須具備一定的素質和技能。一般來講，管理人員需要三種基本技能，即技術技能、人際技能和概念技能。任何管理人員，不管其所處的管理地位怎樣，必須不同程度地具有這三種技能。

一、技術技能

技術技能是指從事自己的具體工作所需要的技能、方法，即對某一特殊活動（特別是包含方法、過程、程序或技術的技能）的理解和熟練，包括在工作中運用具體的知識、工具或技巧的能力，如財務管理中的會計核算的技能。這種技能是對基層管理

者或一線工作人員的基本要求，即要懂行。對於一個管理者來說，雖然沒有必要成為精通某一專業領域或專業技能的專家（因為他可以依靠有關專業領域來解決專門的問題），但仍需要掌握與其管理的專業領域相關的基本技能，否則管理者就很難與其所主管的組織內的專業技術人員進行有效的溝通，從而也就難於對自己所管轄的義務範圍內的各項工作進行具體、有效的指導。

【思考】為什麼有的人是技術骨幹，但是卻不能領導一個技術部？

二、人際技能

人際技能又稱人際關係技能，是指一個人能夠以群體成員的身分有效地工作的行政能力，是管理者應當掌握的最重要的技能之一。因為管理活動最根本是對人的管理，而對人的管理的每一項活動都要處理人與人之間的關係。你可以聘到世界上最聰明的人為你工作，但如果他不能與其他人溝通並激勵別人，則對你的用處非常有限。簡言之，人際技能即理解、激勵和與他人融洽相處的能力。這項技能不僅要求管理人員要善解人意，而且能創造一種使上級信任、下級感到安全並能自由發表意見的氛圍。現代社會的每一項工作幾乎都需要與他人溝通協作，因而各層次的管理人員以及一線操作人員都應善於自我把握，即理解、控制自身情緒並自我激勵，善於感知並與他人交往，即理解他人情緒、引起他人關注、激勵和領導下屬。

總之，管理者應努力提高自己的情商（emotional quotation），具備一定的人際技能。這樣，對外就有利於爭取對方的合作，對內則可以瞭解、協調下屬，調動其積極性和創造性，對上有利於爭取上級的滿意與支持，最終有利於工作目標的實現。

三、概念技能

概念技能亦稱思想技能或觀念技能，是一種把握大局，預測本行業未來發展趨勢，並在此基礎上做出正確決策、引導組織發展方向的能力。該技能包括系統性、整體性的識別能力、創新能力和抽象思維能力。這種技能有利於管理人員胸懷全局、認清左右形勢的重要因素、評價各種機會並決定如何採取行動，使本組織在激烈的競爭中處於有利地位。

概念技能的提高也需要通過一定的學習。一個人受教育的時間越長，掌握的知識越豐富、越廣泛，他的概念技能就越高。提高概念技能是一個潛移默化的過程。

【思考】組織的高層領導最需要哪一方面的技能？

隨著創新在管理中的作用日益增強，管理者還應具備創新能力。管理者遇到的問題中會有相當數量與前人或同代人遇到的並已解決的問題相類似，這時他可以借鑑別人或自己的經驗來解決，當然要考慮時間、地點、環境的不同所帶來的可能的變化。但隨著社會經濟發展的全球化進程加快，環境的不確定性增強，新問題不斷出現，管理者要研究新問題是在什麼條件和什麼背景下產生的，與以往相類似的問題有什麼不同之處，運用自己多方面的知識和經驗，進行分析和判斷，找出新問題中的內在規律性的東西，進行邏輯推理，再到實踐中去驗證解決問題的方案，然後總結提高，形成新概念和新思想。

創新能力的提高有賴於豐富的知識和豐富的實踐經驗，有賴於邏輯思維和推理的能力，有賴於綜合判斷的能力，最後要強調的一點是對新生事物的敏感性。有的人對周圍發生的事情熟視無睹，習以為常，他怎麼會去創新、並提高創新能力呢？我們常說失敗是成功之母，其中含義還應包括失敗有可能帶來創新的機會。越是高層的管理者，他遇到新問題的可能性越大，就越需要有較強的創新能力，尤其是組織的管理戰略創新。

【思考】通過學校的正規教育，能培養出合格的管理者嗎？

第四節 管理學的特點、研究對象和研究方法

雖然管理是很久以前伴隨著人類的共同勞動產生的，但是，管理學作為一門學科誕生於20世紀初由泰勒（F. W. Taylor）、法約爾（H. Fayol）等人提出的古典管理理論。美國人泰勒於1911年出版了《科學管理原理》一書，標誌著管理科學的誕生。

管理學是研究管理活動的基本規律、普遍原理及其應用的學科。管理活動是普遍存在的，雖然不同性質的組織活動有差異，方法也不盡相同，在此基礎上進行科學總結和概括形成各具特色的管理方法。但是，管理學所研究的是管理中的一般原理和規律總結，管理學是各類管理活動的基礎理論。與其他許多學科不同，管理學是一門綜合性學科，管理學既是科學又是藝術，是一門不精確的學科。

一、管理學的特點

（一）綜合性

管理學的主要目的是要指導管理實踐活動，管理活動包括的範圍非常廣，涉及的知識面也異常複雜。管理活動的複雜性、多樣性決定了管理學內容的綜合性，決定了管理學要應用到社會科學、自然科學以及工程技術等眾多學科。從管理的過程來看，在制訂組織的計劃目標時，首先就應當考慮和預測社會政治和經濟技術環境，而管理的這種環境總是在變化和動盪的，這就大大增加了管理的複雜性；管理過程中不但要合理配置組織結構、有效利用各種資源，還要研究人的心理，掌握與別人交往的技巧，努力調動員工的積極性與創造性。所有這一切表明了管理或管理學的綜合性。作為管理者僅掌握某一方面的知識是遠遠不夠的，只有具備廣博的知識才能對各種管理的問題應付自如。以企業為例，廠長要處理有關生產、銷售、計劃和組織等問題，他就要熟悉工藝、預測方法、計劃方法和授權的影響因素等，這裡包括了工藝學、統計學、數學、經濟學和心理學等內容。

（二）科學性

任何一種理論學說只要是來源於社會實踐，同時又被實踐驗證是正確的，那麼就成為一門科學。管理學的基本思想來源於人們的生產實踐，經過科學的抽象和概括，同時吸取了其他門類的科學思想。這種抽象和概括反應了管理工作的內在規律，又在

實踐中得到了驗證，因而管理理論具有科學性。經過近百年的發展，形成了完整的學科體系。管理學廣泛運用數學知識實現其更高程度的科學化與精確化，這就構成了管理學定量化的一面。但是，管理學所涉及的眾多因素中具有非常大的不確定性，有許多不能量化的東西，很多時候只能進行定性的分析。因此，管理學是一門定性分析與定量分析相結合的科學。

同時，管理學又是一門不精確的學科。用管理學術語來解釋這種現象，就是在投入的資源完全相同的情況下，其產出卻可能不同。因為影響管理效果的因素太多，許多因素是無法完全預知的，也是無法精確度量的，如國家的方針、政策和法令，自然環境的突變與企業的經營決策等。如果說其他自然科學是硬科學的話，那麼，管理學就是一門軟科學。

【思考】存不存在一種適合絕大多數企業的通用管理模式？為什麼？

(三) 藝術性

藝術的含義是指能夠熟練地運用知識並且通過巧妙的技能來達到某種效果，而有效的管理活動正是如此。真正掌握了管理學知識的人應該能夠熟練地把這些知識應用於實踐，並能根據自己的體會不斷創新。我們經常會遇到這樣的情況，「領導靈光一閃，企業長足發展」，這種現象正是體現了管理的藝術特性。管理學同其他學科不同，學會了數學分析，就能求解微分方程；背熟了制圖的所有規則，就能畫出機器。管理學則不然，背會了所有管理原則，不一定能夠有效地進行管理。重要的是培養靈活運用管理知識的技能，這種技能在課堂上是很難培養的，需要在實際管理工作中去掌握。

科學的基本特徵是確定性，即使是概率統計和模糊數學，其分佈函數也必須是確定的，而藝術的基本特徵是不確定、多樣化、個性化。那些將管理視為科學的人覺得組織與管理問題的解決需要知識、科學方法與技術的應用，而並非依賴於直覺；認為管理是藝術的人認為管理方面的技能僅僅是通過實踐獲得的，正如其他種類的藝術一樣，掌握管理技能需要實踐，實踐為解決各種各樣的組織和管理問題提供了直接的知識和經驗，只有通過經驗與實踐人們才能獲得這些知識。科學的觀點是將管理既視為科學，又視為藝術。有科學知識而沒有技能（藝術）是毫無用處的，或者說是危險的；有技能（藝術）而沒有科學知識則意味著在學習方面的遲緩與無能，管理學就是這樣一種科學與藝術相結合的學科。

(四) 應用性

管理學是為管理者提供從事管理的有用的理論、原則和方法的實用性學科。它的思想、理論和方法來源於管理活動的社會實踐，管理學是對社會管理活動的內容、方式和方法的概括和總結，具有很強的應用性。將管理學的理論與其他學科領域的知識相結合，融合到實踐中去，可以帶來經濟效益和社會效益。因此，管理學是一門應用性學科，只有管理理論與管理實踐相結合，才能真正發揮這門學科的作用。

【思考】管理實踐中為什麼忌諱「紙上談兵」？在學術上有傑出成就的管理學家或者經濟學家，為什麼在管理崗位上常常不稱職？

二、管理學的研究對象

管理學是一門獨立的科學，它具有其他一切學科所具有的基本特徵。它具有特定的研究對象和研究範圍，具有一系列含義清楚明確的基本概念。它具有經過實踐檢證明其正確的原理和原則，它能夠形成一個完整的比較嚴密的理論體系，最根本的也是最重要的是它能反過來指導人們的管理實踐。

管理學的研究對象應當是管理學研究的直接指向，即管理活動。現代管理學是在總結管理發展歷史經驗的基礎上，綜合運用現代社會科學、自然科學和技術科學所提供的理論和方法，研究現代社會條件下進行的各種管理活動的基本運動規律和一般方法論的學問。準確地講，管理學的研究對象應當是各類管理活動共同的特點、本質、內在聯繫和要求。

三、管理學的研究方法

鑒於管理的自然屬性與社會屬性和管理學的學科綜合特徵，管理學的研究方法應該是綜合性的。從綜合角度看，管理學的研究方法主要有如下幾種：

(一) 案例分析與實證研究方法

管理學理論源於實踐，在管理學的發展中，一些經典的理論成果往往通過典型的案例分析與實證研究獲得，這是一種典型的經驗累積和歸納的研究方法，目前已成為管理學研究中的經典模式。

案例分析法是通過對客觀存在的一系列有代表性實例的觀察，獲取組織運行狀況和實施管理的完整特徵資料，從分析其中的因果關係及典型規律入手進行經驗性總結並加以結果驗證，從而得出可以利用的研究結果的歸納方法。

實證研究不僅是對某一理論假設或結論的實際驗證，而且是一種規範性的系統性研究。採用實證方法進行管理學課題研究，首先應根據課題內容、性質和要求，在調查分析的基礎上選擇相當數量的例證，繼而弄清管理實證中研究對象的相關關係，分析事件的發生過程及其相關因素的影響，最後通過規範性研究得出結論，同時確認其研究的可靠性和結論的應用範圍。

(二) 試驗方法

管理中的許多問題，特別是微觀組織內部的一些管理問題，如企業生產管理流程的改革、全面質量管理指標體系的確立、工資獎勵條例的推廣等，都可以採用試驗方法進行研究。泰勒的一些科學管理理論以及後來的人際關係學說，都是在實驗中得到多次證明後才成為人們認可的、具有普遍適用性的理論。利用試驗方法進行管理問題研究的要點是，首先為某一管理試驗樣本創造一定的條件或在管理中採取相應的變革措施，然後觀察其實際試驗結果，再與未給予這些條件或未採取相應的變革措施的對比試驗樣本的實際結果進行比較分析，尋求在施加了外加條件或管理變革措施之後的試驗樣本與對比試驗樣本結果之間的因果關係，得出客觀的試驗結論。

試驗方法的應用具有普遍意義，如著名的霍桑研究就是採用這種方法進行的。但是，

管理中也有許多問題，如高層所進行的風險性決策管理，由於問題的複雜性和環境變化的不確定性，很難通過試驗進行研究。由此可見，試驗方法的應用也是有條件限制的。

（三）要素分析方法

要素分析方法是圍繞管理活動和組織運行中起關鍵作用的因素進行分析，通過各因素之間的關聯作用反應管理活動的客觀規律，繼而尋求有效的管理方式的一種適用方法。要素分析方法的適用性在於它突出了管理活動中起關鍵作用的因素以及因素之間的關聯作用，這樣不僅有利於問題的綜合解決，而且有利於管理活動本質的揭示。

例如，孔茨等將管理職能歸納為計劃、組織、人事、領導和控制五個方面，然後通過各方面要素的作用分析，著重於實質性研究。又如，麥肯錫企業諮詢公司在諮詢活動中從要素出發對管理活動進行分析，提出了著名的「7S」體系，著重於策略（strategy）、結構（structure）、系統（systems）、作風（style）、人員（staffs）、共有價值觀（shared values）和技巧（skills）這些要素的研究，以解決管理諮詢中的實際問題。

（四）數理統計方法

管理的自然屬性和科學性決定了在管理學研究中也要應用到數學方法。數理科學不僅是自然現象研究的基礎，而且是一門與人類社會實踐密切關聯的科學。在社會科學與自然科學交叉的管理科學領域，數理方法的應用一是通過建立數學模型，解決程序化的管理問題；二是從管理運籌出發進行管理模式的優化，實現優化管理的目標。

如果將計劃管理、業務流程組織和人力資源配備看做是一個有規可循的程序化過程，那麼，就應該利用嚴格的數學模型方法構建客觀的管理模型，從定量研究的角度分析內部、外部因素的影響，尋求最優的管理方案。同時，組織資源的管理、工作量分配和程序安排，也應利用數學方法進行精確的計算，從而使定性管理定量化。

（五）科學決策方法

決策科學作為軟科學的核心，其應用已得到管理學界的公認。事實上，在管理學研究中業已形成了面向組織發展的決策理論派。對於管理中的決策科學方法的應用，必須強調管理的決策職能以及從決策作用出發對計劃、組織、領導、控制等基本環節的研究。決策科學方法在管理學中的應用，主要集中在管理的決策層次，即各層次管理決策的分析；管理中的決策制定過程與程序組織；管理中的決策信息支持方法；管理決策方案的選擇方法；管理中的決策實施與評價方法等。決策科學方法是在交叉學科基礎上形成的，是優化理論、協同論、系統論、控制論以及領導學、戰略學、政策學、諮詢學等方法的集合。在應用中，我們不僅要立足於管理中決策問題的解決，而且要注重從軟科學研究的角度，應用軟科學中的綜合決策方法，研究管理機制和戰略、戰術層次及組織持續發展中的管理問題。

【思考】如何培養和提高管理者的管理能力？管理學的研究方法你用過嗎？用過幾種？

【對引導案例的簡要分析】

按照管理者在組織中所處的地位劃分，黃敬應是一個高層管理者，組織的興衰存亡取決於他對環境的分析判斷，以及目標的決策和資源運用的決策。按照管理者責任劃分，他應屬於決策指揮者，他的基本職責是負責組織或組織內各層次的全面管理任務，擁有直接調動下級人員、安排各種資源的權力。同時黃敬是這個工廠的領導者，他應該干領導的事，即完成計劃和領導的職能，不能將時間與精力作不必要的消耗。在這個案例裡黃敬應做一個計劃者、指揮者和協調者，將具體的工作交給其他中層和基層管理者去做。黃敬應該用大部分時間去處理最難辦的事情，減少會議，減少不必要的報告文件。

本章小結

1. 管理是指組織中決策主體通過信息獲取、決策、計劃、組織、領導、控制和創新等職能的發揮來分配、協調包括人力資源在內的一切可以調用的資源，以實現單獨的個人無法實現組織目標的一系列的過程和手段。

2. 管理的六種基本職能：決策、計劃、組織、領導、控制和創新。

3. 管理者要履行管理職能，必須具備一定的素質和技能。一般來講，管理人員需要三種基本技能，即技術技能、人際技能和概念技能。任何管理人員，不管其所處的管理地位怎樣，必須不同程度地具有這三種技能。

4. 管理學的特性有綜合性、科學性、藝術性和應用性。

關鍵概念

1. 管理　2. 管理職能　3. 人際技能　4. 概念技能　5. 技術技能

思考題

1. 為什麼要學習管理學？簡單談談管理學在日常生活中的作用。
2. 怎樣才能學好管理學？管理學的研究方法有哪些？

練習題

一、單項選擇題

1. 管理作為一門應用性科學，是強調管理的（　　）。
 A. 實踐性　　　　　　　　　　B. 精確性
 C. 系統性　　　　　　　　　　D. 理論性
2. 管理的主體是（　　）。

A. 企業家 　　　　　　　　　B. 全體員工
C. 高層管理者 　　　　　　　D. 管理者
3. 管理的載體是（　　）。
A. 管理者 　　　　　　　　　B. 技術
C. 工作 　　　　　　　　　　D. 組織
4. 層次越高的主管人員，對（　　）的要求越高。
A. 技術技能 　　　　　　　　B. 人際技能
C. 管理技能 　　　　　　　　D. 概念技能
5. 管理的核心是（　　）。
A. 建立組織機構 　　　　　　B. 協調人力物力
C. 協調人際關係 　　　　　　D. 盡力減少支出

二、論述題

如何理解管理既是一門科學又是一門藝術？結合你的學習和工作談談如何運用管理學知識解決實際存在的困難。

三、案例分析題

百年老醫院的現代管理啓蒙

北京同仁醫院是一所以眼科聞名中外的百年老「店」，走進醫院的行政大樓，其大堂的指示牌上卻令人詫異地標明：五樓工商管理碩士（master of business administration, MBA）辦公室。目前該醫院已經從北大清華聘請了十一位MBA，另外還有一名學習會計的研究生，而醫院的常務副院長毛羽就是一位留美的醫院管理MBA。

內憂外患迫使同仁下定決心引進職業經理人並實施規模擴張，希望建立一套行政與技術相分離的現代醫院管理制度。

根據中國加入世貿組織達成的協議，2003年，中國正式開放醫療服務業。2002年年初，聖新安醫院管理公司對國內數十個城市的近30家醫院及其數千名醫院職工進行了調查訪談，得出結論：目前國內大部分醫院還處於極低層次的管理啓蒙狀態，絕大多數醫院並沒有行銷意識，普遍缺乏現代化經營管理常識。更為嚴峻的競爭現實是：醫院提供的服務不屬於那種單純通過行銷可以擴大市場規模的市場——醫院不能指望通過市場手段刺激每年病人數量的增長。

同仁顯然是同行中的先知先覺者。2002年，醫院領導層在職代會上對同仁醫院的管理做過「診斷」：行政編製過大、員工隊伍超編導致流動受限；醫務人員的技術價值不能得到體現；管理人員缺乏專業培訓，管理方式、手段滯後，經營管理機構力量薄弱。同時他們開出「藥方」：引入MBA，對醫院大手筆改造，涉及崗位評價及崗位工資方案、醫院成本核算、醫院工作流程設計、經營開發等。

目前，國內醫院幾乎所有的醫院都沒有利潤的概念，只計算年收入。但在國外，一家管理有方的醫院，其利潤率可高達20%。這也是外資對國內醫療市場虎視眈眈的重要原因。

同仁要在醫院中引入現代市場行銷觀念、啟動品牌戰略和人事制度改革。樹立「以病人為中心」的服務觀念：以病人的需求為標準，簡化就醫流程，降低醫療成本，改善就醫環境；建立長期利潤觀念，走質量效益型發展的道路；適應環境、發揮優勢、實行整合行銷；通過擴大對外宣傳、開展義診諮詢活動、開設健康課堂等形式，有效擴大潛在的醫療市場。

同仁所引進的 MBA 背景各異，絕大多數都缺乏醫科背景。他們能否勝任醫院的管理工作？醫院職業化管理至少包括了市場行銷管理、人力資源管理、財務管理、科研教學管理、全面醫療質量管理、信息策略應用及管理、流程管理 7 個方面的內容，這些職能管理與醫學知識相關但非醫學專業。

同仁醫院將 MBA 們「下放」到手術室 3 個月之後，都悉數調回科室，單獨闢出 MBA 辦公室，以課題組的形式，研究醫院的經營模式和管理制度。對於醫院引入的企業化管理，主要包含醫院經營戰略、醫療市場服務行銷、醫院服務管理、醫院成本控制、醫院人力資源、醫療質量管理、醫院信息系統和醫院企業文化等各部分內容。其中，醫院成本控制研究與醫院人力資源研究是當務之急。

幾乎所有的中國醫院都面臨著成本控制的難題，如何堵住醫院漏洞，進行成本標準化設計，最後達到成本、質量效益的平衡是未來中國醫院成本控制研究的發展方向。另外，現有醫院的薪酬制度多為「固定工資＋獎金」的模式，而由於現有體制的限制，並不能達到有效的激勵效果，醫生的價值並沒有得到真實的體現，導致嚴重的回扣與紅包問題。如何真正體現員工價值、並使激勵制度透明化、標準化成為當前首先要解決的問題。

這一切都剛剛開始。指望幾名 MBA 就能改變中國醫院管理的現狀是不可能的。不過，醫院管理啟蒙畢竟已經開始，這就是未來中國醫院管理發展的大趨勢。

【思考】
1. 結合案例談談你對管理的認識。
2. 同仁醫院為什麼要引進如此多的 MBA？你認為 MBA 們能否勝任醫院的管理工作？為什麼？

第二章　管理學思想的發展和演變

學習目標

1. 瞭解 20 世紀管理學的發展史
2. 闡述泰勒科學管理理論的要點
3. 概括科學管理運動對管理的貢獻
4. 明確法約爾對管理的貢獻
5. 說明霍桑試驗對管理的貢獻
6. 對比古典管理理論與行為科學理論的不同
7. 瞭解現代管理理論叢林中最有代表性的理論

引導案例

UPS 快速精準服務

聯合郵包服務公司（UPS）雇用了 15 萬員工，平均每天將 900 萬個包裹發送到美國各地和 180 個國家。為了實現其宗旨「在郵運業中辦理最快捷的運送」，UPS 的管理當局系統地培訓他們的員工，使他們以盡可能高的效率從事工作。UPS 的工業工程師們對每一位司機的行駛路線都進行了時間研究，並對每種運貨、暫停和取貨活動都設立了標準。這些工程師記錄了紅燈、通行、按門鈴、穿過院子、上樓梯、中間休息喝咖啡的時間，甚至上廁所的時間，將這些數據輸入計算機中，從而給出每一位司機每天中工作的詳細時間標準。

為了完成每天取送 130 件包裹的目標，司機們必須嚴格遵循工程師設計的程序。當他們接近發送站時，他們鬆開安全帶，按喇叭，關發動機，拉起緊急制動，把變速器推倒 1 檔上，為送貨完畢的啓動離開做好準備，這一系列動作嚴絲合縫。然後，司機從駕駛室跳到地面上，右臂夾著文件夾，左手拿著包裹，右手拿著車鑰匙。他們看一眼包裹上的地址把它記在腦子裡，然後以每秒鐘 3 英尺（1 英尺＝0.304,8 米）的速度快步走到顧客的門前，先敲一下門以免浪費時間找門鈴。送貨完畢之後，他們在回到卡車上的路途中完成登錄工作。

【問題】
在快遞行業，如何實現精準的系統服務？這體現了什麼管理思想的哪些內容？
案例來源：http://zhidao.baidu.com。

第一節　管理學發展史概述

管理活動源遠流長，自古即有，到形成一套比較完整的理論，經歷了漫長的歷史發展過程。從歷史上看，管理與人類社會幾乎同時產生。自從有了人類社會，人們的社會生活就離不開管理，所以管理的實踐早就出現了。而在有了人們的實踐之後，才有人對這些實踐活動，包括政治的、軍事的、經濟的、文化的或宗教的活動加以研究和探索。經過長期的累積和總結，對管理實踐有了初步的認識和見解，從而開始形成管理思想。隨著社會的發展，科學技術的進步，人們又對管理思想加以進一步的總結，提出管理中帶有規律性的東西，並將其作為一種假設，結合科學技術的發展，在管理實踐中進行驗證，繼而對驗證結果加以分析研究，從中提煉出了屬於管理活動普遍原理的東西。對這些原理的抽象綜合，就形成了管理的基本理論。這些理論又被人們運用到管理實踐中，指導管理活動的進行，同時又進一步對這些理論進行實踐驗證，這就是管理學的整個形成過程，也就是從實踐到思想再到理論，然後又將理論應用於實踐。因此，將管理學的這樣一個形成過程同人類社會的發展的不同階段加以比較和歸納，就可以比較全面地表示出管理學的形成過程。

一、早期的管理活動和管理思想

管理的活動或實踐自古以來就存在，它是隨人類集體協作、共同勞動而產生的。人類進行有效的管理實踐，大約已超過六千年的歷史，早期的一些著名的管理實踐和管理思想大都散見於埃及、中國、義大利等國的史籍和許多宗教文獻之中。

以歷史記載的古今中外的管理實踐來看，素以世界奇跡著稱的埃及金字塔、巴比倫古城和中國的萬里長城，其宏偉的建設規模足以生動證明人類的管理和組織能力。無論是埃及的金字塔，還是中國的萬里長城，在當時的技術條件下，如此浩大的工程，不但是勞動人民勤勞智慧的結晶，同時也是歷史上偉大的管理實踐。

古羅馬帝國之所以興盛，在很大的程度上應歸功於卓越的組織才能，他們採取了較為分權的組織管理形式，從一個小城市發展成為一個世界帝國，在公元2世紀取得了統治歐洲和北非的成功，並延續了幾個世紀的統治。

二、中世紀的管理實踐與管理思想

公元6世紀到18世紀，在歐洲大體上是奴隸社會末期直至資本主義萌芽時期，社會生產力、商品生產有一定的發展，並產生了所謂的「重商主義」。從管理來看，主要出現兩種類型的社會經濟活動的組織形式：一種是商業行會（trade union）和手工業行會（craft guild）；一種是廠商組織（firm organization）。貿易的發展需要管理貿易的機構，於是在11世紀初產生了商業行會。這些商人的組織設在不受封建莊園約束的城鎮，特別設置在歐洲的海港和貿易路線的沿途各地。當然，這些人一般來自封建莊園，包括已獲得自由的農奴。城鎮也保護自己擺脫封建莊園而得到的自由，成為自我管理

的共同體。

商人在城鎮的聚集，很快引起工匠的聚集。因為莊園的人定期到城鎮進行貿易，所以工匠發現在那裡容易銷售產品。同時也感到有相互團結的需要，於是第二種行會形式——手工業行會12世紀初在西歐的城鎮出現了。每個手工業行會都獲得許可證，被授予在特定地區壟斷生產某種產品或提供服務的權利。

廠商組織可以算作是最早的「前店後廠」。為了籌措資金，有兩種主要的形式：合夥（partnership）和聯合經營（joint venture）。兩者都是後來公司的前身。

在中世紀，管理實踐和管理思想都有很大發展。15世紀世界最大的幾家工廠之一的威尼斯兵工廠（Aresenal of Venice），早在當時就採用了流水作業，建立了早期的成本會計制度，並進行了管理的分工，其工廠的管事、指揮、領班和技術顧問全權管理生產，而市議會通過一個委員會來干預工廠的計劃、採購、財務事宜。這又是一個管理實踐的出色範例，也體現了現代管理思想的雛形。

義大利佛羅倫薩的尼古拉·馬基雅維利（Niccolo Machiavelli）於16世紀所著《君主論》一書中，對統治者怎樣管理國家、怎樣更好地運用權威，提出了四條原則：①群眾認可，權威來自群眾；②內聚力，組織要能夠長期存在，就要有內聚力，而權威是必須在組織當中行使的；③領導能力，掌權之後要能夠維持下去，就必須具備領導能力；④求生存的意志，就是要「居安思危」。

三、管理學理論的萌芽

中世紀後期，18世紀到19世紀中期，歐洲逐漸成為世界的中心。這時期可以說是歐洲各國在社會、政治、經濟、技術等方面經歷大變動，大改革的時期；幾次大規模的資產階級革命；城市（主要是商業城市）的發展；資本主義生產方式從封建制度中脫穎而出，這期間家庭手工業制占主導地位逐步被工廠制所代替。始於英國的工業革命其結果是機器動力代替部分人力——機器大生產和工廠制度的普遍出現，對社會經濟的發展產生了重要影響。

隨著工業革命以及工廠制度的發展，工廠以及公司的管理問題越來越突出，也有很多的實踐。許多理論家，特別是經濟學家，在其著作中越來越多地涉及有關管理方面的問題。很多實踐者（主要是廠長、經理）則著重總結自己的經驗，共同探討有關管理問題。這些著作和總結，為即將出現的管理運動打下了基礎，是研究管理思想發展的重要參考文獻。概括起來，其重要意義有三點：①促使人們認識和意識到管理是一門具有獨立完整體系的科學，值得去探索、研究、豐富和發展；②預見到管理學的地位將不斷提高；③區分了管理的職能與企業（廠商）的職能。

這一時期的著作，大體上有兩類：一類偏重於理論的研究，即管理職能、原則；另一類則偏重於管理技術、方法的研究。

（一）有關管理職能、原則方面

這方面的學說散見於當時經濟學家的一些著作，這些經濟學家及其著作主要有：亞當·斯密（Adam Smith）及其《國富論》（1776年）；塞繆爾·紐曼（Samuel

P. Newman)及其《政治經濟學原理》(1835年);約翰‧斯圖亞特‧穆勒(John Stuart Mill)及其《政治經濟學原理》(1848年);艾爾弗雷德‧馬歇爾(Alfred Marshall)及其《工業經濟學原理》(1892年)。從管理學的觀點看,這些經濟學家的論述還比較零碎、就事論事、缺乏系統化、理論化和概括。大體上說來,所涉及的管理問題,主要有四個方面:①關於工商關係。②關於分工的意義及其必然性,勞動的地域分工、勞動的組織分工、勞動的職業分工。③關於勞動效率與工資的關係,所謂「勞動效率遞減等級論」。④關於管理的職能。

對西方管理理論的形成具有啓蒙作用的英國著名經濟學家、資產階級古典政治經濟學的傑出代表人物亞當‧斯密在其所著《國富論》一書中,分析了勞動分工的經濟效益,提出了生產合理化的概念。

紐曼‧馬歇爾等人則提出了對廠主(同時也是管理者)的要求:選擇廠址、控制財務、進行購銷活動、培訓工人、分配任務、觀察市場動向、富於新思想、開拓市場、具有對採用新發明的判斷力等。

(二) 有關具體的管理技術和方法方面

(1) 普魯士軍事理論家卡爾‧馮‧克勞斯威茨(Carl Von Clausewitz)認為「企業簡直就是類似於打仗的人類競爭的一種形式」,因此他關於軍隊管理的概念也適用於任何大型組織的管理,其主要觀點如下:

①管理大型組織的必要條件是精心的計劃工作,規定組織的目標。

②管理者應該承認不肯定性,從而按照旨在使不肯定性減少到最低限度的要求來全面分析與計劃。

③決策要以科學而不是預感為根據,管理要以分析而不是直覺為根據。

(2) 英國數學家查爾斯‧巴貝奇(Charlers Babbage)在亞當‧斯密勞動分工理論的基礎上,又進一步對專業化問題進行了深入研究。在他1832年發表的《機器與製造業經濟學》一書中,對專業化分工、機器與工具使用、時間研究、批量生產、均衡生產、成本記錄等問題都作了充分的論述,並且強調要注重人的作用,分析顏色對效率的影響,應鼓勵工人提出合理化建議等。該書是管理史上的一部重要文獻。另外,他發現了計算機的基本原理,發明了手搖臺式計算機,解決了繁重的計算工作,因此,有人稱巴貝奇是「計算機之父」。

(三) 工業革命後的管理實踐:蘇霍製造廠(Soho Foundry)

人們都知道瓦特改良了蒸汽機,使蒸汽機成為生產動力從而促進了18世紀下半葉的工業革命,然而,很少有人知道他在管理上的成就。1800年英國博爾頓—瓦特(Boulton & Watt)聯合公司所屬蘇霍製造廠,是最早運用科學管理於製造業的工廠之一。它有科學的工作設計,按更充分地利用機器的要求進行勞動分工和專業化;實行比較切合實際的工資支付辦法;有著較完善的記錄和成本核算制度。當代出現的許多管理問題,他們都曾遇到過,並努力加以解決。不過那時的管理還沒有被系統化為一門科學。

【思考】為什麼管理的活動起源很早,但管理學的發展卻較晚?

四、管理學的產生與形成

（一）美國出現「管理運動」的必然性及其意義

「管理運動」（其主要組成部分就是「科學管理」）也是一種歷史現象，是一個過程，時間大約從19世紀末至20世紀30年代，大體上有四五十年的時間。管理運動是人們對管理重要性的認識，以及由此而產生的對經濟發展的重大影響的過程。它為提高效率和生產率提供了一種思路和解決問題的框架。

管理運動的「三次高潮」：

第一次是1911年東方鐵路公司提高票價的意見聽證會和1912年美國國會為泰羅舉行的聽證會。當時東方鐵路公司要提高客貨運價，遭到貨主和公眾反對。馬薩諸塞州州際商業委員會為此舉行一次聽證會，公眾方的律師布蘭戴維斯（Brandeis）邀請泰羅等11位工程師作證；只要採用科學管理的技術和方法，鐵路公司不必提高票價同樣可以贏利。結果公眾方勝訴，同時也將科學管理引入了社會。

第二次高潮是1920年美國通用汽車公司的改組。當時公司瀕臨倒閉，小斯隆（Alfred P. Sloan Jr.）就任總經理，對公司進行了大刀闊斧的改組——實行「集中政策控制下的分權制」，建立多個利潤中心。公司很快恢復元氣，他們依靠的不是技術，而是管理與組織，因而也認識到管理的範圍不僅僅是生產管理，而是要比這大得多。

第三次高潮是1924—1932年梅約在美國西屋電氣公司霍桑工廠進行的試驗，結論引起轟動——提出要注意人的因素，這可以看做是管理科學的里程碑之一，是一個重要的轉折點。

到20世紀30年代，爆發了大危機，管理運動受到了影響。但是前後四五十年的運動，改變了人們的觀念，引起了人們思想上、觀念上的轉變，對經濟的發展起了重要作用。管理運動為管理學的形成和發展奠定了基礎。

（二）泰羅與「科學管理」理論

弗雷德里克·溫斯洛·泰羅（Frederick Winslow Taylor）出生於美國費城一個富有的律師家庭，中學畢業後考上哈佛大學法律系，但不幸因眼疾而被迫輟學。1875年，他進入一家小機械廠當徒工，1878年轉入費城米德瓦爾鋼鐵廠（Midvale Steel Works）當機械工人，他在該廠一直干到1897年，在此期間，由於工作努力，表現突出，很快先後被提升為車間管理員、小組長、工長、技師、製圖主任和總工程師，並在業餘學習的基礎上獲得了機械工程學士學位。在米德瓦爾鋼鐵廠的實踐中，他感到當時的企業管理當局不懂得用科學方法來進行管理，不懂得工作程序、勞動節奏和疲勞因素對勞動生產率的影響，而工人則缺少訓練，沒有正確的操作方法和適用的工具。這都大大影響了勞動生產率的提高。為了改進管理，他在米德瓦爾鋼鐵廠進行各種試驗。

圖2-1　弗雷德里克·溫斯洛·泰羅

1898—1901年間，泰羅又受雇於伯利恒鋼鐵公司（Bethlehem Steel Company）繼續

從事管理方面的研究。

泰羅的研究工作，是在他擔任米德瓦爾鋼鐵廠的工長時開始的。他的特殊經歷，使他有可能在工廠的生產第一線系統地研究勞動組織與生產管理問題。在他親身體驗並發現生產效率不高是由於工人們「故意偷懶」的問題後，便決心著手解決它。從1881年開始，他進行了一項「金屬切削試驗」，由此研究出每個金屬切削工人工作日的合適工作量。經過兩年的初步試驗之後，給工人制定了一套工作量標準。他自己認為，米德瓦爾的試驗是工時研究的開端。泰羅在米德瓦爾開始進行的金屬切削試驗延續了26年之久，進行的各項試驗達3萬次以上，80萬磅的鋼鐵被試驗用的工具削成切屑，總共耗費約15萬美元。試驗結果發現能大大提高金屬切削機工產量的高速工具鋼，並取得了各種機床適當的轉速和進刀量以及切削用量標準等資料。

1898年，泰羅受雇於伯利恒鋼鐵公司期間，進行了著名的「搬運生鐵塊試驗」和「鐵鍬試驗」。泰羅在伯利恒鋼鐵公司的一個生鐵塔料場進行搬運生鐵和鐵鍬的研究。該公司有五座高爐生產的生鐵，由75名工人的搬運班搬運。每塊約重92磅（1磅≈0.453,6千克），一名工人平均每天搬運12.5英噸。泰羅對搬運操作進行研究，尋求「什麼是構成一個第一流工人一整天的工作量？一個工人在這種最高工作量負擔下，既能保證年復一年地勝任工作，又同時保持旺盛的精力，不致損害工人健康」的疲勞研究，並利用改進操作方法，按新方法訓練工人，結果一名工人每天可搬運47.5英噸（1英噸≈1,016.046,9千克）。研究結果指出工人必須有57%的休息時間，這是工人每天沉重工作所必需的，若工作輕，休息時間可以減少。新制度使生鐵搬運量由不到12.5英噸增加到47.5英噸，由於這一研究，改進了操作方法，訓練了工人，其結果使生鐵塊的搬運量提高3倍。而工人工資由1.15美元/日，增加到1.85美元/日。

該公司的另一堆料場，雇用400～600人搬運礦砂和煤屑沫，勞動效率很低。泰羅發現勞動效率高的工人大多使用自己的鐵鍬。用公司的鐵鍬裝卸礦砂時，每鍬重達38磅，而裝煤屑沫時只有3.5磅。因而泰羅研究「何種鐵鍬最為合適」？研究結果認為：不管是裝卸鐵礦還是煤屑，以每鍬裝21.5磅為最佳，即可使工人一天內達到最高的裝卸量。為此他設計了兩種不同大小的鐵鍬，裝卸鐵礦砂時用小鍬，裝煤屑時用大鍬，使工人每動作一次都是21.5磅。訓練推廣之後，使堆料場的工人減少到140人即可完成任務。並規定了每人每天的定額，完成定額發80%的獎金，達不到定額，只發原工資。從此搬運量每人每天從16英噸提高到56英噸，工人工資由1.15美元/日增加到1.85美元/日。鐵鍬試驗首先是系統地研究鏟上的負載應為多大問題；其次研究各種材料能夠達到標準負載的鍬的形狀、規格問題，與此同時還研究了各種原料裝鍬的最好方法的問題。此外還對每一套動作的精確時間做了研究，從而得出了一個「一流工人」每天應該完成的工作量。這是工作研究的最初成果，是科學管理形成期間實踐科學管理的良好開端。泰羅是用科學調查研究和科學分析方法來研究工作方法，在方法科學的基礎上來制定時間標準，代替過去憑經驗的方法。

綜上所述，這些試驗集中於「動作」、「工時」的研究；工具、機器、材料和工作環境等標準化研究，並根據這些成果制定了每日比較科學的工作定額和為完成這些定額的標準化工具。

泰羅一生致力於「科學管理」，但他的做法和主張並非一開始就被人們所接受，而是日益引起社會輿論的種種議論。於是，美國國會於 1912 年舉行對泰羅制和其他工場管理制的聽證會，泰羅在聽證會上作了精彩的證詞，向公眾宣傳科學管理的原理及其具體的方法、技術，引起了極大的反響。

「科學管理」理論的主要內容概括為以下八個方面：

1. 科學管理的中心問題是提高效率

泰羅認為，要制定出有科學依據的工人的「合理的日工作量」，就必須進行工時和動作研究。方法是選擇合適且技術熟練的工人，把他們的每一項動作、每一道工序所使用的時間記錄下來，加上必要的休息時間和其他延誤時間，就得出完成該項工作所需要的總時間，據此定出一個工人「合理的日工作量」，這就是所謂的工作定額原理。

2. 為了提高勞動生產率，必須為工作挑選「第一流的工人」

所謂第一流的工人，泰羅認為，「每一種類型的工人都能找到某些工作使他使其成為第一流的，除了那些完全能做好這些工作而不願做的人」。在制定工作定額時，泰羅是以「第一流的工人在不損害其健康的情況下維護較長年限的速度」為標準的。這種速度不是以突擊活動或持續緊張為基礎，而是以工人能長期維持正常速度為基礎。泰羅認為，健全的人事管理的基本原則是：使工人的能力同工作相配合，管理當局的責任在於為雇員找到最合適的工作，培訓他使其成為第一流的工人，激勵他盡最大的努力來工作。

3. 要使工人掌握標準化的操作方法，使用標準化的工具、機器和材料，並使作業環境標準化

這就是所謂的標準化原理。泰羅認為，必須用科學的方法對工人的操作方法、工具、勞動和休息時間的搭配，機器的安排和作業環境的布置等進行分析，消除各種不合理的因素，把各種最好的因素結合起來，形成一種最好的方法，他把這叫做管理當局的首要職責。

4. 實行刺激性的計件工資報酬制度

為了鼓勵工人努力工作、完成定額，泰羅提出了這一原則。這種計件工資制度包含三點內容：①通過工時研究和分析，制定出一個有科學依據的定額或標準。②採用一種叫做「差別計件制」的刺激性付酬制度，即計件工資率按完成定額的程度而浮動。例如，如果工人只完成定額的 80%，就按 80% 工資率付酬；如果超過了定額的 120%，則按 120% 工資率付酬。③工資支付的對象是工人而不是職位，即根據工人的實際工作表現而不是根據工作類別來支付工資。泰羅認為這樣做，既能克服消極怠工的現象，更重要的是能調動工人的積極性，從而促使工人大大提高勞動生產率。

5. 工人和雇主兩方面都必須認識到提高效率對雙方都有利

工人和雇主兩方面都要來一次「精神革命」，相互協作，為共同提高勞動生產率而努力。在前面介紹的鐵鍬試驗中，每個工人每天的平均搬運量從 16 英噸提高到 59 英噸；工人每日的工資從 1.15 美元提高到 1.88 美元。而每噸的搬運費從 7.5 美分降到 3.3 美分，對雇主來說，關心的是成本的降低；而對工人來說，關心的則是工資的提高。所以泰羅認為這就是勞資雙方進行「精神革命」，從事協調與合作的基礎。

6. 把計劃職能同執行職能分開，變原來的經驗工作法為科學工作法

所謂經驗工作法是指每個工人用什麼方法操作，使用什麼工具等，都由他根據自己的或別人的經驗來決定。泰羅主張明確劃分計劃職能與執行職能，由專門的計劃部門來從事調查研究，為定額和操作方法提供科學依據；制定科學的定額和標準化的操作方法及工具；擬定計劃並發布指示和命令；比較「標準」和「實際情況」，進行有效的控制等工作。至於現場的工人，則從事執行的職能，即按照計劃部門制定的操作方法和指示，使用規定的標準工具，從事實際的操作，不得自行改變。

7. 實行「職能工長制」

泰羅主張實行「職能管理」，即將管理的工作予以細分，使所有的管理者只承擔一種管理職能。他設計出八個職能工長，代替原來的一個工長，其中四個在計劃部門，四個在車間。每個職能工長負責某一方面的工作。在其職能範圍內，可以直接向工人發出命令。泰羅認為這種「職能工長制」有三個優點：①對管理者的培訓所花費的時間較少；②管理者的職責明確，因而可以提高效率；③由於作業計劃已由計劃部門擬定，工具與操作方法也已標準化，車間現場的職能工長只需進行指揮監督，因此非熟練技術的工人也可以從事較複雜的工作，從而降低整個企業的生產費用。後來的事實表明，一個工人同時接受幾個職能工長的多頭領導，容易引起混亂。所以，「職能工長制」沒有得到推廣。但泰羅的這種職能管理思想為以後職能部門的建立和管理的專業化提供了參考。

8. 在組織機構的管理控制上實行例外原則

泰羅等人認為，規模較大的企業組織和管理，必須應用例外原則，即企業的高級管理人員把例行的一般日常事務授權給下級管理人員去處理，自己只保留對例外事項的決定和監督權。這種以例外原則為依據的管理控制原理，以後發展成為管理上的分權化原則和實行事業部制的管理體制。

泰羅在管理方面的主要著作有：《計件工資制》（1895年）、《車間管理》（1903年）、《科學管理原理》（其中包括在國會上的證詞，1912年）。泰羅通過這一系列的著作，總結了幾十年試驗研究的成果，歸納了自己長期管理實踐的經驗，概括出一些管理原理和方法，經過系統化整理，形成了「科學管理」的理論。泰羅在管理理論方面做了許多重要的開拓性工作，為現代管理理論奠定了基礎。由於他的傑出貢獻，被後人尊為「科學管理之父」，這個稱號被銘刻在了他的墓碑上。

由於泰羅的自身條件、背景以及當時所處的社會條件，不可避免地會影響到其進行「科學管理」研究的方法、效率、思路等，使得其對管理較高層次的研究相對較少，理論深度也相對地顯得不足。而「科學管理」理論或稱「泰羅制」也並非泰羅一個人的發明，就像英國管理學家林德爾‧厄威克（Lyndall F. Urwick）所指出的：「泰羅所做的工作並不是發明某種全新的東西，而是把整個19世紀在英美兩國產生、發展起來的東西加以綜合而成的一整套思想。他使一系列無條理的首創事物和實驗有了一個哲學體系，稱之為『科學管理』。」

但總的來說，他們研究的範圍始終沒有超出勞動作業的技術過程，沒有超出車間管理的範圍。

【思考】在你所在的組織或者你身邊的組織中，有哪些做法是屬於科學管理思想的？

(三) 吉爾布雷斯夫婦（Frank B. Gilbreth and Lillian M. Gilbreth）

圖 2-2　吉爾布雷斯夫婦

　　吉爾布雷斯是公認的工業工程的另一位巨匠，他也是一名工程師，明顯地受到過泰勒的影響。他對於提高生產率的著重點和泰勒有所不同，泰勒把注意力大部分集中在工作的計劃與組織上，其次是完成工作的方法和時間上。而吉爾布雷斯夫婦是動作研究的創始者，也是有關工人及其作業的科學研究創始者。他們在技能研究、疲勞研究和時間研究等方面的成就顯著。吉爾布雷斯的研究工作得到了他的妻子的鼎力合作，他的妻子是一位心理學家，獲得心理學博士學位，在研究「人」的問題中做出過貢獻。而工業工程區別於其他工程學科的唯一的特點是對於人的價值、作用以及人對工作環境的反應的重視。他們把人的「動作」分成若干個細微動作或「動素」（threblings），使人們對人的工作的科學分析深化了，對以後的研究工作有深遠的影響，推動了以後乃至今天的動作研究。

　　吉爾布雷斯認為：細微動作不當，成千上萬次重複是造成驚人浪費的主要原因。為了探索生產過程中動作經濟原理，他研究了人的雙手和身體其他部位的細微動作，1912 年他把動作研究方面的成果──17 個基本動作發表在美國機械工程師學會，後來機械工程師學會加了一項發現（find），將人體動作分為 18 項。

　　吉爾布雷斯 1895 年受雇於一家營造商，年輕的時候曾研究過砌磚，他重視每一細微動作的研究，重視細微動作的累積效果，重視材料、工具設備、技巧和個人因素的密切結合，他對科學管理感興趣，決定把這種原理應用到砌磚工藝上去。他對砌磚過程的每一個動作進行認真分析、研究，把所有不必要的動作除掉，對影響砌磚工作的操作速度和導致疲勞的每一個細小因素都進行認真研究。他發現磚工所用的方法各異，工具也不同，效果也不一樣。他發現工人取磚彎腰很吃力，很容易因疲勞而降低工效，故他首選改進用升降辦法來傳遞補送磚塊，大大減輕了工人的疲勞。其次用普工將磚塊無破損的一面的方向固定，節省了磚工工時，節省了開支。後來又決定灰漿水分比例，使之干濕有度，一下子把磚工的砌磚動作由 18 個壓縮為 5 個，並經過精心培訓，當工人掌握新方法之後，每一磚工每小時可砌磚 350 塊，而老方法只有 120 塊，工作效

率大大提高了。

砌磚方法的成功,對吉爾布雷斯夫婦發展動作研究理論起了很大作用,他們進行動作分析、微動作研究、程序操作圖、節約動作原則等,這些理論和方法,對工時學是一大貢獻,至今仍為工業發達國家所運用。

美國工程師弗蘭克·吉爾布雷斯與夫人(心理學博士莉蓮·吉爾布雷斯)在動作研究和工作簡化方面做出了特殊貢獻。他們採用兩種手段進行時間與動作研究:①工人的操作動作分解為17種基本動作,吉爾布雷斯稱之為「therblings」(這個字即為吉爾布雷斯英文名字母的倒寫);②用拍影片的方法、記錄和分析工人的操作動作,尋找合理的最佳動作,以提高工作效率。通過這些手段,他們糾正了工人操作時某些不必要的多餘動作,形成了快速準確的工作方法。與泰羅不同的是,吉爾布雷斯夫婦在工作中開始注意到人的因素,在一定程度上試圖把效率和人的關係結合起來。吉爾布雷斯畢生致力於提高效率,即通過減少勞動中的動作浪費來提高效率,被人們稱之為「動作專家」。

【思考】吉爾布雷斯夫婦的思想對於你所在組織的工作有沒有可以借鑑的地方?

(四) 法約爾及其管理理論

亨利·法約爾(Henry Fayol),法國人,1860年從聖艾帝安國立礦業學院畢業後進入康門塔里—福爾香堡(Coventry-Fourchambault)採礦冶金公司,成為一名採礦工程師,並在此度過了整個職業生涯。從採礦工程師後任礦井經理直至公司總經理,由一名工程技術人員逐漸成為專業管理者,他在實踐中逐漸形成了自己的管理思想和管理理論,對管理學的形成和發展做出了巨大的貢獻。

法約爾於1916年問世的名著《工業管理與一般管理》,是他一生管理經驗和管理思想的總結。他認為他的管理理論雖然是以大企業為研究對象,但除了可應用於工商企業之外,還適用於政府、教會、慈善團體、軍事組織以及其他各種事業。所

圖2-3 亨利·法約爾

以,人們一般認為法約爾是第一個概括和闡述一般管理理論的管理學家。他的理論概括起來大致包括以下內容:

1. 企業的基本活動與管理的五項職能

法約爾指出,任何企業都存在著六種基本的活動,而管理只是其中之一。這六種基本活動是:①技術活動(指生產、製造、加工等活動);②商業活動(指購買、銷售、交換等活動);③財務活動(指資金的籌措和運用);④安全活動(指設備維護和職工安全等活動);⑤會計活動(指貨物盤存、成本統計、核算等);⑥管理活動(其中又包括計劃、組織、指揮、協調和控制五項職能活動)。在這六種基本活動中,管理活動處於核心地位,即企業本身需要管理;同樣的,其他五項屬於企業的活動也需要管理。

2. 法約爾的 14 條管理原則

法約爾根據自己的工作經驗，歸納出簡明的 14 條管理原則。

（1）分工。他認為這不僅是經濟學家研究有效地使用勞動力的問題，而且也是在各種機構、團體、組織中進行管理活動所必不可少的工作。

（2）職權與職責。他認為職權是發號施令的權力和要求服從的威望。職權與職責是相互聯繫的，在行使職權的同時，必須承擔相應的責任，有權無責或有責無權都是組織上的缺陷。

（3）紀律。紀律是管理所必需的，是對協定的尊重。這些協定以達到服從、專心、干勁，以及尊重人的儀表為目的。就是說組織內所有成員通過各方所達成的協議對自己在組織內的行為進行控制，它對企業的成功與否極為重要，要盡可能做到嚴明、公正。

（4）統一指揮。指組織內每一個人只能服從一個上級並接受他的命令。

（5）統一領導。指一個組織，對於目標相同的活動，只能有一個領導，一個計劃。

（6）個人利益服從整體利益。即個人和小集體的利益不能超越組織的利益。當二者不一致時，主管人員必須想辦法使它們一致起來。

（7）個人報酬。報酬與支付的方式要公平，給雇員和雇主以最大可能的滿足。

（8）集中化。這主要指權力的集中或分散的程度問題。要根據各種情況，包括組織的性質、人員的能力等，來決定「產生全面的最大收益」的那種集中程度。

（9）等級鏈。指管理機構中，最高一級到最低一級應該建立關係明確的職權等級系列，這既是執行權力的線路，也是信息傳遞的渠道。一般情況下不要輕易地違反它。但在特殊情況下，為了克服由於統一指揮而產生的信息傳遞延誤，法約爾設計出一種「跳板」，也叫「法約爾橋」（Fayol bridge）。

（10）秩序。指組織中的每個成員應該規定其各自的崗位，「人皆有位，人稱其職」。

（11）公正。主管人員對其下屬仁慈、公平，就可能使其下屬對上級表現出熱心和忠誠。

（12）保持人員的穩定。如果人員不斷變動，工作將得不到良好的效果。

（13）首創精神。這是提高組織內各級人員工作熱情的主要源泉。

（14）團結精神。指必須注意保持和維護每一集體中團結、協作、融洽的關係，特別是人與人之間的相互關係。

【思考】舉例說明你的上級領導在管理的過程中運用了哪些法約爾的管理原則。

法約爾強調指出，以上 14 條原則在管理工作中不是死板和絕對的東西，這裡全部是尺度問題。在同樣的條件下，幾乎從不兩次使用同一原則來處理事情，應當注意各種可變因素的影響。因此，這些原則是靈活的，是可以適應於一切需要的，但其真正的本質在於懂得如何運用它們。這是一門很難掌握的藝術，它要求智慧、經驗、判斷和注意尺度（即「分寸」）。

法約爾認為，人的管理能力可以通過教育來獲得，可以也應該像技術能力一樣，首先在學校裡，然後在車間裡得到。為此，他提出了一套比較全面的管理理論，首次

指出管理理論具有普遍性，可以用於各個組織之中，他把管理視為一門科學。提出在學校設置這門課程，並在社會各個領域宣傳、普及和傳授管理知識。

綜上所述，法約爾關於管理過程和管理組織理論的開創性研究，其中特別是關於管理職能的劃分以及管理原則的描述，對後來的管理理論研究具有非常深遠的影響。此外，他還是一位概括和闡述一般管理理論的先驅者，是偉大的管理教育家，後人稱他為「管理過程之父」。

(五) 韋伯的理想行政組織體系理論

馬克斯·韋伯 (Max Weber) 是德國著名的社會學家，他對法學、經濟學、政治學、歷史學和宗教都有廣泛的興趣。他在管理理論上的研究主要集中在組織理論方面，主要貢獻是提出了所謂理想的行政組織體系理論。這集中反應在他的代表作《社會組織與經濟組織》一書中。這一理論的核心是組織活動要通過職務或職位而不是通過個人或世襲地位來管理。他也認識到個人魅力對領導作用的重要性。他所講的「理想的」，不是指最合乎需要，而是指現代社會最有效和最合理的組織形式。之所以是「理想的」，因為它具有如下一些特點：

圖 2-4　馬克斯·韋伯

1. 明確的分工

即每個職位的權利和義務都應有明確的規定，人員按職業專業化進行分工。

2. 自上而下的等級系統

組織內的各個職位，按照等級原則進行法定安排，形成自上而下的等級系統。

3. 人員的任用

人員的任用要完全根據職務的要求，通過正式考試和教育訓練來實行。

4. 職業管理人員

管理人員有固定的薪金和明文規定的升遷制度，是一種職業管理人員。

5. 遵守規則和紀律

管理人員必須嚴格遵守組織中規定的規則和紀律以及辦事程序。

6. 組織中人員之間的關係

組織中人員之間的關係完全以理性準則為指導，只是職位關係而不受個人情感的影響。這種公正不倚的態度，不僅適用於組織內部，而且適用於組織與外界的關係。

韋伯認為，這種高度結構的、正式的、非人格化的理想行政組織體系是人們進行強制控制的合理手段，是達到目標、提高效率的最有效形式。這種組織形式在精確性、穩定性、紀律性和可靠性方面都優於其他組織形式，能適用於所有的各種管理工作及當時日益增多的各種大型組織，如教會、國家機構、軍隊、政黨、經濟企業和各種團體。韋伯的這一理論，對泰羅、法約爾的理論是一種補充，對後來的管理學家們，尤其是組織理論學家則有很大的影響，他被稱為「組織理論之父」。

【思考】韋伯的最佳組織形式有什麼樣的特點？現實生活中是否存在這樣的組織？

(六) 梅約及其霍桑試驗

喬治‧埃爾頓‧梅約（George Elton Mayo），是原籍澳大利亞的美國行為科學家。1924—1932年間，美國國家研究委員會和西方電氣公司合作，由梅約負責進行了著名的霍桑試驗（Hawthorne Experiment），即在西方電氣公司所屬的霍桑工廠，為測定各種有關因素對生產效率的影響程度而進行的一系列試驗，由此產生了人際關係學說。試驗分四個階段：

第一階段：工場照明試驗（1924—1927年）。該試驗是選擇一批工人分為兩組：一組為「試驗組」，先後改變工場照明強度，讓工人在不同照明強度下工作；另一組為「控制組」，工人在照明度始終維持不變的條件下工作。試驗者希望通過試驗得出照明度對生產率的影響，但試驗結果發現，照明度的變化對生產率幾乎沒有什麼影響。這個試驗似乎以失敗告終。但這個試驗得出了兩條結論：①工場的照明只是影響工人生產效率的一項微不足道的因素；②由於牽涉因素太多，難以控制，且其中任何一個因素足以影響試驗結果，故照明對產量的影響無法準確測量。

圖2-5　喬治‧埃爾頓‧梅約

【思考】工作條件的好壞與勞動生產率存在什麼樣的關係？不同的組織是不是有不同的效果？

第二階段：繼電器裝配室試驗（1927年8月—1928年4月）。旨在試驗各種工作條件的變動對小組生產率的影響，以便能夠更有效地控制影響工作效果的因素。通過材料供應、工作方法、工作時間、勞動條件、工資、管理作風與方式等各個因素對工作效率影響的實驗，發現無論各個因素如何變化，產量都是增加的。其他因素對生產率也沒有特別的影響，而似乎是由於督導方法的改變，使工人工作態度也有所變化，因而產量增加。

第三階段：大規模的訪問與調查（1928—1931年）。兩年內他們在上述試驗的基礎上進一步開展了全公司範圍的普查與訪問，調查了2萬多人次，發現所得結論與上述試驗所得相同，即「任何一位員工的工作績效，都受到其他人的影響」。於是研究進入第四階段。

第四階段：接線板接線工作室試驗（1931—1932年）。以集體計件工資制刺激，企圖形成「快手」對「慢手」的壓力以提高效率。公司當局給他們規定的產量標準是焊合7,312個接點，但他們完成的只有6,000～6,600個接點。試驗發現，工人既不會為超定額而充當「快手」，也不會因完不成定額而成為「慢手」，當他們達到他們自認為是「過得去」的產量時就會自動鬆懈下來。其原因是，生產小組無形中形成默契的行為規範，即工作不要做得太多，否則就是「害人精」；工作不要做得太少，否則就是「懶惰鬼」；不應當告訴監工任何會損害同伴的事，否則就是「告密者」；不應當企圖對別人保持距離或多管閒事；不應當過分喧嚷，自以為是和熱心領導等。其根本原因有三：一是怕標準再度提高；二是怕失業；三是為保護速度慢的同伴。這一階段的試

驗，還發現了「霍桑效應」，即對於新環境的好奇和興趣，足以導致較佳的成績，至少在初始階段是如此。

通過四個階段歷時近 8 年的霍桑試驗，梅約等人認識到，人們的生產效率不僅要受到生理方面、物理方面等因素的影響，更重要的是受到社會環境、社會心理等方面的影響，這個結論的獲得是相當有意義的，這對「科學管理」只重視物質條件，忽視社會環境、社會心理對工人的影響來說，是一個重大的修正。

根據霍桑試驗，梅約於 1933 年出版了《工業文明中人的問題》一書，提出了與古典管理理論不同的新觀點，主要歸納為以下幾個方面：

（1）工人是「社會人」，而不是單純追求金錢收入的「經濟人」。作為複雜社會系統成員，金錢並非刺激積極性的唯一動力，他們還有社會、心理方面的需求，因此社會和心理因素等方面所形成的動力，對效率有更大影響。

（2）企業中除了「正式組織」之外，還存在著「非正式組織」，這種非正式組織是企業成員在共同工作的過程中，由於具有共同的社會感情而形成的非正式團體。這種無形組織有它特殊的感情、規範和傾向，左右著成員的行為。古典管理理論僅注重正式組織的作用，這是很不夠的。非正式組織不僅存在，而且同正式組織是相互依存的，對生產率的提高有很大影響。

（3）新型的領導在於通過對職工「滿足度」的增加，來提高工人的「士氣」，從而達到提高效率的目的。生產率的升降，主要取決於工人的士氣，即工作的積極性、主動性與協作精神，而士氣的高低，則取決於社會因素特別是人群關係對工人的滿足程度，即他的工作是否被上級、同伴和社會所承認。滿足程度越高，士氣也越高、生產效率也就越高。所以，領導的職責在於提高士氣，善於傾聽和溝通下屬職工的意見，使正式組織的經濟需求和工人的非正式組織的社會需求之間保持平衡。這樣就可以解決勞資之間乃至整個「工業文明社會」的矛盾和衝突，提高效率。

梅約等人的人際關係學說的問世，開闢了管理和管理理論的一個新領域，並且彌補了古典管理理論的不足，更為以後行為科學的發展奠定了基礎。

【思考】你所在的組織有沒有非正式組織的存在？你如何看待非正式組織對組織的影響？

(七) 管理科學現代理論

第二次世界大戰時期，英國為解決國防需要而產生運籌學（operational research, OR），發展了新的數學分析和計算技術，例如統計判斷、線性規劃、排隊論、博弈論、統籌法、模擬法、系統分析等。這些成果應用於管理工作就產生了管理科學理論，其主要內容是一系列的現代管理方法和技術。提出這一理論的代表人物是美國研究管理學和現代生產管理方法的著名學者伯法（E. S. Buffa）等人。他們開拓了管理學的另一個廣闊的研究領域，使管理從以往定性的描述走向了定量的預測階段。

管理科學理論是指以現代自然科學和技術科學的最新成果（如先進的數學方法、電子計算機技術以及系統論、信息論、控制論等）為手段，運用數學模型，對管理領域中的人力、物力、財力進行系統的定量的分析，並做出最優規劃和決策的理論。這

一理論是在第二次世界大戰之後，與行為科學平行發展起來的。從歷史淵源來看，管理科學是泰羅科學管理的繼續和發展，因為它的主要目標也是探求最有效的工作方法或最優方案，以最短的時間、最少的支出，取得最大的效果。但它的研究範圍已遠遠不是泰羅時代的操作方法和作業研究，而是面向整個組織的所有活動，並且它所採用的現代科技手段也是泰羅時代所無法比擬的。管理科學理論的主要內容包括以下三個方面：

1. 運籌學

運籌學是管理科學理論的基礎，是在第二次世界大戰中，以傑出的物理學家布萊克特（P. M. S. Blackett）為首的一部分英國科學家為了解決雷達的合理布置問題而發展起來的數學分析和計算技術。就其內容講，這是一種分析的、實驗的和定量的科學方法，專門研究在既定的物質條件（人力、物力、財力）下，為達到一定的目的，運用科學的方法，主要是數學的方法，進行數量分析，統籌兼顧研究對象的整個活動所有各個環節之間的關係，為選擇出最優方案提供數量上的依據，以便做出綜合性的合理安排，最經濟最有效地使用人力、物力、財力，以達到最大的效果。運籌學後來被運用到管理領域，由於研究的不同，又形成了許多新的分支，這些分支主要有：

（1）規劃論。用來研究如何充分利用企業的一切資源，包括人力、物資、設備、資金和時間，最大限度地完成各項計劃任務，以獲得最優的經濟效益。規劃論根據不同情況又可分為線性規劃、非線性規劃和動態規劃。

（2）庫存論。用來研究在什麼時間，以什麼數量，從什麼地方供應，來補充零部件、器件、設備、資金等庫存，既保證企業能有效運轉，又使保持一定庫存和補充採購的總費用最少。

（3）排隊論。主要是用來研究在公用服務系統中，設置多少服務人員或設備最為合適，既不使顧客或使用者過長地排隊等候，又不使服務人員及設備過久地閒置。

（4）對策論。又稱博弈論，主要是用來研究在利益相互矛盾的各方競爭性活動中，如何使自己一方獲得期望利益最大或期望損失最小，並求出制勝對方的最優策略。

（5）搜索論。用來研究在尋找某種對象（如石油、煤礦、鐵礦以及產品中的廢品）的過程中，如何合理使用搜索手段（包括人、物、資金和時間），以便取得最好的搜索效果。

（6）網絡分析。是利用網絡圖對工程進行計劃和控制的一種管理技術，常用的有計劃評審技術（簡稱 PERT）和關鍵線路法（簡稱 CPM）。

2. 系統分析

系統分析這一概念是由美國蘭德公司 1949 年首先提出的，意思是把系統的觀點和思想引入管理的方法之中，認為事物是極其複雜的系統。運用科學和數學的方法對系統中事件的研究和分析，就是系統分析。其特點就是解決管理問題時要從全局出發，進行分析和研究，制定出正確的決策。因此，系統分析一般有如下步驟：

（1）首先弄清並確定這一系統的最終目的，同時明確每個特定階段的階段性目標和任務。

（2）必須把研究對象看做是一個整體，是一個統一的系統，然後確定每個局部要

解決的任務，研究它們之間，以及它們與總體目標之間的相互關係和相互影響。

（3）尋求達到總體目標及與其相聯繫的各個局部任務和可供選擇的方案。

（4）對可供選擇的方案進行分析比較，選出最優方案。

（5）組織各項工作的實施。

系統分析和運籌學作為邏輯和計量方法，它們的共性很多。一般認為，系統分析研究的範圍更廣泛一些，多用於戰略性質的高級決策研究，而運籌學研究的範圍相對較窄一些，一般多用於戰術性的分析論證。但在實際中，作為決策工具，往往是兩種方法共同使用，互相補充的。

3. 決策科學化

這是指決策時要以充足的事實為依據，採取嚴密的邏輯思考方法。對大量的資料和數據按照事物的內在聯繫進行系統分析和計算，遵循科學程序，做出正確決策。上述「管理科學」理論的兩項內容就是為決策科學化提供分析思路和分析技術的；同時，它所使用的先進工具——電子計算機和管理信息系統也為決策科學化提供了可能和依據。

「管理科學」理論的基本特徵是，以系統的觀點，運用數學、統計學的方法和電子計算機的技術，為現代管理的決策提供科學的依據，通過計劃與控制以解決各項生產與經營問題。這一理論認為，管理就是應用各種數學模型和特徵來表示計劃、組織、控制、決策等合乎邏輯的程序，求出最優的解決方案，以達到企業的目標。

「管理科學」理論把現代科學方法運用到管理領域中，為現代管理決策提供了科學的方法。它使管理理論研究從定性到定量在科學的軌道上前進了一大步，同時它的應用對企業管理水準和效率的提高也起到了很大作用。但是，同其他理論一樣，它也有自己的弱點：①把管理中與決策有關的各種複雜因素全部數量化，是不可能也不現實的；②這一理論忽略了人的因素，這不能不說是它的一大缺陷；③管理問題的研究與實踐，不可能也不應該完全只依靠定量的分析，而忽視定性的分析。儘管如此，它的科學性還是被人們所普遍承認。

第二節　現代管理理論的主要學派及其發展

一、現代管理理論的主要學派

（一）管理過程學派

他們把管理看做是在組織中通過別人或同別人一起完成工作的過程。應該分析這一過程，從理論上加以概括，確定一些基礎性的原理，並由此形成一種管理理論。有了管理理論，就可以通過研究，通過對原理的實驗，通過傳授管理過程中包含的基本原則，改進管理的實踐。管理過程學派的創始人是法約爾。這個學派的管理理論建立在以下7條基本信念的基礎上：①管理是一個過程，可以通過分析管理人員的職能從理性上很好地加以剖析。②可以從管理經驗中總結出一些基本道理或規律。這些就是

管理原理。它們對認識和改進管理工作能起一種說明和啟示的作用。③可以圍繞這些基本原理開展有益的研究，以確定其實際效用，增大其在實際中的作用和適用範圍。④這些原理只要還沒有被證明為不正確或被修正，就可以為形成一種有用的管理理論提供若干要素。⑤就像醫學和工程學那樣，管理是一種可以依靠原理的啟發而加以改進的技能。⑥即使在實際應用中由於背離了管理原理而造成損失，但管理學中的原理，如同生物學和物理學中的原理一樣，仍然是可靠的。⑦儘管管理人員的環境和任務受到文化、物理、生物等方面的影響，但管理理論並不需要把所有的知識都包括進來才能起一種科學基礎或理論基礎的作用。

(二) 人際關係學派

這一學派是從20世紀60年代的人類行為學派演變來的。這個學派認為，既然管理是通過別人或同別人一起去完成工作，那麼，對管理學的研究就必須圍繞人際關係這個核心來進行。這個學派把有關的社會科學原有的或新近提出的理論、方法和技術用來研究人與人之間和人群內部的各種現象，從個人的品性動態一直到文化關係，無所不涉及。這個學派注重管理中「人」的因素，認為在人們為實現其目標而結成團體一起工作時，他們應該互相瞭解。

(三) 群體行為學派

這一學派是從人類行為學派中分化出來的，因此同人際關係學派關係密切，甚至易於混同。但它關心的主要是群體中人的行為，而不是人際關係。它以社會學、人類學和社會心理學為基礎，而不以個人心理學為基礎。它著重研究各種群體行為方式，從小群體的文化和行為方式，到大群體的行為特點，都在它的研究之列。它也常被叫做組織行為學。組織一詞在這裡可以表示公司、政府機構、醫院或其他任何一種事業中一組群體關係的體系和類型。有時則按切斯特・巴納德的用法，用來表示人們間的協作關係。而所謂正式組織則指一種有著自覺的精心籌劃的共同目的的組織。克里斯・阿吉里斯甚至用組織一詞來概括「集體事業中所有參加者的所有行為」。

(四) 經驗（或案例）學派

這個學派通過分析經驗（常常就是案例）來研究管理。其依據是，管理學者和實際管理工作者通過研究各色各樣的成功和失敗的管理案例，就能理解管理問題，自然地學會有效地進行管理。

這個學派有時也想得出一般性的結論，但往往只不過是把它當成一種向實際管理工作者和管理學者傳授經驗的手段。典型的情況是，他們把管理學或管理「策略」看成是對案例進行分析研究的手段，或者採用類似歐內斯特・戴爾的比較法。

(五) 社會協作系統學派

它與行為學派關係密切而且常常互相混同。有些人，如馬奇和西蒙，把社會系統（即一種文化的相互關係系統）只限於正式組織，把組織這個詞同企業等同起來，而不是指管理學中最常用的那項職權活動概念。另外一些人則不區分正式組織和非正式組織，而把所有人類關係的各種系統都包括進來。這個學派的創始人是切斯特・巴納德。

這個學派對管理學做出過許多值得注意的貢獻。把有組織的企業看成是一個受文化環境的壓力和衝突支配的社會有機體，這對管理的理論和實際工作人員都是有幫助的。而在另外一些方面，如對組織職權的制度基礎的認識，對非正式組織的影響的認識，以及對懷特·巴基稱之為組織黏合劑的一些社會因素的認識，則幫助更大。巴納德還有其他一些頗有教益的見解，如他的關於激勵的經濟性的思想，把社會學認識引入管理實踐之中，等等。

（六）社會技術系統學派

這一學派的創始人是特里司特及其在英國塔維斯托克研究所中的同事。他們通過對英國煤礦中長壁採煤法生產問題的研究，發現單只分析企業中的社會方面是不夠的，還必須注意其技術方面。他們發現，企業中的技術系統（如機器設備和採掘方法）對社會系統有很大的影響。個人態度和群體行為都受到人們在其中工作的技術系統的重大影響。因此，他們認為，必須把企業中的社會系統同技術系統結合起來考慮，而管理者的一項主要任務就是要確保這兩個系統相互協調。

（七）決策理論學派

這一學派的人數正在增加，而且都是些學者。他們的基本觀點是，由於決策是管理的主要任務，因而應集中研究決策問題。他們認為，管理是以決策為特徵的，所以管理理論應圍繞決策這個核心來建立。

（八）數學學派或管理科學學派

儘管各種管理理論學派都在一定程度上應用數學方法，但只有數學學派把管理看成是一個數學模型和程序的系統。一些知名的運籌學家或運籌分析家就屬於這個學派。這個學派的人士有時頗為自負地給自己冠上一個「管理科學家」的美名。這類人的一個永恆的信念是，只要管理、組織、計劃或決策是一個邏輯過程，就能用數學符號和運算關係來予以表示。這個學派的主要方法就是模型，借助於模型可以把問題用它的基本關係和選定目標表示出來。由於數學方法大量應用於最優化問題，可以說，它同決策理論有著很密切的關係。當然，編製數學模型決不限於決策問題。

（九）經理角色學派

這是最新的一個學派，同時受到管理學者和實際管理者的重視，其推廣得力於亨利·明茨伯格。這個學派主要通過觀察經理的實際活動來明確經理角色的內容。對經理（從總經理到領班）實際工作進行研究的人早就有，但把這種研究發展成為一個眾所周知的學派的卻是明茨伯格。

明茨伯格系統地研究了不同組織中 5 位總經理的活動，得出結論說，總經理們並不按人們通常認為的那種職能分工行事，即只從事計劃、組織、協調和控制工作，而是還進行許多別的工作。

明茨伯格根據他自己和別人對經理實際活動的研究，認為經理扮演著 10 種角色：

（1）人際關係方面的角色有 3 種：①掛名首腦角色（作為一個組織的代表執行禮儀和社會方面的職責）；②領導者角色；③聯繫人角色（特別是同外界聯繫）。

（2）信息方面的角色有3種：①信息接受者角色（接受有關企業經營管理的信息）；②信息傳播者角色（向下級傳達信息）；③發言人角色（向組織外部傳遞信息）。

（3）決策方面的角色有4種：①領導者角色；②故障排除者角色；③資源分配者角色；④談判者角色（與各種人和組織打交道）。

【思考】為什麼管理學理論起源於西方？它對於中國的企業管理活動有什麼樣的影響？中國特色的管理學與西方管理學的發展在哪些方面存在融合和借鑑？

二、管理理論的發展

（一）系統管理理論

系統管理理論是應用系統理論的範疇、原理，全面分析和研究企業和其他組織的管理活動和管理過程，重視對組織結構和模式的分析，並建立起系統模型以便於分析。這一理論是卡斯特（F. E. Kast）、羅森茨威克（J. E. Rosenzweig）和約翰遜（R. A. Johnson）等美國管理學家在一般系統論的基礎上建立起來的，其理論要點主要有：

（1）企業是由人、物資、機器和其他資源在一定的目標下組成的一體化系統，它的成長和發展同時受到這些組成要素的影響，在這些要素的相互關係中，人是主體，其他要素則是被動的。

（2）企業是一個由許多子系統組成的、開放的社會技術系統。企業是社會這個大系統中的一個子系統，它受到周圍環境（顧客、競爭者、供貨者、政府等）的影響，也同時影響環境。它只有在與環境的相互影響中才能達到動態平衡。在企業內部又包含著若干子系統，它們是：①目標和準則子系統，包括遵照社會的要求和準則，確定戰略目標；②技術子系統，包括為完成任務必需的機器、工具、程序、方法和專業知識；③社會心理子系統，包括個人行為和動機、地位和作用關係、組織成員的智力開發、領導方式，以及正式組織系統與非正式組織系統等；④組織結構子系統，包括對組織及其任務進行合理劃分和分配、協調他們的活動，並由組織圖表、工作流程設計、職位和職責規定、章程與案例來說明，還涉及權力類型、信息溝通方式等問題；⑤外界因素子系統，包括各種市場信息、人力與物力資源的獲得，以及外界環境的反應與影響等。此外，還有一些子系統，如經營子系統、生產子系統，等等。這些子系統還可以繼續分為更小的子系統。

（3）運用系統觀點來考察管理的基本職能，可以提高組織的整體效率，使管理人員不至於只重視某些與自己有關的特殊職能而忽視了大目標，也不至於忽視自己在組織中的地位與作用。

（二）權變管理理論

權變管理理論（contingency theory of management）是20世紀70年代在美國形成的一種管理理論。這一理論的核心就是力圖研究組織的各子系統內部和各子系統之間的相互聯繫，以及組織和它所處的環境之間的聯繫，並確定各種變數的關係類型和結構類型。它強調在管理中要根據組織所處的內外部條件隨機應變，針對不同的具體條件

尋求不同的最合適的管理模式、方案或方法。

美國尼布拉加斯大學教授盧桑斯（F. Luthans）在1976年出版的《管理導論：一種權變學》一書中系統地概括了權變管理理論。他認為：

（1）過去的管理理論可分為四種，即過程學說、計量學說、行為學說和系統學說，這些學說由於沒有把管理和環境妥善地聯繫起來，其管理觀念和技術在理論與實踐上相脫節，所以都不能使管理有效地進行。而權變理論就是要把環境對管理的作用具體化，並使管理理論與管理實踐緊密地聯繫起來。

（2）權變管理理論就是考慮到有關環境的變數同相應的管理觀念和技術之間的關係，使採用的管理觀念和技術能有效地達到目標。在通常情況下，環境是自變量，而管理的觀念和技術是因變量。這就是說，如果存在某種環境條件下，對於更快地達到目標來說，就要採用某種管理原理、方法和技術。比如，如果在經濟衰退時期，企業在供過於求的市場中經營，採用集權的組織結構，就更適於達到組織目標；如果在經濟繁榮時期，在供不應求的市場中經營，那麼採用分權的組織結構可能會更好一些。

（3）環境變量與管理變量之間的函數關係就是權變關係，這是權變管理理論的核心內容。環境可分為外部環境和內部環境。外部環境又可以分為兩種：一種是由社會、技術、經濟和政治、法律等所組成的；另一種是由供應者、顧客、競爭者、雇員、股東等組成的。內部環境基本上是正式組織系統，它的各個變量與外部環境各變量之間是相互關聯的。決策、交流和控制、技術狀況等管理變量包括上面所列四種學說所主張的管理觀念和技術。

總之，權變管理理論的最大特點是：①它強調根據不同的具體條件，採取相應的組織結構、領導方式、管理機制。②把一個組織看做是社會系統中的分系統，要求組織各方面的活動都要適應外部環境的要求。

【思考】權變理論是否意味著不存在唯一的管理模式？是否意味著管理學原理的運用也要應勢而變？

(三) 現代管理理論的新突破

從以上的介紹，我們可以把系統管理理論和權變管理理論，看成是現代管理理論的雛形。這兩種理論都兼收並蓄了傳統管理理論，諸如行為科學理論、「管理科學」理論以及相應發展起來的各學派理論的基礎上，突破了原有的框框，使管理理論朝著統一的方向前進了一大步。具體地講，現代管理理論所突破的框框，主要表現在以下四個方面。

1. 在對人的看法上

從科學管理到後來的管理科學，都將人看作「經濟人」；行為科學將人看作「社會人」；而系統與權變理論則把人看作「複雜人」，認為人是懷著不同需要加入組織的，而且人們有不同的需要類型；不同的人對管理方式的要求也是不同的。

2. 在管理的範圍和涉及的組織要素上

管理科學主要是計劃與控制方面，涉及的主要要素是技術、組織機構和信息；行為科學的範圍主要是組織活動中的人際關係，包括了人和團體的，所涉及的組織要素

主要是人、組織機構和信息；而系統與權變理論適用的管理範圍是組織的整個投入—產出過程，涉及組織的所有要素。

3. 在管理的方法和手段上

管理科學多用一些自然科學的方法，採取邏輯與理性的分析，準確衡量等手段，行為科學多取自社會科學的方法，採用影響、激勵、協調等手段來誘發績效；而系統與權變理論則綜合自然科學與社會科學的各種方法，運用系統與權變的觀點，採取管理態度、管理變革、管理信息等手段使組織的各項活動一體化，進而實現組織的目標。

4. 在管理目的上

管理科學追求的首先是最大限度的生產率；其次是最大限度的滿意，行為科學的管理目的則相反；而系統與權變理論追求的不是最大，而是滿意或適宜，並且是生產率與滿意並重，或利潤與人的滿意並重，不存在誰先誰後的問題。

綜上所述，系統與權變理論作為一種新的管理理論的探索，對管理理論的發展所做的貢獻是巨大的。

表 2-1　　　　　　　　　現代管理理論的發展與比較

	科學管理 管理科學	行為科學	系統與 權變理論
①對人的看法	經濟人	社會人	複雜人
②管理的範圍	計劃與控制	組織活動中的人際關係	組織的整個投入—產出過程
③涉及的組織要素	技術、組織機構、信息	人、組織機構、信息	涉及的所有要素
④管理方法與手段	自然科學	社會科學	自然科學與社會科學
⑤管理的目的	首先：最大限度的生產率 其次：最大限度的滿意	首先：最大限度的滿意 其次：最大限度的生產率	滿意或適宜生產率與滿意並重

（四）現代管理理論的特點和主要觀點

現代管理學的特點：強調系統化；重視人的因素；重視「非正式組織」的作用；廣泛地運用先進的管理理論和方法；加強信息工作；把「效率」和「效果」結合起來；重視理論聯繫實際；強調「預見」能力；強調不斷創新；強調權力集中。

現代管理學的主要觀點：戰略觀點；市場觀點；變革觀點；競爭觀點；服務觀點；專業化觀點；素質觀點；開發觀點；經營觀點；風險觀點。

【對引導案例的簡要分析】

主要體現了科學管理理論的思想。泰羅倡導以科學為依據的管理理論，其方式是通過明確規定提高生產率的指導方針。他定義了四項思想管理原則：

（1）對工人工作的每一個要素開發出科學方法，用以代替老的經驗方法；

（2）科學地挑選工人，並對他們進行培訓、教育和使之成長；

（3）與工人們衷心地合作，以保證一切工作按已形成的科學原則去辦；

（4）管理當局與工人在工作和職責的劃分上幾乎是相等的，管理當局把自己比工人更勝任的各種工作承攬過來。

本章小結

1. 泰勒的《科學管理原理》誕生標誌著系統的管理理論的形成。在20世紀前半期時代，許多管理學者基於不同角度提出了各種管理理論，如亨利·法約爾的一般管理和馬克斯·韋伯的行政管理理論，這三大管理理論被統稱為古典管理理論。它們共同的特點是把組織中的人當做「機器」來看待，堅持「經濟人」的假設。

2. 通過四個階段的歷時幾年的霍桑試驗，梅奧等人創立了人際關係理論：①工人是「社會人」，而不是「經濟人」。②企業中存在著「非正式組織」。③企業的領導在於提高員工的「滿足度」。

3. 20世紀60年代後，有些專門研究行為科學在企業中應用的學者提出了「組織行為學」。行為科學的研究包含人的需要和行為動機分析以及內容型激勵理論的主要內容。

4. 第二次世界大戰之後，管理理論學派林立、百家爭鳴，形成了許多管理學派。這種現象被管理學家孔茨稱之為管理理論發展的叢林階段。

關鍵概念

1. 科學管理原理　2. 組織行為　3. 權變理論　4. 霍桑實驗　5. 系統分析

思考題

1. 為什麼存在各種各樣的管理學派？這對於管理學的發展有什麼影響？

2. 根據你的學習和工作實踐，哪一個管理學派或者管理理論可以更好地解釋你所在組織的管理效率？

練習題

一、單項選擇題

1. 馬克斯·韋伯的理論屬於（　　）。
   A. 理想行政組織體系理論　　　　B. 人際關係理論
   C. 科學管理理論　　　　　　　　D. 行為科學理論

2. 早期管理理論階段的代表性理論是（　　）。
   A. 科學管理理論　　　　　　　　B. 管理科學理論

C. 行為科學理論　　　　　　　　D. 權變理論
3. 在「管理科學理論」中，首先提出「系統分析」概念的是（　　）。
A. 日本松下電器公司　　　　　　B. 德國西門子公司
C. 美國蘭德公司　　　　　　　　D. 美國通用公司
4. 霍桑試驗提出要重視管理中（　　）。
A. 物的因素　　　　　　　　　　B. 人的因素
C. 工程技術方面因素　　　　　　D. 人、事、物的結合
5. 管理學形成的標誌是（　　）。
A. 法約爾管理過程理論的出現
B. 泰羅科學管理理論的出現
C. 馬克斯・韋伯組織理論的出現
D. 梅奧行為科學理論的出現
6. 科學管理的中心問題是（　　）。
A. 作業標準化　　　　　　　　　B. 計劃工資制
C. 心理革命　　　　　　　　　　D. 提高勞動生產率
7. （　　）首次提出了管理組織和管理過程的職能劃分理論。
A. 法約爾　　　　　　　　　　　B. 泰羅
C. 韋伯　　　　　　　　　　　　D. 馬歇爾
8. 管理科學理論的形成主要是運用了（　　）。
A. 數學　　　　　　　　　　　　B. 物理學
C. 信息學　　　　　　　　　　　D. 運籌學
9. 管理運動發起於（　　）。
A. 法國　　　　　　　　　　　　B. 日本
C. 美國　　　　　　　　　　　　D. 德國
10. 泰羅的代表著作是（　　）。
A. 《科學管理原理》　　　　　　B. 《國富論》
C. 《工業管理和一般管理》　　　D. 《君主論》

二、論述題

1. 管理學發展迅猛的原因是什麼？
2. 管理學派的多樣性和管理活動的複雜性有什麼關聯？
3. 管理的十四原則有哪些？

三、案例分析

（一）王海對工人積極性的分析

　　王海是某重點大學企業管理專業畢業的大學生，分配到宜昌某集團公司人力資源部。前不久，因總公司下屬的某油漆廠出現工人集體鬧事問題，王海被總公司委派下

去調查瞭解情況，並協助油漆廠高廠長理順管理工作。

到油漆廠上班的第一週，王海就深入「民間」，體察「民情」，瞭解「民怨」。一週後，他不僅清楚地瞭解到油漆廠的生產流程，同時也發現工廠的生產效率極其低下，工人們怨聲載道，他認為工作場所又髒又吵，條件極其惡劣，冬天的車間內氣溫只有零下8度，比外面還冷，而夏天最高氣溫可達40多度。而且他們的報酬也少得可憐。工人們曾不止一次地向廠領導提過，要改善工作條件，提高工資待遇，但廠裡一直未引起重視。

王海還瞭解了工人的年齡、學歷等情況，工廠以男性職工為主，約占92%。年齡在25~35歲之間的占50%，25歲以下的占36%，35歲以上的占14%。工人們的文化程度普遍較低，初高中畢業的占32%，中專及其以上的僅占2%，其餘的全是小學畢業。王海在調查中還發現，工人的流動率非常高，50%的工人僅在廠裡工作1年或更短的時間，能工作5年以上的不到20%，這對生產效率的提高和產品的質量非常不利。

於是，王海決定將連日來的調查結果與高廠長做溝通，他提出了自己的一些看法：「高廠長，經過調查，我發現工人的某些起碼的需要沒有得到滿足，我們廠要想把生產效率搞上去，要想提高產品的質量，首先得想辦法解決工人們提出的一些最基本的要求。」可是高廠長卻不這麼認為，他恨鐵不成鋼地說：「他們有什麼需要？他們關心的就是能拿多少工資，得多少獎金，除此之外，他們什麼也不關心，更別說想辦法去提高自我。你也看到了，他們很懶，逃避責任，不好好合作，工作是好是壞他們一點也不在乎。」

但王海不認同高廠長對工人的這種評價，他認為工人們不像高廠長所說的這樣。為進一步弄清情況，王海採取發放問題調查問卷的方式，確定工人們到底有什麼樣的需要，並找到哪些需要還未得到滿足。他也希望通過調查結果來說服廠長，重新找到提高士氣的因素。於是他設計了包括15個因素在內的問卷，當然每個因素都與工人的工作有關，包括報酬、員工之間的關係、上下級之間的關係、工作環境條件、工作的安全性、工廠制度、監督體系、工作的挑戰性、工作的成就感、個人發展的空間、工作得到認可情況、升職機會等。

調查結果表明，工人並不認為他們懶惰，也不在乎多做額外的工作，他們希望工作能豐富多樣化一點，能讓他們多動動腦筋，能有較合理的報酬。他們還希望工作多一點挑戰性，能有機會發揮自身的潛能。此外，他們還表達了希望多一點與其他人交流感情的機會，他們希望能在友好的氛圍中工作，也希望領導經常告訴他們怎樣才能把工作做得更好。

基於此，王海認為，導致油漆廠生產效率低下和工人有不滿情緒的主要原因是報酬太低，工作環境不到位，人與人之間關係的冷淡。

【問題】

1. 高廠長對工人的看法是何種管理思想的體現？

2. 根據王海的問卷調查結果，請你為該油漆廠出點主意，來滿足工人們的一些需求。

(二) 處理員工的抱怨

一家有名的公司新蓋了一棟高聳入雲的公司總部大樓。公司各部門全部遷入幾個星期以後，員工們便開始抱怨起來，因為電梯的速度實在是太慢了。這些抱怨很快便在公司中傳開了，因此公司馬上向諮詢公司求助，並先後找了三家諮詢公司。

第一家諮詢公司來到大樓後，首先找來了大樓的設計師，詢問電梯的速度為什麼如此慢，可不可以再提高一些，或者可不可以增加電梯的容積。答案是肯定的。於是，他們建議把電梯換掉，但是這至少得花 30 萬美元，而且需要兩個月的時間，這樣會導致大量員工的工作陷入混亂，公司當然不同意。

第二家諮詢公司在第一家諮詢公司的基礎上對電梯的程序進行了檢查，發現儘管電梯運行速度有點慢，但設計使用的方法很先進，於是不認為應該對電梯作任何的改進。

第三家諮詢公司作了一番仔細的研究和調查，向公司提出了一個方案：在電梯的等候處都安裝上一面鏡子。

故事的結局是公司最終採納了第三家公司的建議，而且非常奏效，再也聽不到員工的抱怨了。

【問題】
1. 三家諮詢公司的建議分別從什麼角度來處理員工的抱怨？
2. 為什麼第三家公司的方案成功地抓住了員工抱怨的來源？
3. 在實際的管理工作中，如何處理各種員工的抱怨？有什麼步驟和程序可以遵循？

第三章　決策

學習目標

1. 理解決策的定義及分類
2. 瞭解決策的程序
3. 掌握決策的方法

引導案例

新任廠長的產品決策

某輕工業製品廠從 1990 年以來一直經營生產 A 產品，雖然產品品種單一，但是市場銷路一直很好。後來由於經濟政策的暫時調整及客觀條件的變化，A 產品完全滯銷，企業職工連續幾年只能拿 50% 的工資，更談不上獎金，企業職工怨聲載道，積極性受到極大的影響。

新廠長上任後，決心在一年之內改變工廠的面貌。他發現該廠與其他部門合作的環保產品 B 產品是成功的，於是決定下馬 A 產品，改產 B 產品。一年過去，企業總算沒有虧損，但工廠的效益仍然不好。

後來市場形勢發生了巨大的變化。原來的 A 產品市場脫銷，用戶紛紛來函來電希望該廠能盡快恢復 A 產品的生產。與此同時，B 產品銷路不好。在這種情況下，廠長又回來過頭來抓 A 產品，但一時又無法搞上去，無論數量和質量都不能恢復到原來的水準。為此，集團公司領導對該廠長很不滿意，甚至認為改產是錯誤的決策，廠長感到很委屈，總是想不通。

【討論】

1. 你認為該廠長的決策是否有錯誤？請你做詳細分析。
2. 如果你是該廠廠長，你在決策過程中應如何去做？

案例來源：http：//money. zhishi. sohu. com。

決策是管理者從事管理工作的基礎，直接影響到組織的目標的實現。決策是管理者的核心，決策分析是各級管理人員的基本職能。決策正確可使組織沿著正確的方向前進，提高組織的生存能力和適應環境變化的能力；反之，若決策失誤，將給組織帶來巨大的損失。所以，要做出一項正確的決策，首先要樹立正確的組織管理思想和觀念，並掌握現代化的決策理論、決策方法和手段。

第一節　決策的概念

一、決策的定義及其含義

決策是指組織或個人為了實現某一目標，而從若干個可行性方案中選擇一個滿意方案的分析判斷過程。其含義有四層：第一，決策是為實現一定的目標服務的，在對決策方案做出選擇前一定要有明確的目標；第二，決策必須有兩個以上的方案；第三，決策要進行方案的比較，選擇一個滿意的方案；第四，決策是一個多階段、多步驟的分析判斷過程。

【思考】你在日常工作中需要做哪些決策？你做出這些決策的依據和原則是什麼？

二、決策的分類

(一) 按決策問題的重要程度分類

1. 戰略決策

戰略決策主要由高層管理者負責，是所有決策中最重要的，是涉及組織大政方針、戰略目標等重大事項所進行的決策活動，是有關組織全局性的、長期性的、關係到組織生存和發展的根本性決策。戰略決策包括組織資本的變化、國內外市場的開拓與鞏固、組織機構的調整、高級經理層的人事變動等。

2. 戰術決策

戰術決策主要由中層管理者負責，屬於執行戰略決策過程中的具體決策，旨在實現組織內部各環節活動的高度協調和資源的合理使用，以提高經濟效益和管理效能，如企業的生產計劃、銷售計劃、更新設備的選擇、新產品定價、流動資金籌措等決策。管理決策不直接決定企業組織的命運，但決策行為的質量將在很大程度上影響組織目標的實現程度和組織效率的高低。

3. 業務決策

業務決策主要由基層管理者負責，是涉及組織中的一般管理和工作的具體決策活動，直接影響日常工作效率。決策的主要內容包括日常工作任務的分配與檢查、工作日程（生產進度）的監督與管理、崗位責任制的制定與執行、企業的庫存控制、材料採購等方面。

(二) 按決策的重複程度分類

1. 程序化（性）決策

若問題或情況是屬於經常發生的，那麼解決問題的辦法通常是制定一個例行程序。程序化決策是按原來規定的程序，處理方法和目標去解決管理中經常重複出現的問題，又稱重複性決策、定型化決策、常規決策或例行決策。如訂貨採購、日常的生產技術管理等。企業裡大部分是程序化決策，而且，不同的管理層面對的程序化決策數量不

同，如圖 3-1 所示。

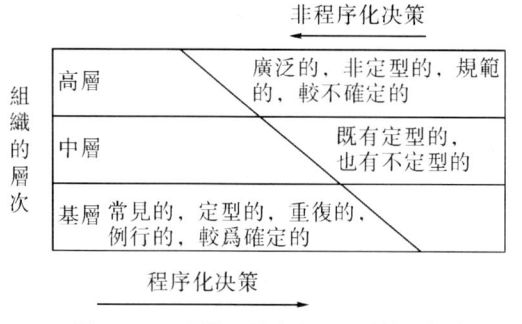

```
                    非程序化決策
              ┌──────────────────────┐
         高層 │        廣泛的、非定型的、規範 │ 問
  組         │        的、較不確定的     │ 題
  織         ├──────────────────────┤ 的
  的   中層 │        既有定型的、      │
  層         │        也有不定型的      │ 類
  次         ├──────────────────────┤ 型
         基層 │常見的、定型的、重複的、    │
              │例行的、較為確定的       │
              └──────────────────────┘
                    程序化決策
```

圖 3-1　不同管理層次所要面對的決策情況

2. 非程序化（性）決策

非程序化決策是指解決以往無先例可循的新問題，所決策的問題具有極大的偶然性和隨機性，很少發生重複；或由於問題複雜、牽涉面很廣或問題極端重要，所以也就沒有既定的程序可用來處理這類問題，只能作特殊處理。如新產品開發、組織結構調整、市場開拓人員培訓、企業發展等。這類決策又稱一次性決策、非定型化決策和非常規決策。

【思考】結合你的工作和學習，談談你的工作哪些是程序化（性）決策，哪些是非程序化（性）決策。

(三) 按決策問題的可控程度分類

1. 確定型決策

確定型決策指每種備選方案只有一種確定的結果的決策，即決策事件未來的自然狀態明確，只要比較各方案的結果即能選出最優方案。這種情況下，管理者每次都能做出完全準確的決定。當然，這種類型的決策環境非常少見。

2. 風險型決策

多數情況下，經理不可能準確地知道將要發生什麼樣的自然狀態，但可以測出各種狀態出現的概率。一種方案執行下去可能出現幾種不同的結果，但每種結果發生的概率可做出客觀估計。即風險型決策是處在風險狀態下的決策，而且各決策方案潛在的收益和風險與估測的概率有關。這類決策的關鍵在於衡量各備選方案成敗的可能性（即概率），權衡各自的利弊，做出擇優選擇。

3. 非確定型決策

非確定型決策指決策事件未來的各種自然狀態完全未知，各種狀態出現的概率也無法估計，只能憑決策者主觀靠經驗、直覺、判斷能力做出的決策。所以有人說，決策理論的中心就是在不確定性條件下制定決策和改進決策的過程。

【思考】按決策問題的可控程度分類，個人股市投資決策屬於哪一類？

(四) 按決策層次分類

1. 高層決策

高層決策是由企業最高領導人所做出的決策。高層決策解決的是企業全局或涉及

面大、比較重要、政策性較強、利害關係影響較大的決策。

2. 中層決策

中層決策是由企業中級管理人員所作的決策，如企業執行性的管理決策和業務決策。

3. 基層決策

基層決策是由基層管理人員所做的決策，主要是解決作業任務的安排問題。

【思考】不同層次的決策對管理者的要求是否相同？分別存在什麼樣的技能需求？

第二節　決策的程序

決策活動是一個科學的動態過程，人們在具體進行決策時，要按照一定的程序和步驟，一般可將決策程序分為以下七個步驟：

一、識別機會或診斷問題

決策者必須知道哪裡需要行動，從而決策過程的第一步是識別機會或診斷問題。管理者通常密切關注與其責任範圍有關的各類信息，包括外部的信息和報告以及組織內的信息。實際狀況和所想要狀況的偏差提醒管理者潛在機會或問題的存在。識別機會和問題並不總是簡單的，因為要考慮組織中人的行為。有些時候，問題可能植根於個人的過去經驗、組織的複雜結構或個人和組織因素的某種混合。

因此，管理者必須特別注意要盡可能精確地評估問題和機會。評估問題和機會的精確程度有賴於信息的精確程度，所以管理者要盡力獲取精確的、可信賴的信息。低質量的或不精確的信息使時間白白浪費掉，並使管理者無從發現導致某種情況出現的潛在原因。即使收集到的信息是高質量的，在解釋的過程中，也可能發生扭曲。有時，隨著信息持續地被誤解或有問題的事件一直未被發現，信息的扭曲程度會加重。大多數重大災難或事故都有一個較長的潛伏期，在這一時期，有關徵兆被錯誤地理解或不被重視，從而未能及時採取行動，導致災難或事故的發生。即使管理者擁有精確的信息並正確地解釋它，處在他們控制之外的因素也會對機會和問題的識別產生影響。但是，管理者只要堅持獲取高質量的信息並仔細地解釋它，就會提高做出正確決策的可能性。

二、確定目標

這一階段的目的在於澄清解決問題的最終目的，明確應達成的目標，並對目標的優先順序進行排序，從而減少以後決策過程中不必要的麻煩。

決策目標是由上一階段明確的有待解決的問題決定的。在決策目標的確定過程中，首先必須把要解決問題的性質、結構、癥結及其原因分析清楚，才能有針對性地確定出合理的決策目標。

決策目標往往不止一個，而且多個目標之間有時還會有矛盾，這就給決策帶來了

一定的困難。要處理好多目標的問題，可採用以下三種辦法：一是把要解決的問題盡可能地集中起來，減少目標數量；二是把目標依重要程度的不同進行排序，把重要程度高的目標先行安排決策，減少目標間的矛盾；三是進行目標的協調，即以總目標為基準進行協調。

三、尋求可行方案

在診斷出目標的問題，澄清解決此問題的真正目標之後，應尋求所有可能用來消除此問題的對策及有關的限制因素。在這些可能的備選方案間，應互相具有替代作用。選用何種方案，視其在各相關限制因素的優劣地位及成本效益而定。通常來說，一個問題往往可以用一個以上的辦法來解決，所以在選擇之前，應先把所有可能的候選者及相關因素羅列出來，以便清楚地加以考察和評估。提出的可行方案應盡可能詳盡，方案的數量越多、質量越好，選擇的餘地就越大。

四、尋求相關因素或限制因素

尋求相關因素與限制因素，即列出各種對策所可能牽涉的有利或不利的因素。制定備選方案時往往會受到多方面的限制，例如政府法律、傳統道德觀念、管理者本身權力與能力的限制，以及技術條件、經濟因素方面的限制等。如採購問題的決策考慮因素有價格（成本）、品質、交貨時間、交貨持續性、售後服務、互惠條件、累計折扣等。不同的決策問題，將有不同的考慮因素，決策者必須針對特定問題，思考可能的相關因素，以免遺漏。

例如，某電器公司的工廠建在上海，但其產品行銷西南地區。目前該公司僅有一個倉庫及分公司在昆明，競爭力和售後服務均感不足。其業務經理建議在昆明設立一個裝配廠，以利就近服務顧客。公司總部在決定此建議前，必須考慮以下相關限制因素：

（1）運送成品及零件到昆明的運輸成本；
（2）在昆明設立裝配廠的工資成本、管理費用、生產成本、固定資產投資及其資金來源；
（3）影響西南地區電器需求的季節性因素及企業適應季節性變化的能力；
（4）該裝配廠對當地顧客服務水準的影響，如送貨、修理及其他售後服務等；
（5）新廠管理的難度；
（6）當地政府對該廠的財稅優惠政策；
（7）新廠設立對公司總銷售和總利潤的影響。

五、分析評價備選方案

在比較備選方案優劣的過程中，必須先確定相關的限制因素，並把它們作為計算與比較的基礎。然後，再針對每一備選方案及相關因素，估計方案的結果，以利於備選方案間的比較。從上例來看，電器公司的經理必須逐一回答上述問題，或計算每一因素的優劣，並針對每一重要的相關限制因素，給出定量化的評價。

著重對每個備選方案的可行性、滿意程度和可能產生的結果進行分析。分析步驟如圖3-2所示。

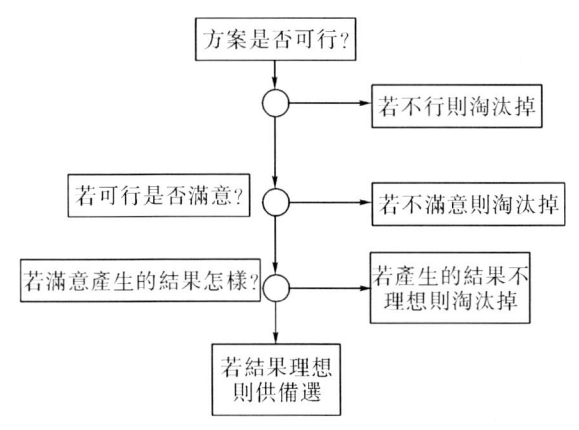

圖3-2 備選方案分析步驟

（1）對可行性的估評：假如執行這個方案是否有可能。如受資金限制、法律限制、人力與物力的限制，而使某些方案無法實現，即無可行性，需要淘汰掉。若有可行性，接著就需要分析該方案是否能達到令人滿意的程度。

（2）滿意度分析：所謂滿意就是指某一方案是否滿足了決策所處條件下的各個要求。如果不滿意，則淘汰掉。若令人滿意，但是也往往會因付出的代價大於收益而放棄掉。所以仍然需要對該方案試行後可能產生的後果進行估評。

（3）可能結果估評：對該方案可能帶來的代價和效益進行分析估評。如果該方案採用後，將會給組織內的各個部門帶來什麼影響？這些影響又將付出多少代價？得到多少好處？

六、方案選擇

在進行詳盡的方案分析與比較之後，首先要從選出可行性、滿意性和可能帶來的結果三者結合得最好、最符合條件的方案加以實施。在方案的評價和選擇中，應注意以下問題：

（一）確定評價的價值標準

評價的價值標準要根據決策目標而定。凡是能夠定量化的都要定出量化標準，如利潤達到多少等；難於定量化的，可以做出詳細的定性說明，如安全可靠性。如果利用評分法作為綜合評價，就要規定出評分標準和檔次等。這樣才能做出較有科學依據的評價。

（二）注意方案之間的可比性和差異性

即把不可比的因素轉化為可比因素，著重對其差異進行比較與分析。

（三）從正反兩方面進行比較

目的在於考慮到方案可能帶來的不良影響和潛在的問題，以權衡利弊得失，做出正確的決斷。

（四）要多選一個或兩個方案

在選擇最佳方案的過程中，要多選一個或兩個方案，決不能只選一個，而放棄其他方案。因為方案的實施順利與否，往往出乎人的預料。

七、檢驗方案的可靠性

當決策者在幾個備選方案中選定自己認為最優的方案後，科學決策分析過程並未結束，為了確保決策能推動目標的達成，決策者還應在執行前進行方案的可靠性檢驗。這一階段採用的方法主要包括：

（一）多聽不同的，甚至是反面的意見

在企業界，一個決策者經常有意置身事外，思考一個主張不能執行的各種可能理由，以瞭解決策可能導致的各種得失。

（二）將決策轉換為詳細的執行方案

由於決策過程和執行過程往往分屬不同層次的人員，在未能詳盡考慮方案可行性的情況下進行的決策，可能會影響未來方案的實施效果。因此，在高層決策時，必須考慮此決策是否能執行；而將決策轉換為詳細的執行方案，就是檢驗該決策實用性的最佳方法。

（三）重新考慮計劃的前提假設

每一個管理上的決策都是基於一定的假設之上的，為確保決策無誤，決策者首先應想到哪一個假設對決策的成功影響最大，並進一步分析那些「核心假設」的正確性。

（四）檢討被放棄的其他備選方案

很多良好的備選方案在初選時因某一缺點而被放棄，但決策者應仔細考慮此缺點是否完全不可克服，而不應輕易放棄。

（五）徵求同意

當下級提出某一建議，或自己經過考慮後選定一個方案後，應設法徵求同事、專家或其他相關人士的意見，以免因個人偏見、信息不完備、經驗不足等對決策過程的影響。

【思考】如何避免衝動情況下做出錯誤的決策？

第三節　決策的方法

隨著決策理論和實踐的不斷發展，人們在決策中所採用的方法也不斷得到充實和

完善。目前，經常使用的企業經營決策方法一般分為兩大類：一類是定性分析法，另一類是定量分析法。

一、定性分析法

定性分析法是指人們運用過去的經驗對決策方案進行評價與選擇的一種方法。

（一）頭腦風暴法

頭腦風暴法是比較常用的集體決策方法，便於發表創造性意見，因此主要用於收集新設想。通常是將對解決某一問題有興趣的人集合在一起，在完全不受約束的條件下，敞開思路，暢所欲言。頭腦風暴法的創始人英國心理學家奧斯本（A. F. Osborn）為該決策方法的實施提出了四項原則：

（1）對別人的建議不作任何評價，將相互討論限制在最低限度內。

（2）建議越多越好，在這個階段，參與者不要考慮自己建議的質量，想到什麼就說什麼。

（3）鼓勵每個人獨立思考，廣開思路，想法越新穎、奇異越好。

（4）可以補充和完善已有的建議以使它更具說服力。

頭腦風暴法的目的在於創造一種暢所欲言、自由思考的氛圍，誘發創造性思維的共振和連鎖反應，產生更多的創造性思維。這種方法的時間安排應在1~2小時，參加者以5~6人為宜。

（二）對演法

對演法也是以召開會議的形式來解決問題的。其特點是會議上有幾個持不同觀點的小組。這些小組各抒己見，在會議上展開辯論，互攻其短，揚己之長。這樣就可以充分暴露矛盾，展現各種方法的優缺點，暴露出各方案的片面性，便於綜合出一項最滿意的解決問題的方案。

【思考】大家意見都一致時，決策就是正確的嗎？為什麼？

（三）德爾菲法

這是蘭德公司提出的，被用來聽取專家關於處理某一問題的意見的一種專家決策法。專家可以是來自第一線的管理人員，也可以是高層經理，既可以來自組織內部，也可以來自組織外部，包括在該問題方面有經驗的大學教授、研究人員和管理者。其過程如下：

（1）邀請一些專家，把要解決的關鍵問題分別告訴專家們，請他們無記名地發表自己的意見。

（2）在此基礎上，管理者收集並綜合各位專家的意見。

（3）再把綜合後的意見反饋給各位專家，讓他們再次進行分析並發表意見。

（4）如此反覆多次，用逐次逼近法最終形成代表專家組一致意見的方案。

在此過程中，如遇到差別很大的意見，則把提供這些意見的專家集中起來進行討論並綜合。如此反覆多次，最終形成代表專家組意見的方案。該方法最大的優點是能

充分發揮專家的作用，而且由於匿名性和迴避性，避免了從眾行為。缺點是比較費時間，成本高，不易邀請到合適的專家。對日常性的決策不適用。

運用該技術的關鍵是：

（1）選擇好專家，這主要取決於決策所涉及的問題或機會的性質。

（2）決定適當的專家人數，一般10～50人較好。

（3）擬定好意見徵詢表，因為它的質量直接關係到決策的有效性。

（四）名義小組法

在集體決策中，如對問題的性質不完全瞭解且意見分歧嚴重，則可採用名義小組法。在這種方法下，小組成員互不通氣，也不在一起討論、協商，小組只是名義上的。這種名義上的小組可以有效地激發個人的創造力和想像力。

在這種方法下，管理者先召集一些有知識的人，把要解決的關鍵內容告訴他們，並請他們獨立思考，要求每個人盡可能把自己的備選方案和意見寫下來。然後再按次序讓他們一個接一個地陳述自己的方案和意見。在此基礎上，由小組成員對提出的全部備選方案進行投票，根據投票結果，贊成人數最多的備選方案即為所要的方案，當然，管理者最後仍有權決定是接受還是拒絕這一方案。

【思考】是否當大家意見都一致時才能行動？為什麼？

二、定量分析法

定量分析法是指根據現有數據，運用數學模型進行決策的一種方法。它能使決策精確化和程序化。

（一）確定型決策

確定型決策問題即只存在一個確定的自然狀態，決策者可依科學的方法做出決策。其主要方法是盈虧平衡分析法。

盈虧平衡分析法又稱量本利分析法，是通過考察產量（或銷售量）、成本和利潤的關係以及盈虧變化的規律來為決策提供依據的方法。盈虧分析的關鍵是找出盈虧平衡點。而找出盈虧平衡點的方法有圖解法和代數法（公式法）兩種。

1. 圖解法

圖解法是用圖形來考察成本、產量和利潤的關係的方法。在應用圖解法時，通常假設產品價格和單位變動成本都不隨產量的變化而變化，所以銷售收入曲線、總變動成本曲線和總成本曲線都是直線。

【例1】某企業生產某產品的總固定成本為60,000元，單位變動成本為每件1.8元，產品價格為每件3元。假設某方案帶來的產量為100,000件，問該方案是否可取？

利用例子中的數據，在坐標圖上畫出總固定成本曲線、總成本曲線和銷售收入曲線，得出本量利分析圖，如圖3-3所示。

從圖3-3中可以得出以下信息，供決策分析之用：

（1）保本產量（盈虧平衡點），即總收入曲線和總成本曲線交點所對應的產量（本例中保本產量為5萬件）；

（2）各個產量上的總收入；
（3）各個產量上的總成本；
（4）各個產量上的總利潤，即各個產量上的總收入與總成本之差；
（5）各個產量上的總變動成本，即各個產量上的總成本與總固定成本之差；
（6）安全邊際，即方案帶來的產量與保本產量之差。

在本例中，由於方案帶來的產量（10萬件）大於保本產量（5萬件），所以該方案可取。

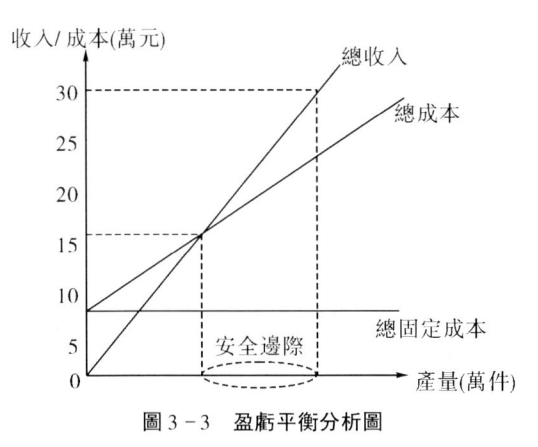

圖3-3　盈虧平衡分析圖

2. 代數法

代數法是用代數式來表示成本、產量和利潤的關係的方法。有盈虧平衡點銷售量（產量）計算法和盈虧平衡點銷售額計算法兩種，因第一種用得較多，故這裡只介紹第一種。

假設 P 代表單位產品價格，Q 代表產量或銷售量，C 代表總固定成本，V 代表單位變動成本，π 代表總利潤。

（1）保本產量：企業不盈不虧時，$PQ = C + VQ$，所以保本產量 $Q = C/(P-V)$

（2）求保目標利潤的產量：設目標利潤為 π，則 $PQ = C + VQ + \pi$，所以保目標利潤 π 的產量 $Q = (C+\pi)/(p-V)$

（3）求利潤：$\pi = PQ - C - VQ$

（4）求安全邊際和安全邊際率：安全邊際 = 方案帶來的產量 - 保本產量；安全邊際率 = 安全邊際/方案帶來的產量

上例中的保本產量 = 60,000/（3-1.8）= 50,000（件）

（二）風險型決策方法

在風險型決策中，決策者對未來可能出現何種自然狀態不能確定，但其出現的概率可以大致估計出來。風險型決策常用的方法是決策樹分析法。

決策樹法是用樹狀圖來描述各種方案在不同情況（或自然狀態）下的收益，據此計算每種方案的期望收益從而做出決策的方法。

1. 決策樹構成

決策樹由決策點、方案枝（決策枝）、狀態結點、概率枝和期望值等構成。決策點為決策出發點，用「□」表示，決策點引出若干條決策枝，每一條決策枝條代表一個方案。決策枝末端為狀態結點，用「○」表示，狀態結點又引出概率枝，每一條概率枝代表一種自然狀態，在概率枝末端標出每種自然狀態的收益或損失值，如圖3－4所示。

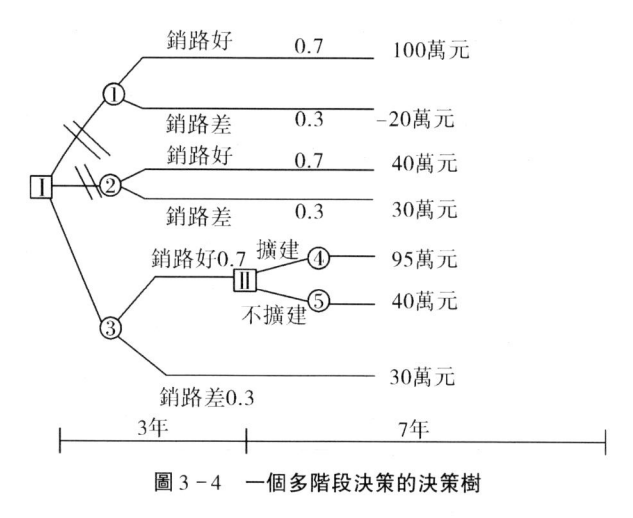

```
                銷路好    0.7      100萬元
          ①
                銷路差    0.3      -20萬元
                銷路好    0.7      40萬元
     I    ②
                銷路差    0.3      30萬元
                銷路好0.7  擴建  ④  95萬元
                         II
          ③             不擴建 ⑤  40萬元
                                  30萬元
                銷路差0.3
          ├─── 3年 ───┼─────── 7年 ───────┤
```

圖3－4　一個多階段決策的決策樹

2. 決策樹分析

（1）繪製決策樹圖：先分析所有決策條件，然後自左向右展開繪製決策樹。

（2）計算期望值（期望收益）：自右向左計算。以每種自然狀態的收益值乘各自概率枝上的概率，再乘以決策期限，然後將各概率枝的值相加，減去投資值後，再標於狀態結點上。

（3）選擇最佳方案：比較選出期望值最大的作為最佳方案，並將此最大值標於決策點方框上。同時，未被選用的方案用兩條平行短線截斷，稱為剪枝。

下面通過舉例來說明決策樹的原理和應用。

【例2】某五金廠為了擴大某產品的生產，擬建設新廠。據市場預測，產品銷路好的概率為0.7，銷路差的概率為0.3。有三種方案可供企業選擇：

方案1：新建大廠，需投資300萬元。據初步估計，銷路好時，每年可獲利100萬元；銷路差時，每年虧損20萬元。服務期為10年。

方案2：新建小廠，需投資140萬元。銷路好時，每年可獲利40萬元；銷路差時，每年仍可獲利30萬元。服務期為10年。

方案3：先建小廠，3年後銷路好時再擴建，需追加投資200萬元，服務期為7年，估計每年獲利95萬元。

問哪種方案最好？

畫出該問題的決策樹，如圖3－4所示。

圖中有兩種自然狀態：銷路好和銷路差，自然狀態後面的數字表示該種自然狀態出現的概率。位於狀態枝末端的是各種方案在不同自然狀態下的收益或損失。據此可以算出各種方案的期望收益。

方案1：（結點①）的期望收益為：[0.7×100+0.3×（-20）]×10-300=340（萬元）

方案2：（結點②）的期望收益為：（0.7×40+0.3×30）×10-140=230（萬元）

至於方案3，由於結點④的期望收益465（=95×7-200）萬元大於結點⑤的期望收益280（=40×7）萬元，所以銷路好時，擴建比不擴建好。方案3（結點③）的期望收益為：（0.7×40×3+0.7×465+0.3×30×10）-140=359.5（萬元）

計算結果表明，在三種方案中，方案3最好。

需要說明的是，在上面的計算過程中，我們沒有考慮貨幣的時間價值，這是為了使問題簡化。而在實際中，多階段決策通常要考慮貨幣的時間價值。

【思考】決策樹分析主要在哪些領域得到廣泛的運用？

（三）不確定型決策方法

不確定型決策是在對未來自然狀態完全不能確定的情況下進行的。由於決策主要靠決策者的經驗、智慧和風格，便產生不同的評選標準，因而形成了多種具體的決策方法。

常用的不確定型決策方法有小中取大法、大中取大法和最小最大後悔值法等。下面通過舉例來介紹這些方法。

【例3】某企業打算生產某產品。據市場預測，產品需求量有四種情況：需求量較高、需求量一般、需求量較低、需求量很低。對每種情況出現的概率均無法預測。現有三種方案：A方案是自己動手，改造原有設備；B方案是全部更新，購進新設備；C方案是購進關鍵設備，其餘自己製造。該產品計劃生產5年。據估計，各方案在各種自然狀態下5年內的預期損益見表3-1。

表3-1　　　　　　　　　　各方案損益值表　　　　　　　　　單位：萬元

損益值\自然狀態方案	需求量較高	需求量一般	需求量較低	需求量很低
A方案	70	50	30	20
B方案	100	80	20	-20
C方案	85	60	25	5

1. 極大化最高準則（樂觀法、大中取大法）

極大化最高準則是指把可能達到的最高回收額極大化。即比較各方案所產生的最大收益，選取最大的一個方案。

採用這種方法的管理者對未來持樂觀的看法，認為未來會出現最好的自然狀態，因此不論採取哪種方案，都能獲取該方案的最大收益。採用大中取大法進行決策時，

首先找出各方案所帶來的最大收益，即在最好自然狀態下的收益，然後進行比較，選擇在最好自然狀態下收益最大的方案作為所要的方案。在上例中，A方案的最大收益為70萬元，B方案的最大收益為100萬元，C方案的最大收益為85萬元，經過比較，B方案的最大收益最大，所以選擇B方案。這種方法有時也很危險，因為它忽視了可能遭到的虧損以及能獲利或不能獲利的各種機會。所以，有經驗的決策者將根據情報信息，盡量使可能得到的最大收益極大化。

2. 極大化最低準則（悲觀法、小中取大法）

極大化最低準則把可能達到的最低回收額極大化，即比較各方案所產生的最小收益，而選最大的一個方案。採用這種方法的管理者對未來持悲觀的看法，認為未來會出現最差的自然狀態，因此不論採取哪種方案，都只能獲取該方案的最小收益。採用小中取大法進行決策時，首先找出各方案所帶來的最小收益，即在最差自然狀態下的收益，然後進行比較，選擇在最差自然狀態下收益最大的方案作為所要的方案。在上例中，A方案的最小收益為20萬元，B方案的最小收益為-20萬元，C方案的最小收益為5萬元，經過比較，A方案的最小收益最大，所以選擇A方案。

3. 機會均等準則（平均法，概率法）

對每種可能發生的自然狀態設定相等的概率。即如果管理人員不知道各種自然狀態發生的概率，他們可以假設所有的自然狀態都有同等出現的可能性。也就是說，他們可以為每一種自然狀態設計相等的概率。

A方案的期望值＝（70＋50＋30＋20）/4＝42.5（萬元）

B方案的期望值＝[100＋80＋20＋（-20）]/4＝45（萬元）

C方案的期望值＝（85＋60＋25＋5）/4＝43.75（萬元）

經過比較，B方案的收益最大，所以選擇B方案。

4. 極小化最高準則（最小最大後悔值法，大中取小法，遺憾法）

極小化最高準則是指把可能引起決策者最大遺憾的收益極小化。

管理者在選擇了某方案後，如果將來發生的自然狀態表明其他方案的收益更大，那麼他（或她）會為自己的選擇而後悔。後悔值法就是使最大後悔值最小的方法。採用這種方法進行決策時，首先計算各方案在各自然狀態下的後悔值（某方案在某自然狀態下的後悔值＝該自然狀態下的最大收益-該方案在該自然狀態下的收益），並找出各方案的最大後悔值，然後進行比較，選擇最大後悔值最小的方案作為所要的方案。如表3-2所示，三個方案的後悔值分別為30、40、20。因為C方案的最大後悔值最小（20），故選中該方案。

表3-2　　　　　　　　　　最大後悔值比較表　　　　　　　　單位：萬元

後悔值＼自然狀態＼方案	需求量較高	需求量一般	需求量較低	需求量很低	最大後悔值
A方案	30 (100-70)	30 (80-50)	0 (30-30)	0 (20-20)	30

表3-2(續)

方案＼自然狀態＼後悔值	需求量較高	需求量一般	需求量較低	需求量很低	最大後悔值
B方案	0 (100-100)	0 (80-80)	10 (30-20)	40 (20+20)	40
C方案	15 (100-85)	20 (80-60)	5 (30-25)	15 (20-5)	20

上述四種方法，在實際中往往是同時運用，並將用四種方法決策被選中次數最多的方案作為決策方案。

【思考】一種決策方法可以解決大多數的決策問題嗎？是否需要多種決策方法綜合運用，才能取得最好的決策效果？

本章小結

1. 決策是指組織或個人為了實現某一目標，而從若干個可行性方案中選擇一個滿意方案的分析判斷過程。

2. 根據不同的分類原則，可以把決策分成多種類型，按決策問題的重要程度分為戰略決策、戰術決策和作業決策；按決策的重複程度分為程序化決策和非程序化決策；按決策問題的可控程度分為確定型決策、風險型決策和非確定型決策；按決策層次分為高層決策、中層決策和基層決策。

3. 決策的程序包括識別機會或診斷問題、確定目標、尋求可行方案、尋求相關因素或限制因素、分析評價備選方案、方案選擇和檢驗方案的可靠性。

4. 決策的方法一般分為兩大類：一類是定性分析法，另一類是定量分析法。定性分析法包括頭腦風暴法、對演法、德爾菲法和名義小組法；定量分析法包括盈虧平衡分析法、決策樹法和樂觀法、悲觀法、平均法以及後悔值法。

關鍵概念

1. 決策　2. 定性分析　3. 定量分析　4. 頭腦風暴法　5. 盈虧平衡分析　6. 決策樹　7. 悲觀法決策　8. 樂觀法決策　9. 後悔值法　10. 動態規劃法

思考題

1. 你的學習和工作中經常遇到的決策屬於何種性質的決策？如何提高決策的效率？
2. 如何做出正確的決策？有哪些必備的程序？
3. 如何避免在異常條件（衝動、巨大壓力等情況）下做出錯誤的決策？

練習題

一、單項選擇題

1. 企業面臨的境況日益繁多，企業的決策越來越難以靠個人的智慧與經驗來確定，因此現代決策應該更多地依靠（　　）。
   A. 多目標協調　　　　　　　　B. 集體智慧
   C. 動態規劃　　　　　　　　　D. 下級意見

2. 主要是根據決策人的直覺、經驗和判斷能力來進行決策的是（　　）。
   A. 確定型決策　　　　　　　　B. 不確定型決策
   C. 程序化決策　　　　　　　　D. 非程序化決策

3. 對於一個完整的決策過程來說，第一步是（　　）。
   A. 確定目標　　　　　　　　　B. 發現問題
   C. 擬定可行方案　　　　　　　D. 組織有關人員

4. 針對歐美國家對中國紡織品的配額限制，某公司決定在北非投資設立子公司，這種決策屬於（　　）。
   A. 管理決策　　　　　　　　　B. 戰略決策
   C. 業務決策　　　　　　　　　D. 程序化決策

5. 在決策的過程中，根據決策目標的要求尋找實現目標的途徑是（　　）。
   A. 發現問題　　　　　　　　　B. 設計方案
   C. 選擇方案　　　　　　　　　D. 實施決策

6. 美國克萊斯勒汽車公司的總經理艾柯卡曾經說過：「等到委員會討論以後再射擊，野雞已經飛走了。」關於這句話，正確的理解是（　　）。
   A. 委員會決策往往目標不明確
   B. 委員會決策的正確性往往較差
   C. 群體決策往往不能正確把握市場的動向
   D. 群體決策往往不講究時效性，只考慮做出合理的決策

7. 群體決策並非完美無缺，在考慮是否採用群體決策時，應該主要考慮（　　）。
   A. 參與決策人數的多少
   B. 參加決策人員當中權威人士的影響
   C. 決策效果的提高是否足以抵消決策效率方面的損失
   D. 決策所耗用時間的多少

8. 你正面臨是否購買某種獎券的決策。你知道每張獎券的售價以及該期共發行獎券的總數、獎項和相應的獎金額。在這樣的情況下，該決策的類型是什麼？加入何種信息以後該決策將變成一個風險性決策？（　　）。
   A. 確定型決策；各類獎項的數量
   B. 風險性決策；不需要加其他任何信息

C. 不確定型決策；各類獎項的數量
D. 不確定型決策；可能購買該獎券的人數

9. 現有兩個所需代價相同的投資，下面說法正確的是（　　）。

	獲利	可能性	損失	可能性
第一方案	100 萬元	60%	50 萬元	40%
第二方案	500 萬元	60%	650 萬元	40%

A. 由於這兩個方案都有40%的可能失敗，所以均不可能獲利
B. 第二方案的經營風險性要比第一方案大
C. 這兩個方案的獲利期望值都是40萬元，所以這兩個方案沒有什麼差別
D. 第二方案成功時可獲利500萬元，由此可見，第二方案要比第一方案好

10. 某企業制定重大戰略決策的基本過程原來是由各部門（如財務部、銷售部、生產部、人事部等）獨立把各自部門的情況寫成報告送給總經理，再由總經理綜合完成有關的戰略方案。後來，對此過程做了調整：總經理收到各部門呈上的報告後，有選擇地找些管理人員來磋商，最後由自己形成決策。再後來，總經理在收到報告後，就把這些報告交給一個由各部門共同參與組成的委員會，通過委員會全體成員的面對面討論，最終形成有關決策。對此你的看法是（　　）。

A. 這種處理方式的改變對企業戰略決策以及其他方面的工作沒什麼影響
B. 這種處理方式的改變可以大大提高企業決策的效率
C. 這種處理方式的改變增加了信息溝通的範圍，可帶來更多的成員滿意感
D. 這種處理方式的改變提高了企業上下信息溝通的效率

二、論述題

1. 如何理解決策的定義及其原則？
2. 與個人決策相比，集體決策有什麼優缺點？
3. 決策的基本過程是什麼？

三、計算題

1. 某公司計劃在未來一年中生產某種產品，需要確定產品批量。根據預測估計，這種產品的市場狀況的概率分別為：暢銷為0.2，一般為0.5，滯銷為0.3。現提出大、中、小三種批量的生產方案，求取得最大經濟效益的方案。如下表所示：

各方案損益值表　　　　　　　　　　單位：萬元

損益值　自然狀態　方案	暢銷	一般	滯銷
大批量	50	40	−10

表（續）

損益值　自然狀態　方案	暢銷	一般	滯銷
中批量	40	30	8
小批量	30	20	15

問題：（1）畫出其決策樹圖形；

（2）計算各種狀態下的期望值，並選出一個最佳方案。

2. 食品公司希望新增一家麵包連鎖店以擴大經營網絡，現有三個可供選擇的地區，各地每個麵包勞動力和材料成本等的變動成本為每個2元，每個麵包售價為6元。但是在不同地區的房租及設備成本不同，具體見表如下：

地區	房租及設備成本（元/月）	預計銷售量（個/月）
A	5,000	1,500
B	8,000	2,500
C	10,000	3,200

問題：（1）求出每個地區在不虧損時麵包的銷售量；

（2）根據不同地區預計的麵包銷售量，採用量本利分析法確定麵包店應選擇的地區。

四、案例分析

（一）囚徒困境

一個案件的兩名同犯被隔離在不同的房間審訊，有關信息可建立如下決策矩陣：

乙犯

		不招供	招供
甲犯	不招供	1年徒刑，1年徒刑	10年徒刑，免予起訴
	招供	免予起訴，10年徒刑	7年徒刑，7年徒刑

其實，這是一個互動決策，兩名案犯在進行「招」還是「不招」的決策時都要考慮到對方的決策（即是「招」還是「不招」）。對於甲犯或乙犯來講，最好的結果是「免予起訴」（條件是他招供，別人不招供），最壞的結果是「10年徒刑」（條件是他不招供，別人招供）。

【問題】有沒有最優方案？

【簡評】

在囚徒困境中，由於甲犯和乙犯是分別審訊，互不通信，所以他們兩個無法知道對方的決策，需要對此做出猜測，因此，他們的決策很可能是「招供」，分別被判處7年徒刑。可見，任何決策都是為了實現某一目標，在若干個可行性方案中只能選擇一個較滿意的方案，而不是最優方案。

(二) 父、子、驢

一位農民和他的兒子到離村12里（1里＝500米）地的城鎮去趕集。開始時老農騎著驢，兒子跟在驢後面走。沒走多遠，就碰到一位年輕的母親，她指責農夫虐待他的兒子。農夫不好意思地下了驢，讓給兒子騎。走了一公里，他們遇到一位老和尚，老和尚見年輕人騎著驢，而讓老者走路，就罵年輕人不孝順。兒子馬上跳下驢，看著他父親。兩人決定誰也不騎。

兩人又走了四里路，碰到一學者，學者見兩人放著驢不騎，走得氣喘吁吁的，就笑話他們放著驢不騎，自找苦吃。農夫聽學者這麼說，就把兒子托上驢，自己也翻身上驢。父子兩一起騎著驢又走了三里地，碰到一位外國人，這位外國人見到他們兩人合騎一頭驢，就指責他們虐待動物。

【討論】你若是那位老農，你會怎麼做？

(三) 開發新產品還是改進現有產品

袁偉先生是南機公司的總裁。這是一家生產和銷售農業機械的企業。隨著國家對農業的扶持和政策支持的力度加大，公司最近幾年的銷售收入逐年上升，每當坐在辦公桌前翻看那些數字、報表時，袁先生都會感到躊躇滿志。

這天下午又是業務會議時間，袁先生召集了公司在各地的經銷負責人，分析目前和今後的銷售形勢。在會議上，有些經銷負責人指出，農業機械產品雖有市場潛力，但消費者的需求趨向已有所改變，比如，對多功能產品的需求增加，農民希望購買的產品能夠實現播種、收割、脫殼、裝袋等全過程，公司應針對新的需求，增加新的產品種類，來適應這些消費者新的需求。

出身機械工程師的袁先生，對新產品研製、開發工作非常內行。因此，他聽完了各經銷負責人的意見之後，心裡便很快算了一下，新產品的開發首先要增加研究與開發投資，然後需要花錢改造公司現有的自動化生產線，這兩項工作約耗時3～6個月。增加生產品種同時意味著必須儲備更多的備用零件，並根據需要對工人進行新技術的培訓，投資又進一步增加。

袁先生認為，從事經銷工作的人總是喜歡以自己的業務方便來考慮，不斷提出各種新產品的要求，卻全然不顧品種更新必須投入的成本情況，就像以往的會議一樣。而事實上公司目前的這幾種產品，經營效果還是很不錯的。於是，他決定仍不考慮新品種的建議，目前的策略仍是改進現有的品種，以進一步降低成本和銷售價格。他相信，改進產品成本、提高產品質量並開出具有吸引力的價格，將是提高公司產品競爭力最有效的法寶。因為，客戶們實際考慮的還是產品的價值。儘管他已做出了決策，但他還是願意聽一聽顧問專家的意見。

【討論】

1. 你認為該公司的外部環境中有哪些機會與威脅？
2. 如果你是顧問專家，你會如何評價袁先生的決策？

（四）格蘭仕進軍空調業的決策可取嗎

中國生產微波爐這種制「熱」產品的龍頭企業——格蘭仕集團公司，於 2000 年 9 月 21 日在北京召開新聞發布會正式公布：將投入 20 億元巨資進入空調製冷業，其空調產品將在國慶節前後批量投放市場，並在短時間內使空調產品成為該公司的第二主導產品；同時宣布還將進入電冰箱行業。格蘭仕公司為什麼要進入空調、電冰箱這兩個制冷行業？

該公司一位負責人說：

（1）格蘭仕在微波爐市場上擁有絕對優勢，但在微波爐這一單一產品上，生產規模已達 1,200 萬臺/年，格蘭仕很難再有大的發展空間。

（2）空調產品正處於成長期，隨著人民生活水準提高，市場容量將不斷擴大，空調產品降價的餘地很大，因而國內空調市場的需求量將變得十分巨大。

（3）由於全球變暖，過去很少用空調的地區如歐洲也開始大量使用空調。而歐洲空調生產廠家少，只能依賴進口。因此，拓展歐洲空調市場潛力很大，格蘭仕有開拓國際市場的經驗和渠道。

（4）格蘭仕的微波爐產品是贏利產品，累積了雄厚的資本，另外有 40 億元的銀行授信貸款尚未動用，因而有能力對空調和電冰箱產品進行巨額投資。

【討論】

1. 該公司負責人對國內外的空調市場的預測準確嗎？請對該公司負責人做出決策的分析方法給予評價。
2. 空調和電冰箱這兩個行業競爭已很激烈，格蘭仕進入這兩個行業能站得住腳嗎？請查找格蘭仕公司空調產品的後續發展狀況予以佐證。

（五）張先生的困惑

經過兩週的管理技能訓練後，重新回到工作崗位上的張先生急切希望運用新學到的知識和技能。「我們原來的決策方法確實需要改進一番！」他想。他離開工作崗位去參加訓練之前，就遺留了許多問題沒有解決。而眼下，部門又「冒」出許多問題亟待解決。

有一個問題老闆催促了好幾次，張先生也覺得不能再拖了。他想：「這是我採用『完全民主式』決策方法的好機會。我想他們一定會同意我這樣做的。事實上，他們對於自己所做的工作非常明了，由他們自己提出新的工作任務標準一定比我打算制訂的還高。這兩天就讓他們去討論決策吧，我也可以抽出時間去處理其他一些事情。」

張先生管理監督著 5 個人，他們的工作任務是安裝和檢測生產線上的電子計時器。雖然現在在電子計算機系統的幫助下，生產線上的監測和循環時間已大大縮短，但他們仍然在按幾年前制定的老工作標準完成工作。張先生覺得這次是讓員工參與決策的絕好機會。

張先生很快就向 5 個工人布置了這件事，告訴他們計算機的使用工作任務標準需要重新制定。他要求他們討論一下這件事，並把討論結果在星期二下午 5 點鐘之前告訴他。這 5 人對此非常感興趣，專門在星期一晚上安排 1 個小時進行討論，甚至午餐和喝茶都在討論這件事。

可第二天下午，他們的討論結果卻讓張先生大吃一驚。他們認為任務標準應當再降低 20%。他們說：「我們感謝計算機使得我們的監測工作變得容易，但是生產線相對從前而言卻越來越複雜了，當你已經習慣了某種工作方式後，原定標準的改變會使你的工作一切從頭開始。」

張先生知道，老板決不會接受他們提出的降低任務標準的要求。但是他既已經讓員工自己進行「決策」，又怎能斷然否定他們的決策結果呢？「我怎樣才能擺脫這個尷尬的局面呢？」張先生很苦惱。

【問題】
1. 張先生應採取哪種決策方法？
2. 張先生在讓下屬參與決策問題上犯了什麼錯誤？
3. 如果你是張先生，該如何擺脫眼下的困境？

第四章　計劃

學習目標

1. 理解計劃以及相關概念
2. 瞭解計劃的類型、特徵及作用
3. 瞭解制訂計劃的程序
4. 掌握制訂計劃的方法

引導案例

10 分鐘提高效率

美國某大型公司總裁菲爾德向一位效率專家史密斯請教：「如何更好地執行計劃的方法？」史密斯聲稱可以給菲爾德一樣東西，在 10 分鐘內能把他公司的業績提高 50%。接著，史密斯遞給菲爾德一張白紙，說：「請在這張紙上寫下你明天要做的 6 件最重要的事。」

菲爾德用了約 5 分鐘時間寫完。史密斯接著說：「現在用數字標明每件事情對於你和公司的重要性次序。」

菲爾德又花了約 5 分鐘做完。史密斯說：「好了，現在這張紙就是我要給你的。明天早上第一件事是把紙條拿出來，做第一項最重要的。不看其他的，只做第 1 項，直到完成為止。然後用同樣的方法對待第 2 項、第 3 項……直到下班為止。即使只做完一件事，那也不要緊，因為你總在做最重要的事。你可以試著每天這樣做，直到你相信這個方法有價值時，請將你認為的價值給我寄支票。」

一個月後，菲爾德給史密斯寄去一張 2.5 萬美元的支票，並在他的員工中普及這種方法。5 年後，當年這個不為人知的小鋼鐵公司成為了世界最大的鋼鐵公司之一。

【問題】

1. 為什麼總裁菲爾德有計劃卻難以執行？效率專家史密斯的方法的關鍵在哪裡？
2. 效率專家史密斯認為「即使只做完一件事，那也不要緊，因為你總在做最重要的事」。你認為制訂計劃光是做最重要的事夠嗎？
3. 效率專家史密斯執行計劃的方法使這個不為人知的小鋼鐵公司成為世界最大鋼鐵公司之一。為什麼計劃的堅持和專注能有這麼大的作用？

案例來源：http://www.managingip.com。

《禮記‧中庸》：「凡事豫則立，不豫則廢。言前定則不跲，事前定則不困，行前定則不疚，道前定則不窮。」豫，亦作「預」。毛澤東《論持久戰》：「『凡事豫則立，不豫則廢』，沒有事先的計劃和準備，就不能獲得戰爭的勝利。」

在所有的管理職能中，毫無疑問，計劃職能是最為重要和關鍵的一項基礎職能，其他所有的工作都是以科學的計劃為基礎。當然，計劃同樣也被認為是最有爭議的管理職能，因為計劃常常不能完全預測和識別所有未來經營環境的不確定性，不能保證消除其所在世界的不穩定性，只能通過科學的計劃方法來降低組織未來的風險。

第一節　計劃的概論

一、計劃的概念

計劃有兩種不同的含義。計劃作為動詞來說，通常是指管理者在對組織所處的內外部環境進行分析的基礎上，根據管理者執行能力、組織未來發展的需要，確定組織在未來一定時期內能夠實現目標的制定，即計劃工作的行為。而計劃作為名詞，則是對組織未來各項活動所作的事前安排、預測和應變處理。

美國著名管理學家哈羅德‧孔茨認為，「計劃工作是一座橋樑，它把我們所處的這岸和我們要去的對岸連接起來，以克服這一天塹」。計劃工作給組織提供了通向未來目標的明確道路，給組織領導和控制等一系列管理工作提供了基礎，同時計劃工作也要著重於管理創新。有了計劃工作這座橋，本來不會發生的事，現在就可能發生了；模糊不清的未來變得清晰實在。計劃的目的就是為了更有效地實現組織預期的組織目標。

無論在名詞意義上還是在動詞意義上，計劃內容都包括「5 W1 H」，計劃必須清楚地確定和描述這些內容：做什麼（what）、為什麼做（why）、何時做（when）、在哪裡做（where）、誰來做（who）和怎樣做（how）。

因此我們將計劃定義為：計劃是為了實現組織目標而預先進行預測、安排和設計的詳細目標方案。而計劃工作是對有關未來活動做出預測、安排和設計所進行一系列活動。它包括擬定組織的目標，為實現這些目標制定總體戰略，並提出一系列派生計劃，以綜合和協調各項活動。計劃工作是行動的前提，它促使管理人員通盤思考問題，儘管不可能預見到未來的一切，但還是能做出情理之中的推論，並對潛在的問題做出研究。

【思考】企業的任何活動都需要計劃嗎？如何理解「計劃趕不上變化」這句話？

二、計劃的特徵和作用

(一) 計劃的特徵

1. 計劃的目的性

任何組織或個人制訂計劃都是為了有效地達到某種目標。在計劃工作過程的最初階段，制定具體的明確的目標是其首要任務，其後的所有工作都是圍繞目標進行的。例如，某家品牌產品的經理希望明年市場佔有額有較大幅度的增長，這就是一種不明確的目標，為此就要制訂計劃，根據過去的情況和現在的條件確定一個可行的目標，比如市場佔有額增長20%，利潤增長30%。這種具體的明確的目標不是單憑主觀願望

就能確定的，它要符合實際情況，要以許多預測和分析工作作為其基礎。計劃工作要使今後的行動集中於目標，要預測並確定哪些行動有利於達到目標，哪些行動不利於達到目標或與目標無關，從而指導今後的行動朝著目標的方向邁進。

2. 計劃的首要性

計劃在管理職能中處於首要地位，這主要是由於管理過程當中的其他職能都是為了支持、保證目標的實現。因此這些職能只有在計劃確定了目標之後才能進行。因為只有在明確目標之後才能確定合適的組織結構，下級的任務和權力，伴隨權力的責任，以及怎樣控制組織和個人的行為不偏離計劃等。所有這些組織、領導、控制職能都是依計劃而轉移的。沒有計劃，其他工作就無從談起。計劃首要性的另一個原因是，在有些情況下，計劃是唯一需要完成的管理工作。計劃的最終結果可能導致一種結論，即沒有必要採取進一步的行動。計劃首先要做的工作是進行可行性分析，如果分析的結果表明該計劃是不合適的，那麼，所有工作也就告一段落，無須再實行其他的管理職能。

3. 計劃的普遍性

任何層次的管理者或多或少都有某些制訂計劃的權力和責任。一般來說，高層管理人員僅對組織活動制定結構性的計劃。換句話說，高層管理人員負責制訂戰略性的計劃，而那些具體的計劃由下級完成。這種情況的出現主要是由於人的能力是有限的，現代組織的工作是如此繁雜，即使是最聰明最能幹的領導人，也不可能包攬全部計劃工作。此外，授予下級某些制訂計劃的權力，有助於調動下級的積極性，挖掘下級的潛在能力。這無疑對貫徹執行計劃，高效地完成組織目標大有好處。

4. 計劃的經濟性

計劃的經濟性可用計劃的效率來衡量。計劃效率是指制訂計劃與執行計劃時所有的產出與所有的投入之比。如果一個計劃能夠達到目標，但它需要的代價太大，這個計劃的效率就很低，它就不是一份好的計劃。在制訂計劃時，要好好考慮計劃的效率，不但要考慮經濟方面的利益和耗損，還要考慮非經濟方面的利益和耗損。

(二) 計劃的作用

早在泰羅推行科學管理運動時期，許多管理者就已認識到計劃在管理實踐中具有重要的作用。特別是近十幾年來，生產技術日新月異，生產規模不斷擴大，分工與協作的程度空前提高，每一個社會組織的活動不但受到內部環境的影響，還要受到外來多方面因素的制約，企業要不斷地適應這種複雜的變化的環境，只有科學地制訂計劃才可能協調與平衡多方面的活動，求得本組織的生存和發展。

1. 計劃是管理者指揮的依據

管理者在制訂計劃之後，還要根據計劃進行指揮。他們要分派任務，要根據任務確定下級的權力和責任，要促使組織中的全體人員的活動方向趨於一致而形成一種複合的、巨大的組織化行為，以保證達到計劃所設定的目標。如國家要根據五年計劃安排基本建設各項目的投資，企業要根據年度生產經營計劃安排各月的生產任務、新產品開發和技術改造。管理者正是基於計劃來進行有效的指揮。

2. 計劃是降低風險、掌握主動的手段

將來的情況是變化的，特別是當今世界是處於一種劇烈變化的時代當中，社會在變革，技術在革新，人們的價值觀念也在不斷變化。計劃是預期這種變化並且設法消除變化對組織造成不良影響的一種有效的手段。未來可能會出現資源價格的變化，新的產品和新的競爭對手，國家的政策、方針可能變化，顧客的意願和消費觀念也會變化，如果沒有預先估計到這些變化，就可能導致失敗。計劃是針對未來的，這就使計劃制訂者不得不對將來的變化進行預測，根據過去的和現在的信息來推測將來可能出現哪種變化，這些變化將對達成組織目標產生何種影響，在變化確實發生的時候應該採取什麼對策，並制訂出一系列備選方案。一旦出現變化，就可以及時採取措施。雖然有些變化是無法預知的，而且隨著計劃期的延長，這種不確定性也就相應增大，這種情況的出現是由於人們掌握的與將來有關的信息是有限的，由於未來的某種變化可能完全由於某種偶然因素引起的，但這並沒有否認計劃的作用。通過計劃工作，進行科學的預測可以把將來的風險減少到最低限度。

3. 計劃是減少浪費、提高效益的方法

計劃工作的一項重要任務就是要使未來的組織活動均衡發展。通過對計劃進行認真的研究，消除不必要的活動所帶來的浪費，能夠避免在今後的活動中由於缺乏依據而進行輕率判斷所造成的損失。計劃工作要對各種方案進行技術分析，選擇最適當的、最有效的方案來達到組織目標。此外，由於有了計劃，有利於組織中各成員統一思想，激發幹勁，組織中成員的努力將合成一種組織效應，這將大大提高工作效率從而帶來經濟效益。計劃工作還有助於用最短的時間完成工作，減少遲滯和等待時間，減少盲目性所造成的浪費，促使各項工作能夠均衡穩定地發展。計劃工作對現有資源的使用可以經過充分地分析研究，各部門都明確整個組織的現狀，減少閉門造車的工作方式，使組織的可用資源充分發揮作用，並降低了成本。

4. 計劃是管理者進行控制的標準

計劃工作包括建立目標和一些指標，這是一份好的計劃所應包括的內容。這些目標和指標將被用來進行控制。也許這些目標和指標還不能被直接地在控制職能中使用，但它確實提供了一種標準，控制的所有標準幾乎都源於計劃。計劃職能與控制職能具有不可分離的聯繫。計劃的實施需要控制活動給予保證。在控制活動中發現的偏差，又可能使管理者修訂計劃，建立新的目標。

(三) 計劃的類型

由於人類活動的複雜性與多元性，計劃的種類也變得十分複雜和多樣。計劃按不同的標準可分為很多種類型，常見的主要有：

1. 按計劃的期限分類

按計劃的期限劃分，可把計劃分為長期計劃、中期計劃和短期計劃。一般說來，人們習慣於把 1 年或 1 年以下的計劃稱為短期計劃；1 年以上到 5 年的計劃稱為中期計劃；5 年以上的計劃稱為長期計劃。這種劃分不是絕對的。比如，一項航天發展項目的短期實施計劃可能需要 5 年；而一家小的制鞋廠，由於市場變化較快，它的短期計劃

僅能適用兩個月。所以儘管我們按上述時間界限劃分出長期計劃、中期計劃和短期計劃，在討論各期計劃時還是應從它們本身的性質來說明。

2. 按計劃的層次分類

按計劃的層次劃分，可把計劃分為戰略計劃、戰術計劃和作業計劃。

（1）戰略計劃

戰略計劃是由高層管理者制定的，涉及企業長遠發展目標的計劃。它的特點是長期性，一次計劃可以決定在相當長的時期內大量資源的運動方向；它的涉及面很廣，相關因素較多，這些因素的關係既複雜又不明確，因此戰略計劃要有較大的彈性；戰略計劃還應考慮許多無法定量化的因素，必須借助於非確定性分析和推理判斷才能對它們有所認識。戰略計劃的這些特點決定了它對戰術計劃和作業計劃的指導作用。

（2）戰術計劃

戰術計劃是由中層管理者制定的，涉及企業生產經營、資源分配和利用的計劃。它將戰略計劃中具有廣泛性的目標和政策，轉變為確定的目標和政策，並且規定了達到各種目標的確切時間。戰術計劃中的目標和政策比戰略計劃具體、詳細，並具有相互協調的作用。此外，戰略計劃是以問題為中心的，而戰術計劃是以時間為中心的。一般情況下，戰術計劃是按年度分別擬定的。

（3）作業計劃

作業計劃是由基層管理者制定的。戰術計劃雖然已經相當詳細，但在時間、預算和工作程序方面還不能滿足實際實施的需要，還必須制定作業計劃。作業計劃根據管理計劃確定計劃期間的預算、利潤、銷售量、產量以及其他更為具體的目標，確定工作流程，劃分合理的工作單位，分派任務和資源，以及確定權力和責任。

3. 按計劃對象分類

按計劃對象劃分，可把計劃分為綜合計劃、局部計劃和項目計劃三種。顧名思義，綜合計劃所包括的內容是多方面的；局部計劃只包括單個部門的業務，而項目計劃則是為某種特定任務而制定的。

（1）綜合計劃

綜合計劃一般指具有多個目標和多方面內容的計劃。就其涉及對象來說，它關聯到整個組織或組織中的許多方面。習慣上人們把預算年度的計劃稱為綜合計劃。企業中是指年度的生產經營計劃。它主要應該包括銷售計劃、生產計劃、勞動工資計劃、物資供應計劃、成本計劃、財務計劃、技術組織措施計劃等。這些計劃都有各自的內容，但它們又互相聯繫，互相影響，互相制約，形成一個有機的整體。由於目前的企業已經形成了一種開放的系統，外界環境對這個系統有直接的影響。為此，就要使資源在各個部門合理分配，用有限的投入獲得更大的產出，產生更大的組織效應。所以應把制定綜合計劃放在首要的位置上，要自上而下地編製計劃。

（2）局部計劃

局部計劃限於指定範圍的計劃。它包括各種職能部門制訂的職能計劃，如技術改造計劃、設備維修計劃等；還包括執行計劃的部門劃分的部門計劃。局部計劃是在綜合計劃的基礎上制訂的，它的內容專一性強，是綜合計劃的一個子計劃，是為達到整

個組織的分目標而確立的。例如，企業年度銷售計劃是在國家計劃、市場預測和訂貨合同的基礎上，規定年度銷售的產品品種、質量、數量和交貨期，以及銷售收入、銷售利潤和銷售渠道。應該注意，各種局部計劃相互制約的關係，如銷售計劃直接影響生產計劃和財務計劃等其他局部計劃。

(3) 項目計劃

項目計劃是針對組織的特定課題做出決策的計劃。例如，某種產品開發計劃、企業的擴建計劃、與其他企業聯合計劃、職工俱樂部建設計劃等都是項目計劃。項目計劃在某些方面類似於綜合計劃，它的特殊性在於其目的是為了企業結構的變革。即針對企業的結構問題選擇解決問題的目標和方法。它的計劃期很可能為1年，這時它就要包括在年度計劃之內。也許它的計劃需要幾年才能完成。比如企業擴建計劃，這時年度計劃僅包括它的一部分。項目計劃是與組織結構的變革相關的。結構的組成要素有許多，比如企業中的市場、設備、產品、財務和組織等，幾乎包括企業的一切領域。項目計劃就是使這些因素具體地朝著將來的方向發展下去。我們必須注意把項目計劃同在原有結構上的實現有效經營的管理計劃相區別。

(四) 計劃管理人員的職責

由於計劃工作是管理的首要職能，因此在一個組織中，一般配備有專人統籌負責計劃工作。作為計劃管理人員，其基本職責包括：

1. 綜觀和掌握整個計劃工作過程

計劃管理人員要為所制訂的計劃親自確定一些重要的原則、方針和目標，並為整個計劃工作過程制訂出計劃，明確計劃工作的內容、組織、進度、預算等。計劃管理人員要負責通過計劃工作使組織的各項目標能一步一步地得到實現而不偏離組織目標。

2. 評審已制定出來的計劃草案

對於已制定出來的計劃草案，管理人員要負責評審工作，審查計劃是否完整，是否有重要的遺漏；審查計劃是否可行，能否保證組織目標的實現。如果不行，就要做出適當的修改。

3. 解決計劃工作中出現的問題

計劃工作中出現的某些問題，有時需要作專門的討論和研究，以便確定這些問題對組織目標的實現可能帶來的影響。因此，要及時掌握各種信息，注意各類反饋，及早考慮各類問題的解決措施。

4. 定期檢查計劃的執行情況

計劃管理人員必須定期檢查計劃的執行情況，並預測組織前景，確定計劃的必要性。作為計劃管理人員，應明確自己的職責：管理計劃。而不是被計劃所管理，從而掌握計劃工作的主動權。

【思考】計劃管理人員是否負責計劃的執行？

第二節 計劃及其制訂

計劃不是一次性的活動，而是一個持續改進的過程。隨著環境的改變，目標的更新以及新方法的出現，計劃過程一直在不停地進行。那麼一份完整的計劃包括哪些內容？如何來擬訂計劃呢？

一、制訂計劃的原則

為了克服計劃過程的盲目性，計劃的制訂一般應該遵循以下原則：

（1）統籌原則，即應統籌規劃，在合理安排的基礎上，為組織未來的發展制訂適宜的目標和方案。

（2）發展原則，即計劃不是一成不變的，而是要隨著環境的變化及時調整。

（3）可控原則，即計劃執行的結果必須能加以考核，這樣才能實施有效的控制。

（4）重點原則，即計劃執行過程中必須對目標進行分析，分清主次，確保影響全局的主要目標能夠充分實現。

（5）經濟原則，即制訂計劃時，要考慮目標實現後帶來的經濟利益與為制訂和實施計劃所付出的代價。

二、制訂計劃的程序

計劃制訂本身也是一個過程。為了保證編製的計劃合理，確保組織目標的實現，計劃編製過程中必須採用科學的方法。雖然可以用不同標準把計劃分成不同類型，計劃的形式也多種多樣，但管理者在編製任何完整的計劃時，實質上都遵循相同的邏輯和步驟。

（一）環境分析

組織環境因素對組織戰略計劃的制訂起著關鍵性的影響作用。任何一個組織的高級管理人員，要想制訂一個能引導自己的企業走向成功的計劃，都必須全面地調查和分析組織環境因素，並要獲取和分析與本公司和本行業有關的組織環境因素的信息情報。計劃是否科學和切合實際，在很大程度上取決於信息的調查與掌握是否全面與準確。編製計劃需要調查和掌握的信息很多，既有企業外部的信息，也有企業內部的信息。外部信息中又有一般環境和任務環境因素之分。

（二）確定目標

在分析企業外部和內部情況的基礎上就可以確定目標了。目標為組織整體、各部門和各成員指明了方向，並且作為標準可用來衡量實際的績效。

一般在確定目標時必須考慮目標的優先次序、目標的時間、目標的結構和衡量目標的標準四方面的內容。

1. 目標的四方面內容

(1) 目標的優先次序

目標的優先次序意味著，在一定的時間內某一個目標的實現相對來說比實現其他目標更為重要。例如：對一個在支付工資都有困難的公司來說，實現保持最低限度的現金平衡的目標可能是至關重要的。

確定目標的優先次序是非常重要的，因為任何一個組織都必須以合理的方法來分配其資源。不管在什麼時候，管理人員都會面臨一些必須對其做出估價和給以排列先後次序的目標。把確定目標的優先次序作為分配資源的依據，是吉米·卡特總統當年競選獲勝的一個首要因素。當年，他許諾在聯邦政府中實行「從頭搞起的預算 (ZBB)」。ZBB 的核心就是要求所有政府機構都應排列它們的目標的先後次序。結果贏得信任，從而獲得競選的勝利。

目標的優先次序確定以後，還必須將決策所確立的目標進行分解，以便落實到各個部門、各個活動環節（目標的結構），並將長期目標分解為各個階段的目標（目標的時間）。

(2) 目標的時間

目標的時間因素意味著一個組織的活動是受各種行動時間長短不同的目標所支配。即目標有短期、中期和長期目標之分。一般長期目標是企業的最終目標，而中期目標是為了實現最終目標而必須達到的目的，短期目標關心的是組織眼前的問題和目標。而目標應由組織內的各個部門來負責實現。向組織內的各個部門分派目標的過程，就會關係到我們要說明的目標的第三個方面——目標的結構。

(3) 目標的結構

將決策所確立的組織目標分解到各個部門，然後落實到各個活動環節。主要部門的目標依次控制下屬各部門的目標。依此類推，從而形成了組織的目標結構。

(4) 衡量目標的標準

在說明目標時，使用的語言一定要能讓努力實現目標的人理解和接受。即有效的計劃要求目標要容易衡量。下面介紹幾個衡量標準。

①利潤率指標：利潤與銷售之比，利潤額和銷售額可直接根據損益報表計算出來。利潤與總資產之比，衡量的是管理部門使用各種資源的效率如何，而不管資源來於何處（即不管是貸者還是所有者）。利潤與資本（淨值）之比，可根據損益報表和資產負債表結合起來進行衡量。它只是從使用企業主提供的資源的角度來衡量管理的效率。這三種標準都可以用來確定和評價利潤率。

②銷售指標：對每一項現有產品和可能生產的產品，都必須在總產量、市場份額、利潤等方面訂出具體的目標，即數量指標、市場份額指標和利潤指標。

③生產率指標：產出與投入之比。德魯克建議，增值與銷售之比和增值與利潤之比是衡量生產率較好的標準。他指出，公司的目標應是使這些比率增大，並且以這種增加為依據來對各個部門做出評價，將增值稱為貢獻價值。

④物質和財力指標：該指標可以反應出公司為實現更大的目標獲取充足資源的能力。可有很多種會計方法既適合衡量物質目標又適合衡量財力目標。

企業組織的管理人員比非企業組織的管理人員更能衡量出實現目標的進展情況。企業組織的管理人員不僅有明確的目標要實現，而且還有為實現目標的進展情況提供可靠指標的信息系統。大學、醫院和政府機構等非企業組織的管理人員就沒有這麼幸運。例如，系主任能夠知道入學的學生人數和畢業的學生數，但卻無法知道教學的質量如何，即沒有明確的衡量標準，即沒有表示總結果的利潤指數。

2. 計劃目標的類型

計劃目標通常有以下四類：

（1）貢獻的目標

貢獻目標即對社會貢獻的大小。工業企業之所以能夠生存和發展，就是因為它能為社會做出貢獻。每個企業都應根據自身的條件和客觀的需要，力爭對社會做出更多的貢獻。貢獻的目標可用產品品種、質量、數量、上繳稅金和利潤等表示。

（2）市場的目標

企業生產經營活動有無活力，就要看它佔有市場的深度和廣度，即市場面和市場佔有份額的大小。企業的市場目標應是通過擴大市場範圍和提高市場佔有率，增加銷售額。

（3）發展的目標

企業為了對社會做出更大的貢獻，為企業和職工謀求更多的利益，必須不斷發展自己。通過企業改造和更新設備，擴大再生產，也可以通過聯合的辦法來壯大自己。

（4）利益的目標

利益目標是企業生產經營活動的內在動力，不僅關係到企業職工的利益，而且也關係到企業自身的發展。因此，企業應爭取擴大經濟效益，增加贏利，提高贏利水準。

3. 目標管理（management by objectives，MBO）

目標管理1954年由彼得·德魯克提出，是指一個組織的上下級管理人員和組織內的所有成員共同制定目標、實施目標的一種管理方法。它是按照一定的程序進行的，如圖4-1所示。

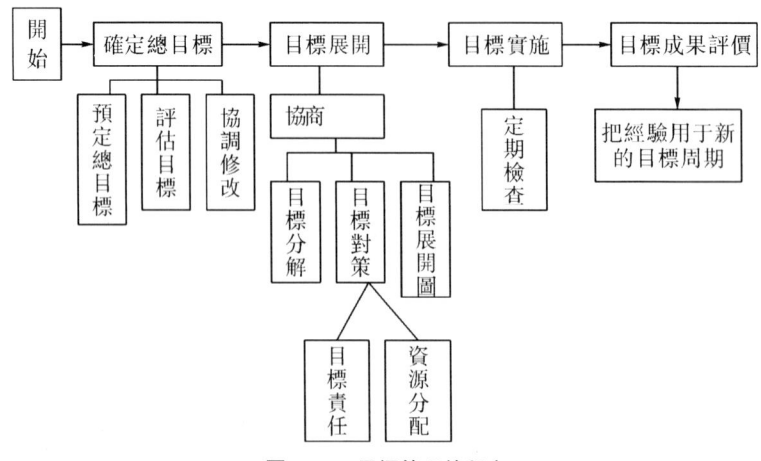

圖4-1　目標管理的程序

（1）目標管理的開始

目標管理要取得成功，領導首先必須向組織內的人說明要實行 MBO 的原因、做法，要讓大家瞭解 MBO 的性質、內容以及各自在 MBO 中的作用。

（2）確定總目標

①預定總目標：最高管理層根據本組織的實際和 MBO 的理論以及掌握的情報信息，制定基本的戰略目標和策略目標。這些目標是試探性的，也是試驗性的。

②評估目標方案：對試探性的目標進行分析論證，選出最優方案。

③協調修改：管理人員要向下屬說明試探性目標的內容，徵求大家的意見，經反覆的討論、修改、審查，最終形成組織總目標。

（3）目標展開

將總目標從上到下、層層分解落實的過程，稱為目標展開。在目標展開時，必須要與自己下級組織的管理人員或個人進行面對面的協商，幫助各級組織和個人制訂各自相應的目標和任務以及目標完成的時間幅度，並要形成文字，固定下來。具體步驟如下：

①目標分解：將總目標自上而下按其內部機構設置和組織層次依次分解，從經理層分解到各個職能科室，再分解到各個部門（車間、教研室），一直分解到每一個班組、崗位和個人，一直分解到能具體地採取措施為止，即要形成一層接一層，一環套一環的目標體系。

②目標對策：對能具體採取措施的子目標，直接採取措施，即採取對策，以實現分目標，直到保證總目標的實現。

制定對策的基本方法是：首先找出各部門的實際情況與分目標之間的差距；對這些差距進行歸納、整理、分類，就可以找出實現分目標所必須解決的重要問題，即問題點；針對各問題點，研究、制定相應的對策，來縮短差距，或保證目標最大限度的實現。

制定對策時，有兩個問題必須同時展開：

確定目標責任：將各層次目標與各層次上的具體人員結合起來。即在每一層次上，都應該在明確集體目標責任的基礎上，還要明確個人目標責任，即要明確目標責任在範圍、內容、數量、質量、時間、程度等各方面的要求。

資源分配：在協商會議中應根據完成目標任務的需要合理地分配各種資源。例如，一個銷售部門為了完成增加銷售量的目標，要求增加一定的銷售人員和費用，這種合理的要求上級就應在他接受任務時盡量滿足。

③目標展開圖：在分解了目標，又確定了目標對策後，包括目標責任和資源調配好以後，需要將總目標、層次目標和目標對策、各方責任等以方框圖的形式表示出來，固定下來、公布於眾。使職工能更直觀地明確各自的目標和目標責任，從而可以自覺地執行。

（4）目標實施

實施目標時，上下都要按照目標體系的要求，分工協作，各施其責，努力工作。目標的實施，一般來說，主要靠職工自己管理或自我控制。但是，也必須定期地檢查

各項任務的進展情況。例如，如果一個目標要在一年內完成，那麼，管理人員和有關的下屬人員最好每季度檢查討論一次這項任務的進展情況，以便及時發現問題，採取相應的措施。

(5) 目標成果評價

當目標管理一週期結束時，領導必須與有關的下級或個人逐個地檢查目標任務完成的情況，並與原定的目標進行比較，對完成好的，充分肯定成績，並根據各人完成任務的情況給予相應的報酬和獎勵；對未能完成任務的，要分析和找出原因，一般不採用懲罰措施，重點在於共同總結經驗教訓。同時，為下一週期的目標管理提供寶貴的經驗，爭取把以後的工作做好。

(三) 擬訂各種可行性計劃方案

目標確定後，就需要擬訂盡可能多的計劃方案。可供選擇的行動計劃數量越多，被選計劃的相對滿意程度就越高，行動就越有效。因此，在可行的行動計劃擬訂階段，要發揚民主，廣泛發動群眾，充分利用組織內外的專家，通過他們獻計獻策，產生盡可能多的行動計劃。企業應擬訂各種實現計劃目標的方案，以便尋求實現目標的最佳計劃方案。擬訂各種可行的計劃方案，一方面要依賴過去的經驗，已經成功的或失敗的經驗對於擬訂可行的計劃方案都有借鑑作用；另一方面，也是更重要的方面，就是依賴於創新。因為，企業內部、外部情況的迅速發展變化，使昨天的方案不一定適應今天的要求，所以，計劃方案還必須創新。

(四) 評估選擇方案

根據企業的內部、外部條件和對計劃目標的研究，充分分析各個方案的優缺點，並做出認真評價和比較，選擇出最接近許可的條件和計劃目標的要求、風險最小的方案。評估時，要注意考慮以下幾點：

(1) 認真考察每一個計劃的制約因素和隱患。

(2) 要用總體的效益觀點來衡量計劃。

(3) 既要考慮到每一計劃的許多有形的可以用數量表示出來的因素，又要考慮到許多無形的不能用數量表示出來的因素。

(4) 要動態地考察計劃的效果，不僅要考慮計劃執行所帶來的利益，還要考慮計劃執行所帶來的損失，特別注意那些潛在的、間接的損失。評價方法分為定性和定量兩類。

(5) 按一定的原則選擇出一個或幾個較優計劃。說較優是因為：人類理性的局限性、未來的不確定性和個人價值觀的差異等原因，所以是較優方案。

(6) 若考慮因素較多時，還要依靠決策人員的經驗、實驗和研究分析進行比較。

(五) 擬訂主要計劃

完成了擬訂和選擇可行性行動計劃後，擬訂主要計劃就是將所選擇的計劃用文字形式正式地表達出來，作為一項管理文件。擬寫計劃要清楚地確定和描述 5W1H 的內容等。

(六) 制訂派生計劃

派生計劃是為了支持主計劃實現而由各個職能部門和下屬單位制訂的計劃。比如，一家公司年初制訂了「當年銷售額比上年增長15%」的銷售計劃，這一計劃發出了許多信號，如生產計劃、促銷計劃等。再如當一家公司決定開拓一項新的業務時，這個決策是要制訂很多派生計劃的信號，比如雇用和培訓各種人員的計劃、籌集資金計劃、廣告計劃等。

(七) 制訂預算，用預算使計劃數字化

在做出決策和確定計劃後，賦予計劃含義的最後一步就是把計劃轉變成預算，使計劃數字化。編製預算，一方面是為了計劃的指標體系更加明確，另一方面是企業更易於對計劃執行進行控制。定性的計劃，往往在可比性、可控性和進行獎懲方面比較困難，而定量的計劃，則具有較硬的約束。

【思考】預算、目標、政策、規章制度都是計劃嗎？為什麼？

三、計劃工作中常見的錯誤

雖然大多數的管理者都意識到了計劃工作的重要性，但在管理的實踐中，對計劃工作的怠慢和抵制仍大量存在：有的組織的計劃只有大體的框架，而無具體的內容；或者只有近期計劃，而無遠期計劃；有的組織下層工作有計劃，而整個組織卻沒有整體計劃；有的組織的計劃只存在於組織高層管理者的頭腦當中，其他成員無法知曉；有的組織計劃一套，工作起來卻是另外一套。

在計劃工作中，管理人員常犯的錯誤有：

(一) 管理人員對計劃的錯誤態度

計劃是管理人員的職責之一，但不少管理人員對計劃工作持有不同的看法，有的管理部門認為，如果對工作做了計劃，工作自然就會順利進行，因此，他們只是做計劃，而不去管計劃的貫徹實施；或者輕視計劃，把制訂計劃看做是一件無足輕重、枯燥無味的事情，懶得為此下工夫；或者把計劃作為一種爭取資源的手段，認為唯一需要的計劃就爭取資源的一種預算，因此，只強調好處，不顧計劃的可行性；或者是忙於應付現實問題，而不注重為實現未來目標而制訂計劃；此外，有的管理人員還會由於缺乏信心、害怕承擔責任，因而不願意為自己制訂有明確時間限制的目標和計劃。

1. 計劃工作本身缺乏計劃

計劃工作本身缺乏計劃，各項計劃之間互不銜接支持，職權又不相符，從而使計劃在實際上無法貫徹。有的計劃只是在口頭上，連像樣的計劃文本也沒有；有的計劃的目標過於宏大和僵硬，一直到需要改變時也無法加以改變；也有的計劃無確定的目標，在執行過程中稍遇困難，即行放棄。

2. 計劃內容不完整

有的管理人員缺乏計劃工作的必要知識，制訂出來的計劃常常內容不完整，從而使計劃無法實施或難以應變。如只列出要做哪些工作，卻不說明完成這些工作的最終

目的是為了什麼，一旦情況發生變化就不知所措；事前沒有確定適當的評價標準，使計劃無從檢查、評價等。

3. 計劃不能適應環境的變化

組織所處的環境總是處於不斷地變化之中，儘管預測技術在不斷地進步，但它仍不能保證100%準確地預見到未來可能發生的一切變化，因此計劃工作要考慮到環境的多變性，及時加以調整。但在許多情況下，人們即使認識到或者預見到未來環境會發生變化，也不一定能及時地改變自己的計劃和行動。思維和行為模式的固化，常常會使人們對計劃的變更不自覺地採取抵制的態度，從而使計劃受到挫折。

4. 缺乏明確的溝通與授權

有的管理人員只注重計劃的保密，不將計劃內容讓有關的人員知道，使每一個執行計劃的人不知道為什麼要這麼做，不知道自己的工作與組織目標的實現有何關係，從而使計劃失去了應有的動員和激勵作用。如果人們不去瞭解自己的工作任務，不明確自己在整個計劃中自己的責任與權利以及與他人的關係，他們是不可能很好地執行計劃的。

經常注意和防止這些錯誤的發生，將有助於管理人員提高自己的計劃能力和所制訂計劃的可行性和有效性。

【思考】談談你所在組織的計劃以及計劃執行中存在的問題。

第三節　常用的計劃方法

制訂計劃常用的方法有很多種，比如甘特圖法、滾動計劃法、網絡計劃技術、線性規劃法、投入產出法、經濟計量模型法等，本書主要介紹甘特圖法、滾動計劃法和網絡計劃技術這3中常用的計劃方法。

一、甘特圖法

甘特圖（Gantt chart）又叫橫道圖、條狀圖（bar chart）。它是以圖示的方式通過活動列表和時間刻度形象地表示出任何特定項目的活動順序與持續時間。它是在第一次世界大戰時期發明的，以亨利·L. 甘特先生的名字命名，他制定了一個完整地用條形圖表進度的標誌系統。由於甘特圖形象簡單，在簡單、短期的項目中，甘特圖得到了最廣泛的運用。

甘特圖可直觀地表明任務計劃定在什麼時候進行和完成，並可對實際進展與計劃要求作對比檢查。這種方法雖然簡單，但卻是一種重要的作業計劃與管理工具。它能使管理者很容易搞清一項任務或項目還剩下哪些工作要做，並評估出某項工作是提前了還是拖後了或者是按計劃進行著。

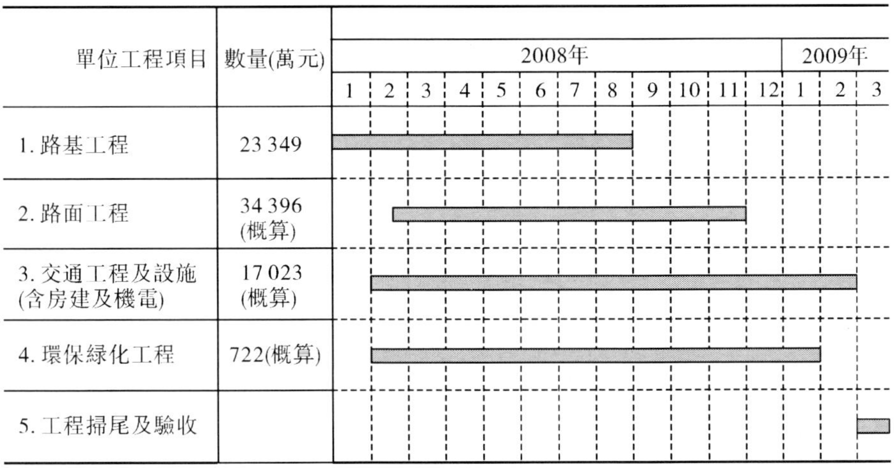

單位工程項目	數量(萬元)	2008年 1 2 3 4 5 6 7 8 9 10 11 12	2009年 1 2 3
1. 路基工程	23 349		
2. 路面工程	34 396 (概算)		
3. 交通工程及設施 (含房建及機電)	17 023 (概算)		
4. 環保綠化工程	722(概算)		
5. 工程掃尾及驗收			

圖 4－2　甘特圖

二、滾動計劃法

在計劃的編製過程中，往往由於主觀、客觀因素不斷發生變化而產生一系列問題：一是原計劃執行一定時期後，往往脫離實際；二是一次編製出一定時期的計劃，若不能瞻前顧後、上下配合，又難以使前期、後期計劃密切銜接。這樣必然使計劃不能發揮指導生產經營活動的作用，給企業生產經營帶來困難。因此，經營計劃在執行的過程中由於環境和條件的變化等原因，需要對計劃進行調整和修改，滾動計劃是一種較好的制訂與修改計劃的方法。

(一) 滾動計劃的概念

滾動計劃又稱滾動式計劃法。滾動計劃法是根據運籌學的重要分支規劃論的原理，編製靈活、有彈性的計劃，使企業在適應市場需求的同時，保持生產的穩定和均衡的計劃管理，是企業進行全面管理、編製和修改計劃的一種科學方法。

滾動計劃是用於編製長期、短期計劃的一種方法。具體方法是每次制訂和修改計劃時，均將計劃期按時間順序向前推一個計劃期，也即向前滾動一次，而不是等全部計劃執行完了後再重新編製下一期計劃。它是變靜態為動態的一種編製計劃的方法。

(二) 滾動計劃程序及應用範圍

應用滾動計劃編製企業五年計劃，其程序如圖 4－3 所示：

從圖 4－3 中可以看出，五年計劃的滾動程序，首先是企業編製出 2006—2010 年的五年計劃，到 2006 年年末，企業根據當年計劃的完成情況及客觀條件變化等因素對原定的上期五年計劃進行必要的調整，在此基礎上再編製出 2007—2011 年新的五年計劃。同理，到 2007 年年末再根據 2007 年計劃的執行情況、計劃修正因素等再編製出 2008—2012 年的五年計劃。在編製時，近期計劃部分較詳細，遠期計劃部分較粗略，如此不斷地向前滾動，不斷地編製出各期計劃。

```
┌─────────────────────────────┐
│   本期五年計劃(2006—2010年)    │
│   2006年、2007年、2008年、    │
│   2009年、2010年              │
└──────────────┬──────────────┘
               ↓
   ┌──────────────────┐      ┌─────────────計劃修改─────────────┐
   │ 2006年完成情況    │      │                                  │
   └──────────────────┘      │ 差異分析 │ 客觀條件變化 │ 生產經營方針調整 │
         │                   └──────────────────────────────────┘
         → 計劃與實際差異 →
                                        ↓
                       ┌─────────────────────────────┐
                       │  下期五年計劃(2007—2011年)    │
                       │  2007年、2008年、2009年、2010年、2011年 │
                       └─────────────────────────────┘
```

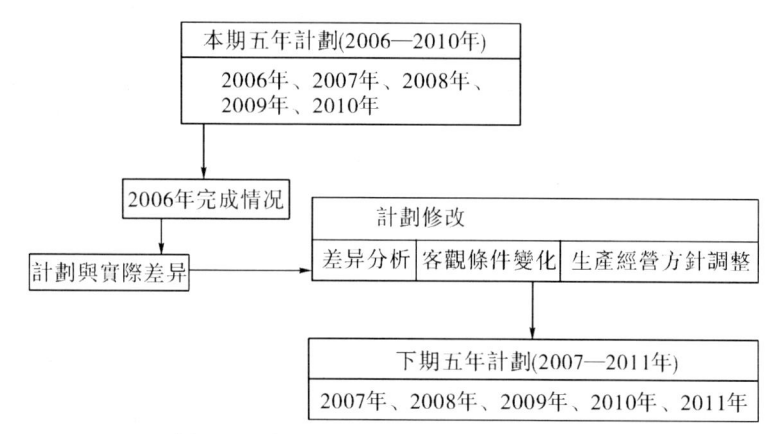

圖 4-3　應用滾動計劃法編製五年計劃的程序

五年計劃由於時間較長，計劃期內預測的準確性難度較大，若採用年度計劃又太短，因此有的企業採用三年滾動計劃（中期計劃），其程序如圖 4-4 所示：

```
              預測      預測
  ┌─────────┬─────────┬─────────┐
  │ 2006 年 │ 2007 年 │ 2008 年 │   預測
  └─────────┼─────────┼─────────┼─────────┐
   計劃     │ 2007 年 │ 2008 年 │ 2009 年 │   預測
            └─────────┼─────────┼─────────┼─────────┐
             計劃     │ 2008 年 │ 2009 年 │ 2010 年 │
                      └─────────┴─────────┴─────────┘
```

圖 4-4　三年滾動計劃的程序

從圖中可以看出，編製 2006 年計劃時對 2007 年、2008 年進行預測，將 2006 年的計劃與後兩年的計劃銜接起來。根據 2006 年的實際執行情況及修正因素等調整 2007 年計劃，並對 2008 年、2009 年進行預測。形成「干當年、看明年、想後年」的格局，使企業始終有一個比較切合實際的中期計劃用以指導生產。

(三) 滾動計劃的特點

在計劃的編製過程中，往往由於主觀、客觀因素不斷發生變化而產生一系列問題：一是原計劃執行一定時期後，往往脫離實際；二是一次編製出一定時期的計劃，若不能瞻前顧後、上下配合，又難以使前期、後期計劃密切銜接。這樣必然使計劃不能發揮指導生產經營活動的作用，給企業生產經營帶來困難。

採用滾動計劃法便容易克服上述缺點。滾動計劃法具有以下特點：

(1) 預見性。編製滾動計劃，可以連續地預測出下期計劃的情況及存在的問題，便於企業及早採取措施，發展有利因素，克服不利因素。

(2) 靈活性。市場、環境因素的變化情況對企業生產經營影響很大，為了適應此情況，企業的各種計劃也必須有較大的靈活性，及時根據主觀、客觀條件，調整、修改計劃；否則計劃將脫離實際，起不到指導生產的作用。

(3) 均衡性。編製滾動計劃既考慮了本期任務，又要研究預測下期情況，因而易

於做到各期計劃均衡生產，避免發生大起大落的現象。

（4）連續性。按滾動計劃法編製計劃。本期計劃是在分析上期實際情況的基礎上制訂的，既是上期計劃的延續，又是編製下期計劃的基礎，因而可使前期、後期計劃密切銜接。同時也便於長期計劃與年度計劃，年度計劃與季度、月份計劃緊密銜接，可以充分發揮長期計劃對短期計劃的指導作用。

【思考】計劃只需要考慮未來的說法是否正確？需要瞻前顧後全方位、高成本地進行嗎？

三、網絡計劃技術

網絡計劃技術是於20世紀50年代後期在美國產生和發展起來的。這種方法包括各種以網絡為基礎制訂計劃的方法，如關鍵路徑法、計劃評審技術、組合網絡法等。1956年美國的一些工程師和數學家組成了一個專門小組首先開始這方面的研究。1958年美國海軍武器計劃處採用了計劃評審技術，使北極星導彈工程的工期由原計劃的10年縮短為8年。1961年美國國防部和國家航空署規定，凡承製軍用品必須用計劃評審技術制訂計劃上報。從那時起，網絡計劃技術就開始在組織管理活動中被廣泛地應用。

（一）網絡計劃技術的基本原理

網絡計劃技術的原理，是把一項工作或項目分成各種作業，然後根據作業順序進行排列，通過網絡圖對整個工作或項目進行統籌規劃和控制，以便用最少的人力、物力、財力資源，用最高的速度完成工作。

（二）網絡圖的繪製

網絡圖是網絡計劃技術的基礎。任何一項任務都可分解成許多步驟的工作，根據這些工作在時間上的銜接關係，用箭線表示它們的先後順序，畫出一個由各項工作相互聯繫、並註明所需時間的箭線圖，這個箭線圖就稱作網絡圖。圖4－5所示便是一個簡單的網絡圖。

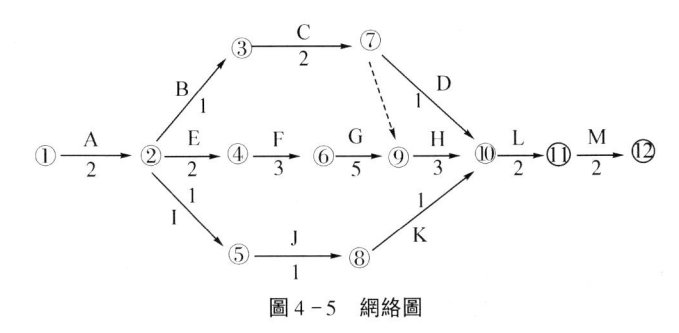

圖4－5　網絡圖

1. 網絡圖的構成要素

（1）「→」代表工序，是一項工作的過程，有人力、物力參加，經過一段時間才能完成。圖中箭線下的數字便是完成該項工作所需的時間。此外，還有一些工序既不占用時間，也不消耗資源，是虛設的，叫虛工序，在圖中用虛線箭頭表示。網絡圖中應

用虛工序的目的也是為避免工序之間關係的含混不清,以正確表明工序之間先後銜接的邏輯關係。

(2)「○」代表事項,是兩個工序間的連接點。事項既不消耗資源,也不占用時間,只表示前道工序結束、後道工序開始的瞬間。一個網絡圖中只有一個始點事項,一個終點事項。

(3)路線。網絡圖中由始點事項出發,沿箭線方向前進,連續不斷地到達終點事項為止的一條通道。一個網絡圖中往往存在多條路線,如圖4-5中從始點①連續不斷地走到終點的路線有4條:

①:①→②→③→⑦→⑩→⑪→⑫
②:①→②→③→⑦→⑨→⑩→⑪→⑫
③:①→②→④→⑥→⑨→⑩→⑪→⑫
④:①→②→⑤→⑧→⑩→⑪→⑫

比較各路線的路長,可以找出一條或幾條最長的路線,這種路線被稱為關鍵路線。關鍵路線上的工序被稱為關鍵工序。關鍵路線的路長決定了整個計劃任務所需的時間。關鍵路線上各工序完工時間提前或推遲都直接影響到整個活動能否按時完工。確定關鍵路線,據此合理地安排各種資源,對各工序活動進行進度控制,是利用網絡計劃技術的主要目的。

2. 網絡圖的繪製原則

(1)有向性:各項工序都用箭線表示。
(2)無回路:網絡圖中不能出現循環回路。
(3)兩點一線:兩個結點之間只能有一條箭線。
(4)源匯各一:網絡圖只能有一個起點和一個終點。
(5)結點編號應從小到大,從左到右,不能重複。

(三)網絡計劃技術的評價

網絡計劃技術雖然需要大量而繁瑣的計算,但在計算機廣泛運用的時代,這些計算大都已經程序化了。這種技術之所以被廣泛運用是因為它有一系列的優點:

(1)能把整個工程的各個項目的時間順序和相互關係清晰地表明,並指出了完成任務的關鍵環節和路線。因此,管理者在制訂計劃時可以統籌安排,全面考慮,又不失重點。在實施過程中,管理者可以進行重點管理。

(2)可對工程的時間進度與資源利用實施優化。在計劃實施過程中,管理者調動非關鍵路線上的人力、物力和財力從事關鍵作業,進行綜合平衡。這既可節省資源又能加快工程進度。

(3)可事先評價達到目標的可能性。該技術指出了計劃實施過程中可能發生的困難點,以及這些困難點對整個任務產生的影響,準備好應急措施,從而減少完不成任務的風險。

(4)便於組織與控制。管理者可以將工程,特別是複雜的大項目,分成許多支持系統來分別組織實施與控制,這種既化整為零又聚零為整的管理方法,可以達到局部

和整體的協調一致。

(5) 易於操作,並具有廣泛的應用範圍,適用於各行各業,以及各種任務。

【思考】計算機網絡計劃技術的發展給計劃工作帶來了極大的方便和科學性,未來的計劃是不是不需要人的參與,由計算機自動完成?

【對導入案例的簡單分析】

(1) 為什麼總裁菲爾德有計劃卻難以執行?效率專家史密斯的方法的關鍵在哪裡?計劃工作的內容不僅要制定目標,還包括原因、人員、時間、地點、手段等。總裁菲爾德沒有列出執行計劃的具體時間、地點等,當然難以執行,而效率專家史密斯恰恰抓住了這些關鍵,即即時、即地要實現的目標是什麼,馬上完成這些緊急計劃。

(2) 效率專家史密斯認為「即使只做完一件事,那也不要緊,因為你總在做最重要的事」。你認為制訂計劃光是做最重要的事夠嗎?效率專家史密斯的做法說明制訂計劃應遵循重點原則,切忌眉毛胡子一把抓,否則難以有效地制訂、執行計劃。除重點原則外,我們在制訂計劃時還應遵循統籌、連鎖、發展、便於控制和經濟原則。如果一味地強調重要,就一直盯著做,而事實上難以完成或荒廢了太多時間與精力,則得不償失。

(3) 效率專家史密斯執行計劃的方法使這個不為人知的小鋼鐵公司成為世界最大的鋼鐵公司之一。計劃作為管理的首要職能,是組織實施的綱要,為控制提供標準,領導在計劃實施中確保計劃取得成功。計劃的作用主要表現在:彌補不肯定性和變化帶來的問題;有史密斯於管理人員把注意力集中於目標;有史密斯於提高組織的工作效率;有史密斯於有效地進行控制。

本章小結

1. 計劃是為了從事某些工作預先進行規劃好的詳細方案;計劃工作是對有關將來活動做出決策所進行的周密思考和準備工作。

2. 計劃的特徵包括計劃的目的性、計劃的首要性、計劃的普遍性和計劃的經濟性。

3. 建立和加強企業的經營計劃管理,對於提高企業的經濟效益,促進企業的生存和發展,都具有重要的意義和作用。

4. 計劃的種類按期限劃分,可分為長期計劃、中期計劃和短期計劃;按層次劃分,可分為戰略計劃、戰術計劃和作業計劃;按對象劃分,可分為綜合計劃、局部計劃和項目計劃。

5. 制訂計劃的程序既有嚴格的規律性,又有運用的靈活性,需從實際出發,一般來說包括環境分析、確定目標、擬訂各種可行性計劃方案、對各種可行性方案進行評估、選擇最優計劃方案、擬訂派生計劃以及制訂預算,用預算使計劃數字化七個步驟。

6. 制訂計劃的方法常見的有甘特圖法、滾動計劃法和網絡計劃技術。

關鍵概念

1. 計劃 2. 甘特圖 3. 滾動計劃法 4. 網絡計劃技術 5. 目標管理

練習題

一、單項選擇題

1. 在管理的基本職能中，屬於首位的是（   ）。
   A. 計劃   B. 組織
   C. 領導   D. 控制
2. 計劃職能的主要作用是（   ）。
   A. 確定目標   B. 管理
   C. 確定實現目標的手段   D. A 和 C
3. 管理的計劃職能的主要任務是要確定（   ）。
   A. 組織結構的藍圖   B. 組織的領導方式
   C. 組織目標以及實現目標的途徑   D. 組織中的工作設計
4. 企業計劃從上到下可分成多個層次，通常越低層次目標就越具有以下特點（   ）。
   A. 定性和定量結合   B. 趨向與定性
   C. 模糊而不可控   D. 具體而可控
5. 企業計劃從上到下可分成多個等級層次，並且（   ）。
   A. 各層次的目標都是具體而可控的
   B. 上層的目標與下層的目標相比，比較模糊和不可控
   C. 各層次的目標都是模糊而不可控的
   D. 上層的目標與下層的目標相比，比較具體而可控
6. 下述關於計劃工作的認識中，哪種觀點是不正確的（   ）。
   A. 計劃是預測與構想，即預先進行的行動安排
   B. 計劃的實質是對要達到的目標及途徑進行預先規定
   C. 計劃職能是參謀部門的特有使命
   D. 計劃職能是各級、各部門管理人員的一個共同職能
7. 實施計劃目標管理的主要環節是：①逐級授權；②目標的制訂與展開；③實施中的自我控制；④成果評價。這些環節的邏輯順序是（   ）。
   A. ①→②→③→④   B. ②→③→①→④
   C. ③→②→①→④   D. ②→①→③→④
8. 下面屬於非理性決策的特徵是（   ）。
   A. 知識完備   B. 價值觀一致

C. 擇優　　　　　　　　　　　　D. 信息有限
9. 非確定型決策的問題的主要特點在於（　　）。
A. 各方案所面臨的自然狀態未知　　B. 各自然狀態發生的概率未知
C. 各方案在各自然狀態下的損益未知　D. 各自然狀態發生的概率已知
10. 企業計劃從上到下可分成多個層次，通常越高層次目標就越具有以下特點（　　）。
A. 定性和定量結合　　　　　　　B. 趨向於定性
C. 模糊而不可控　　　　　　　　D. 具體而可控

二、論述題

1. 什麼是計劃？計劃有哪些特點？
2. 計劃過程可以劃分為幾個階段？各階段的主要任務是什麼？
3. 你有什麼學習或者工作上的計劃？你指定計劃的依據是什麼？

三、案例分析

（一）領導的計劃能力[①]

李雷從某重點大學管理學院畢業後被分配到金屬零件廠工作已有兩個多月了，他對自己的工作很滿意。他感到最滿意的是領導對他的重視。例如，現在領導又讓他編製他們科室下一個財政年度的預算。參考了本廠去年的各項財政指標並與科室其他的同事商量之後，李雷起草了一個預算報告並交給了科長。下一步就是向科長說明自己各項計算的依據。然後這個報告由科長送到廠部。考慮到這個預算不僅影響到自己，也影響到科長，所以李雷在預算上花了很多工夫。

今天，李雷花了一個上午的時間準備如何向科長匯報。他認為他預算中的每一項要求都是合理的，他要盡力為這個預算爭取。但是，與科長的會談同他預計的完全不一樣。他的上司譚科長是這樣開始與他會談的。

「小李，你坐下。我看了你起草的預算報告，有幾個問題想問你一下。例如，你估計行政費用是 7,716 元？」

「是的，譚科長。如果你不信，可以看我的計算根據。」

「噢，不必要。我之所以問這個問題是因為我覺得這個數字太不顯眼。讓我們把它改成 8,000 元。」

「好。」

「其他幾個地方也有這樣的問題，我幫你都改過來。」

「這樣總金額是多少？」

「正好 74,000 元。」

「這比我申請的要高一些。這樣合適？」

[①] 案例來源：http://www.doc88.com。

「當然。不用擔心，你不知道將來什麼東西會比你預算的要貴一些。」

「行，譚科長，你說行我就行。」

「好。順便問一聲。你是怎麼得來這些數據的?」

「我首先考慮今年我們科要幹什麼事，然後再看各項活動大約需要多少錢。我手上有一本廠裡編製預算的手冊。我的計算公式都是從那裡得來的。」

「這是一種做預算的方法，但是我建議你在每一項經費裡加一個保險系數。」

「保險系數?」

「是的。你知道，萬一什麼事不妙也好對付。而且，你不知道廠長們會把什麼經費砍掉。比你真正需要的多一點總沒錯。你懂我的意思嗎?」

「我懂。」

「好。這裡是你的預算報告。除了把各個數字變成整數之外，另加20%，然後交給我，由我送到廠裡去。」

轉眼間到了年底。12月中旬的一天，譚科長把小李叫到自己的辦公室。

「小李，我們今年花了多少錢，還剩多少錢?」

「讓我看看，我們科今天共花了78,134元錢，按預算還應有23,456元錢。昨天廠裡開會了，要求我們把預算中結餘的錢交到廠裡去。」

「這怎麼行，這些錢都是我們省吃儉用省下來的。如果上交了，明年誰還會省錢?如果我們今年上交了，明年就沒有錢省了。」

「這是什麼意思?」

「今年我們有多餘的錢上交，明年廠裡還會給我們批這麼高的預算嗎?」

「那怎麼辦?」

「很好辦，今天交給你的一個任務是在半個月之後，把這些錢花掉。不，只留3,000元左右上交」。

「這些錢用來幹什麼?」

「只要是能報帳，幹什麼都行。」

「這……」

「有困難嗎?」

「沒有什麼困難。」

走出譚科長的辦公室，小李開始感到為難。20,000多塊錢，要是自己的錢該多好啊，可以省下來留著娶媳婦用，可偏偏是公家的錢，要找理由花掉，小李感到有些不可理解。

小李到金屬零件廠已三年了。由於他工作認真負責，也聽領導的話，所以很得領導的器重。現在他又領到了一個更重要的任務。金屬零件廠是一個幾百人的小型國有企業。由於國家多年未投資，本廠財力有限，廠房和設備都已落伍。廠裡研究已一致決定，向上級主管部門申請蓋一棟行政大樓。廠長說，再不蓋一棟像樣的樓，別說外商、港商，就是國內的客戶也不願進我們的廠門了。廠裡把這件事交給了譚科長，譚科長把這件事交給了小李。這件事，比為科室做年度預算顯然重要多了。因此，小李花了很多時間，徵求了基建部門的意見，參考了市場的行情。一個月後，小李拿出了

自己的預算草案。譚科長約小李今天上午談這件事情。與三年前相比，小李現在老練多了。

「小李，你坐下。你的預算報告我看了。你說建這棟辦公樓得600萬？」

「是的。」

「要這麼多嗎？」

「需要這麼多，現在什麼都漲價。我問了管基建的人，他們說600萬還很緊。」

「你覺得上級主管會同意給這麼多錢嗎？」

「這我就不知道。」

譚科長和小李都沉默了。

「小李，你說400萬行不行？」

「絕對不可能。最少得500萬。」

「400萬能蓋成什麼樣子。」

「主體項目能有一個大概輪廓。」

「你回去，花點時間，以400萬為準，反過來做預算。」

「為什麼？」

「廠長說，超過400萬很可能不批。」

「那我不能按原來的設計方案。」

「必須按原來的設計方案。」

「這是不可能的。」

「只要有人，沒有不可能的事。」

「我沒有聽懂。」

譚科長笑了：「小李，你是一個很聰明的人，怎麼聽不懂。我們現在最主要的是把這筆錢要過來，而不是真正需要多少。算得再好，錢要不來沒用。」

「可是400萬不夠用。」

「你放心。房子蓋了一大半，錢不夠，我不相信上級能看著不管。」

李雷閉上了眼睛，眼角有淚滑過，不知道說什麼好。

【討論】

1. 譚科長第一次讓小李改預算對不對？為什麼？
2. 預算結餘的錢該用掉還是上交？各有什麼利弊？應怎樣解決這個問題？
3. 譚科長第二次讓小李改預算對不對？為什麼？
4. 你認為這類事是否常發生？
5. 作為上級領導，應怎樣杜絕這類事情的發生？

(二)「阿波羅」登月計劃

美國為謀求和保持空間領先地位，在空間競賽中戰勝蘇聯，自1958年成立航宇局以來實施了一系列載人航天計劃。

「水星」計劃是美國1958年開始實施的第一個載人航天計劃。鑒於當時與蘇聯競爭緊迫形勢，該計劃的基本指導思想是盡可能利用已經掌握的技術和成果，以最快的

速度和簡單可靠的方式搶先把人送上天。但事實上，當蘇聯於1961年4月12日把航天員加加林送上天成功地完成軌道飛行時，「水星」飛船尚處於無人試驗階段，直到1962年才進行首次載人軌道飛行。「水星」計劃於1963年結束，共完成25次飛行試驗，其中包括4次動物飛行，2次載人彈道飛行，4次載人軌道飛行，耗資約4億美元。

美國通過「水星」計劃證明人能夠在空間環境中生存和有效地駕駛飛船，也取得了載人飛船設計的初步經驗。但是美國在這一回合的載人航天競爭中輸給了蘇聯，突出表現為載人上天的時間落後於蘇聯，航天運載能力也處於劣勢。為改變這種局面，經美國航宇局和馮‧布勞恩等火箭專家論證，提出美國在20世紀60年代經過努力能夠達到而又剛好超出蘇聯能力的目標是載人登月。於是，美國總統肯尼迪於1961年5月25日宣布了「阿波羅」載人登月計劃。

作為從「水星」到「阿波羅」計劃之間的過渡，美國於1961年11月至1966年11月實施了「雙子星座」計劃。其主要任務是研究、發展載人登月的技術和訓練航天員長時間飛行及艙外活動的能力。該計劃歷時5年，完成了10次環地軌道載人飛行，每次2人，共花費12.8億美元。此外，美國為實施「阿波羅」計劃還研製了「徘徊者」、「勘測者」、「月球軌道環行器」無人月球探測器、土星族重型運載火箭，以及由逃逸系統、指令艙、服務艙和登月艙組成的阿波羅飛船，這些工作為1969年把人送上月球奠定了堅實的技術基礎。

「阿波羅」計劃從1961年開始實施至1972年結束，共花費255億美元，先後完成6次登月飛行，把12人送上月球並安全返回地面。在工程高峰時期，參加工程的有2萬家企業、200多所大學和80多個科研機構，總人數超過30萬人。它不僅實現了美國趕超蘇聯的政治目的，同時也帶動了美國科學技術特別是推進、制導、結構材料、電子學和管理科學的發展。但是，「阿波羅」計劃耗資太大，幾乎占用了航宇局60年代全部經費的3/5，嚴重影響了美國空間科學和空間應用領域的發展，迫使美國重新考慮下一步的航天目標。

【討論】

1. 為什麼說「阿波羅」計劃是一件龐大的項目計劃工程？
2. 從計劃的角度談談計劃順利進行的必要條件。

第五章　組織工作

學習目標

1. 組織的概念、組織工作的含義與特點
2. 組織設計的原則
3. 組織設計的程序
4. 組織的縱向結構設計、組織的橫向結構設計
5. 管理幅度、管理層次
6. 典型的組織結構

引導案例

匹克木材公司

匹克木材公司在 20 年前是一個小鋸木廠，到 10 年前，它已成為世界上最大的一個木材公司。可到了現在，由於住房和商業建築的降溫，公司又不得不勒緊「褲帶」。這意味著公司總部，還有它的銷售部門、膠合板廠、裝配廠，都要在組織結構上大大地調整一下。

公司的膠合板廠，生產過程已經大大地自動化了，但廠裡職工的崗位卻基本上還是十多年前那個樣子。人事經理對剝皮車間工作崗位有個新的打算。原來那兒有不少分工非常細的手工活：一個工人浸泡原木，一個工人翻滾原木，第三個工人剝樹皮，第四個工人把原木移到位等。現在，全部過程都在一個大盆裡進行，由一個操作工人在控制塔裡操作，運來的原木會沿著傳送帶逐一完成各道工序。只要給那個操作工配兩個非技術工就夠了。對於那個操作工，他比以前需要更多的知識、技術，也負有更大的責任。不過，對於另外兩個工人來說，並沒有技術要求。

公司詳細地記載著成千上萬客戶與所需產品之間的關係。工廠將產品生產出來後便運往各地區倉庫，由它們在指定的區域內向各自的客戶提供服務。公司總部的所有記錄已輸入電腦數據庫，可以隨時調取。在公司的重組計劃中，針對全國六大地區設立了地區經銷處，每個經銷處都有電腦直接與中央數據庫聯網。

約翰是公司的總經理，他希望維持公司管理系統運作上的連續性。他堅持，他的指示要逐級下達，使每一個管理層次都清楚明了公司新的政策與工作程序。他把產品銷售的責任委派給一位市場經營的副總經理，由他負責所有的地區經銷處。由於銷售收入對財務資金至關重要，總經理指示各地經銷處的經理們每天把銷售情況直接向總會計師匯報。有時候，總會計師的要求與副總經理的指示相左。

匹克木材公司的結構重組減少了管理的層次，許多中間管理層再也不見了，留下

的經理們精神抖擻，結果呢，每個人比以前照看著更多的業務。

約翰在威斯康星州的分廠裡，設立了一個質量控制部門，監察幾道關鍵工序，以防最終產品出毛病。質量控制部門的經理幾次想把運行中的流水線停下來，而生產部門經理總是不肯這樣幹，結果是出了次品，不能出廠，利潤受到嚴重損失。

為了解決類似問題，匹克公司的總經理派了一個工作組，由米爾斯牽頭，從公司的工程部、質量控制部、生產部、採購部和銷售部抽出一批專門人才，暫時脫離日常業務，去參加工作組的調查。

經過二十多年的發展公司的業務越來越大，公司通過重組，減少了管理層次，在成本上得到了優化。可是管理上好像越來越混亂：公司新的結構下，控制幅度和組織結構發生了什麼變化？這種變化的好處是什麼？今後要注意防止可能出現什麼問題？約翰應該如何更好地處理這些問題呢？

這則短短的案例生動地描述了匹克公司組織結構設計和運作中存在的問題。公司不僅在員工的分工上發生了變化，還針對全國六大地區設立了地區經銷處，每個經銷處都有電腦直接與中央數據庫聯網，架構上也發生了變化，控制的幅度也產生了改變，信息流轉的方式也有調整，但部門之間的工作配合在公司中已明顯地出現了問題。

組織運轉不夠順利，原因在哪裡？是組織結構的調整的決策錯了嗎？還是部門與部門之間的信息流轉的方式需要改變？抑或是各職能部門之間的溝通沒有建立起有效的渠道？匹克公司有沒有必要單獨成立一個負責信息上傳下達的職能部門來輔助總經理協調各部門的工作？如有必要，應該怎麼設置？如果沒必要，是否應該由什麼人員或部門來承擔起這方面的責任？還是對匹克公司中的各個業務經營部門更加精確地來界定其職責權限？匹克公司的這些問題的回答與管理的組織結構、職能密切有關。

案例來源：http://wenku.baidu.com（百度文庫）。

第一節　組織工作概述

當生產力發展到出現分工，含組織的管理也就隨之產生了，人類由於受生理、心理和社會的限制，為了自身的生存和發展不得不進行合作，需要有組織地進行各種各樣的社會活動。

一、組織理論

（一）什麼是組織

組織理論研究的對象就是組織。一般泛指各種各樣的社會組織或事業單位，企業、機關、學校、醫院等。這是人們進行合作活動的必要條件。美國的切斯特巴納德認為：由於生理的、心理的、物質的、社會的限制，人們為了達到個人的和共同的目標，就必須合作，於是形成群體，即組織。

哈羅德·孔茨則把組織定義為「正式的有意形成的職務結構或職位結構」。綜合各

管理學者和管理實踐，本書認為組織是指：人們為了達到一個共同目標所建立起的組織機構，是綜合發揮人力、物力、財力等各種資源的有效載體。

二、組織的特性

(一) 複雜性

複雜性指的是組織分化的程度。一個組織越是進行細緻的勞動分工，具有越多的縱向等級層次，組織單位的地理分佈越是廣泛，則協調人員及其活動就越是困難。

(二) 正規化

正規化就是組織依靠規則和程序引導員工行為的程度。有些組織的規範準則較少，其正規化的程度就較少；而另一些組織，規模雖然很小，卻具有各種規定，指示員工可以做什麼和不可以做什麼，這些組織的正規化程度就較高。

(三) 集權化

集權化是決策制定權力的集中程度。在一些組織中，決策是高度集中的，問題自下而上傳遞給高級經理人員，由他們制定合適的行動方案；而在另外一些組織中，其決策制定權力則授予下層人員，這被稱作是分權化。

三、組織結構的設計

組織結構設計是以組織結構安排為核心的組織系統的整體設計工作，是一項操作性很強的工作，其是在組織理論的指導下進行的。管理職務及其結構的設計是為了合理組織管理人員的勞動。而需要管理的組織活動總是在一定的環境中利用一定的技術條件，並在組織總體戰略的指導下進行的。

組織設計理論分為靜態的組織設計理論和動態的組織設計理論。靜態的組織設計理論主要研究組織的職權結構、部門結構和規章制度等；動態的組織設計理論則在靜態組織設計的基礎上，加進了人的因素，並研究了組織結構設計完成以後運行中的各種問題，如協調、控制、信息聯繫、激勵、績效評估、人員配備與訓練等。

【思考】 你所在的組織有什麼樣的特性？為什麼會產生這樣的特性？

(一) 組織結構設計的影響因素

1. 戰略與結構

組織結構必須服從組織所選擇的戰略的需要。適應戰略要求的組織結構，為戰略的實施和組織目標的實現提供了必要的前提。戰略選擇的不同，在兩個層次上影響組織結構：不同的戰略要求不同的業務活動，從而影響管理職務的設計；戰略重點的改變，會引起組織的工作重點以及各部門與職務在組織中重要程度的改變，因此要求各管理職務以及部門之間的關係作出相應的調整。

2. 規模與結構

組織的規模對其結構具有明顯的影響作用。例如，大型組織傾向於比小型組織具有更高程度的專業化和橫向及縱向的分化，規範條例也更多。但是，這種關係並不是

線性的，而是規模對組織結構的影響強度在逐漸減弱，也即隨著組織規模的不斷擴大，規模的影響力相對顯得越來越不重要。

3. 技術與結構

組織的活動需要利用一定的技術和反應一定技術水準的物質手段來進行。技術以及技術設備的水準不僅影響組織活動的效果和效率，而且會作用於組織活動的內容劃分、職務的設置和對工作人員的素質要求等方面。信息處理的計算機化必將改變組織中的會計、文書、檔案等部門的工作形式和性質。

任何組織都需要採取某種技術，將投入轉換為產出。為達到這一目標，組織要使用設備、材料、知識和富有經驗的員工，並將這些組合到一定類型和形式的活動之中。所以，組織結構必然會受到技術狀況和水準的直接影響。

4. 環境與結構

環境也是組織結構的一個主要影響力量。任何組織作為社會的一個單位，都存在於一定的環境之中，組織外部的環境必然會對內部的結構形式產生一定程度的影響。這種影響主要表現在對職務和部門設計的影響、對各部門關係的影響以及對組織結構總體特徵的影響這三個不同的層次上。

從本質上說，機械式組織在穩定的環境中運作最為有效；有機式組織則與動態的、不確定的環境最匹配。例如，全球的競爭，由所有競爭者推動的日益加速的產品創新，以及顧客對高品質和快速交貨的越來越高的要求，都是環境因素動態性的表現。

機械式組織並不適合於對快速變化的環境作出反應。現在環境—結構關係的有關理論可以作出進一步的說明，幫助許多管理人員進行組織重組，使之精干、快速和靈活，以便使組織變得更加具有環境的適應性。

【思考】對於組織的設計，你認為最重要的是什麼因素？

第二節 組織設計的基本原則與程序

一、組織設計的原則

（一）厄威克的組織設計原則

英國管理學家厄威克（Lyndall Urwick）曾經比較系統地總結了泰羅、法約爾、韋伯等人的觀點，提出了他認為適合一切組織結構設計的八條原則：

（1）目標原則，所有的組織都應該有一個目標。
（2）相符原則，權力和組織必須相符。
（3）職責原則，上級對下級工作的職責是絕對的。
（4）組織階層原則，組織分組管理的原則。
（5）控制幅度原則，每一個上級所管轄的相互之間有工作聯繫的人不應超過5到6人。
（6）專業化原則，每個人的工作應限制為一種單一的職能。

(7) 協調原則，保持組織及其運行的平衡。
(8) 明確性原則，對於每項職務都要有明確的規定。

(二) 戴爾的組織原則

美國學者戴爾（E. Dale）極力推崇傳統管理理論，提出的有關傳統組織理論的組織原則有五項：

(1) 目的。組織必須有明確的目的，而且組織內各職位的目的必須與組織的整體目的相一致。

(2) 專業化。

(3) 協調。組織內各成員的努力應指向組織的共同目標，應通過建立有效的手段而進行有效的協調。

(4) 權限。組織應建立起從最高層到組織內各個成員的明確的直線權限。

(5) 責任。權限與責任應當對稱，有了權限必須要負相等的責任。戴爾認為，以上五項是一般組織最普遍的原則，若每項的首個字母結合起來就可稱「OSCAR 理論」。戴爾同時認為，除了上述五項，效率、授權、命令統一、管理幅度、均衡化等原則也是傳統組織理論所主張或強調的，因此也不應該忽視。

(三) 現代管理的組織設計原則

現代的管理者通過對組織所處的環境、採用的技術、制定的戰略、發展的規模等方面進行大量的理論研究和實踐探索，總結出了組織設計的五條基本原則。

1. 目標至上原則

組織結構只是實現組織目標的手段，只是落實組織機能或職能的器官或工具。因此，管理者在進行組織設計工作時，無論是決定選取何種形式的組織結構，還是決定配置哪些職位、部門與層次，都必須以服從並服務於組織目標的需要出發來加以考慮和選擇。組織在一定時期內所要實現和開展的戰略目標、核心職能，往往對組織結構的形式與構成起著決定性作用。對組織特定目標和職能的關注應該貫穿到組織設計和變革工作的全過程中。

2. 管理幅度原則

所謂管理幅度，亦稱管理跨度或管理寬度，就是一個主管人員有效領導的直接下屬的數量。一般來講，任何主管人員能夠直接有效地指揮和監督的下屬數量總是有限的。管理幅度過大，會造成指導監督不力，使組織陷入失控狀態；管理幅度過小，又會造成主管人員配備增多，管理效率降低。所以，保持合理的管理幅度是組織設計工作的一條重要原則。

有效的管理幅度受到諸多因素的影響，主要有以下幾個方面：管理者與被管理者的工作內容、工作能力、工作環境以及工作條件等。在組織規模一定的前提下，管理幅度決定了組織的管理層次。管理幅度越小，管理層次就會越多；反之，管理幅度越大，管理層次就會越少。

3. 統一指揮原則

統一指揮指的是組織中的每個下屬應當而且只能向一個上級主管直接匯報工作，

以避免多頭領導。可以說，組織內部的分工越是細緻、深入，統一指揮原則對於保證組織目標實現的作用就越重要。圖5-1表明了組織中各個職務之間的等級關係。

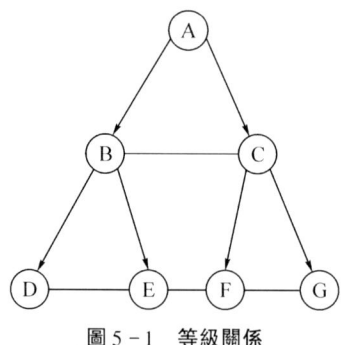

圖5-1 等級關係

政出多門、命令不統一，一方面會使真正想做事的下屬產生無所適從的感覺；另一方面，也會給一些不想做事的下屬利用矛盾、逃避責任的機會。但是，這條重要的原則在組織實踐中常遇到來自多方面的破壞。最常見的有兩種情況。

(1) 在正常情況下，D、E只接受B的領導，F、G只服從C的命令，B、C不應闖入對方的領地。但是，如果B也向F下達指令，要求他在某時完成某項任務，而F也因其具有與自己的直系上司C相同層次的職務而服從這個命令，則出現了雙頭領導現象。這種在理論上不應出現的現象，在實踐中卻常會遇到。

(2) 在正常情況下，A只能對B和C直接下達命令，但如果出於效率和速度的考慮，為了糾正某個錯誤，或及時停止某項作業，A不通過B或C，而直接向D、E或F、G下達命令，而這些下屬的下屬對自己上司的上司的命令，在通常情況下是會積極執行的。這種行為經常反覆，也會出現雙頭或多頭領導。這種越級指揮的現象給組織帶來的危害是極大的，它不僅破壞了命令統一的原則，而且會引發越級請示的行為。長此下去，會造成中層管理人員在工作中的猶豫不決，增強他們的依賴性，誘使他們逃避工作，逃避責任。最終會導致中間管理層乃至整個行政管理系統的癱瘓。

為了防止上述現象的出現，在組織設計中要根據一個下級只能服從一個上級領導的原則，將管理的各個職務形成一條連續的等級鏈，明確規定鏈中每個職務之間的責任、權力關係，禁止越級指揮或越權指揮；在組織實踐中，在管理的體制上，要實行各級行政首長負責制，減少甚至不設各級行政主管的副職（可以通過代理或助理的方式加以替代），以防止副職「篡權」、「越權」，從而干擾正職的工作，以保證組織中統一命令原則的貫徹。

4. 權責對等原則

在進行組織結構設計時，既要明確每一部門或職務的職責範圍，又要賦予其完成職責所必需的權力，使職權和職責兩者保持一致，這是組織有效運行的前提，也是組織結構設計中必須遵循的基本原則。只有責任，沒有職權或權限太小，會使工作者的積極性和主動性受到嚴重束縛；相反，只有職權而無責任，或者責任程度小於職權，則會導致組織中出現權力濫用，以及無人負責的局面和現象的發生。

5. 授權的原則

授權是管理人員成事的分身術，是一種領導藝術。當組織發展到一定的規模就必須進行授權，降低管理者事必躬親的困境。授權應遵循以下原則。

（1）適當原則

授權要適當，首先對下屬的授權既不能過輕，也不能過重。過輕，達不到充分激發下屬積極性的目的，不利於下屬盡職盡責；過重，就會大權旁落，出現難以收拾的局面。下級的權力過大，超出了合理範圍，制度法規就不能順利貫徹執行。其次，不能超負荷授權。

（2）可控原則

授權不僅要適當，還要可控。正確的授權，不是放任、撒手不管，而是保留某種控制權。通過這種可控性，把管理人員與下屬有機地聯繫起來。沒有可控性的授權就是棄權。所以授權的可控要能盡量做到「大權獨攬、小權分散」。

（3）責權利一致原則

授權的同時明確下屬的責任與利益，這就是責權利一致的原則。管理人員若能明確地將權與責同時授予下屬，不僅可以促使下屬完成工作任務，而且還可以堵塞有權不負責或濫用權力的漏洞，並且還可以讓下屬產生被信賴、信任感，提升下屬工作的積極性。

（4）用人不疑原則

管理人員對於將要被授權的下屬一定要有全面地瞭解和考察。認為可以信任者，即「疑人不用，用人不疑」。支持下屬工作。對於非原則性的錯誤、失誤，應採取寬容態度，這對員工才是更好的激勵。

（5）因事設職與因人設職相結合原則

組織中每個部門、每個職務都必須由一定的人員來承擔，並完成規定的工作任務。組織結構設計必須確保實現組織目標活動的每項內容都能落實到具體的職位和部門，做到「事事有人做」。這樣，組織結構設計中自然就要求從工作特點和需要出發，因事設職，因職用人。但這並不意味著組織結構設計可以忽視人的因素，忽視人的特點和人的能力。組織結構設計必須在保證有能力的人有機會去做他們真正勝任的工作的同時，還需要考慮工作人員的能力在組織中不斷獲得提高和發展。一句話，「人」與「事」的要求應該得到有機地結合。

【思考】你認為上述原則中哪個對你所在組織的影響最深？為什麼？

二、組織結構設計的程序

組織結構的設計是一項複雜的系統工程，因而必須服從科學的程序。這個程序一般包括以下兩個方面的內容：

一是部門的橫向設計——部門化。二是組織結構的縱向設計——層級化（確定管理幅度和管理層次）。

具體來講通常有以下幾個步驟：

（1）確定組織目標。組織目標是進行組織設計的基本出發點。任何組織都是實現

其一定目標的工具,沒有明確的目標,組織就失去了存在的意義。因此,管理組織設計的第一步,就是要在綜合分析組織外部環境和內部條件的基礎上,合理確定組織的總目標及各種具體的派生目標。

(2) 確定業務內容。根據組織目標的要求,確定為實現組織目標所必須進行的業務管理工作項目,並按其性質適當分類,如市場研究、經營決策、產品開發、質量管理、行銷管理、人員配備等。明確各類活動的範圍和大概工作量,進行業務流程的總體設計,使總體業務流程優化。

(3) 確定組織結構。根據組織規模、生產技術特點、地域分佈、市場環境、職工素質及各類管理業務工作量的大小,參考同類其他組織設計的經驗和教訓,確定應採取什麼樣的管理組織形式,需要設計哪些單位和部門,並把性質相同或相近的管理業務工作分歸適當的單位和部門負責;形成層次化、部門化的結構。

(4) 配備職務人員。根據各單位和部門所分管的業務工作的性質和對職務人員素質的要求,挑選和配備稱職的職務人員及其行政負責人,並明確其職務和職稱。

(5) 規定職責權限。根據組織目標的要求,明確規定各單位和部門及其負責人對管理業務工作應負的責任以及評價工作成績的標準。同時,還要根據搞好業務工作的實際需要,授予各單位和部門及其負責人以相應的職權。

(6) 聯成一體。這是組織設計的最後一步,即通過明確規定各單位、各部門之間的相互關係,以及它們之間在信息溝通和相互協調方面的原則和方法,把各組織實體上下左右聯結起來,形成一個能夠協調運行,有效地實現組織目標的管理組織系統。

(一) 組織的縱向結構設計

組織的縱向結構設計,就是確定管理幅度,劃分管理層次。

1. 管理幅度

管理幅度是指一名主管人員有效地管理直接下屬的人數。如一個公司經理能領導幾個營業部長,一個營業部長能管理多少人。由於管理者的時間和精力是有限的,其管理能力也因個人的知識、經驗、年齡、個性等的不同而有所差異,因而任何管理者的管理幅度都有一定的限度,超過一定限度,就不能做到具體、高效、正確的領導。那麼,管理幅度為多少比較合適呢?

確定管理幅度,一般應考慮以下幾個因素:

(1) 職務的性質

一般說來,高層職務管理幅度較小,基層職務管理幅度較大。因為高層多為決策性的工作,管理幅度要小一些;基層主要是日常的、重複的工作性質,所以管理幅度要大一些。如一個廠長領導幾個車間主任或部長,而一個車間主任往往領導幾十個甚至幾百個工人。

(2) 工作能力強弱

工作能力包括管理者的工作能力和下級的工作能力。下級工作能力強,技術水準高,經驗豐富,則管理者處理上下級關係所需的時間和次數就會減少,這樣就可擴大管理面;反之,如果委派的任務下級不能勝任,則上級指導和監督下級的活動所花的

時間無疑要增加，這時管理面勢必要縮小。另外，管理者個人的知識、經驗豐富，理解能力、表達能力和組織能力強，能迅速地把握問題的關鍵，則可以加寬管理幅度；反之，管理幅度就較窄。

（3）工作本身的性質

性質複雜的工作，需要管理者與其下屬之間保持經常的接觸和聯繫，一起探討完成工作共同遇到的問題，因此，應設置較窄的管理幅度；相反，完成簡單的工作，允許有較寬的管理幅度。如碩士生導師所指導的研究生人數要比一位普通的大學教師負責本科生的人數少得多。

（4）標準化和授權程度

如果領導者善於同下級共同制訂出若干工作標準，放手讓下級按標準行事，並把一些較次要的問題授權下級處理，自己只負責重大問題、例外事項的決策，其管理幅度自然可以加寬；相反，如果領導者對下屬不放心，事必躬親，又沒有一套健全的工作標準，管理幅度太寬，必然精力不濟，管理不周，以致貽誤工作。

（5）信息反饋情況

如果信息反饋快，上下級意見能及時交流，左右關係能及時協調配合，管理幅度可適當加寬；反之，管理幅度應減小。

2. 確定管理幅度的方法

（1）格蘭丘納斯的上下級關係理論

法國管理顧問格蘭丘納斯在1933年發表的一篇論文中，分析了上下級關係後提出一個數學模型，用來計算任何管理寬度下可能存在的人際關係數。他指出：一位領導有 n 個下屬時，可能存在的關係數值由下式決定：

$$c = n\left[\frac{2^n}{2} + (n-1)\right] = n\left[2^{n-1} + (n-1)\right]$$

式中：c 表示可能存在的人際關係數；

　　　n 表示管理幅度。

格蘭丘納斯由此推理出如下結論：下級數目按算術級數增加時，其直接領導者需要協調的關係數目則按幾何級數增加。因此，管理幅度是有限度的，不能隨意擴大。

（2）定性的方法

管理的幅度通常與組織的一下幾個方面相關：工作性質（工作的獨立性、複雜性、需要協調工作量等）、上下級的能力、授權程度、控制地區間隔等。

總之，管理寬度問題存在於各類、各級組織之中，它是研究和具體設計組織結構時要考慮的基本問題。我們知道，管理寬度的確定受許多因素的影響，但這諸方面因素的影響程度不同，決定了管理寬度的彈性是很大的，並沒有一個固定的數值。因此，這就要求處於各級主管職位的主管人員應根據本單位的具體情況，有針對性地考慮各種影響因素，運用各種方法來確定自己理想的管理寬度。

3. 管理層次

（1）管理層次與管理幅度的關係

管理層次的多少與管理幅度的大小密切相關。在一個部門的人員數量一定的情況

下，一個管理者能直接管理的下屬人數越多，那麼該部門內的管理層次也就越少，所需要的管理人員也越少；反之，所需要的管理人員就越多，相應地管理層次也越多。格蘭丘納斯的上下級關係理論也證明，當下屬數目以算術級數增加時，主管領導需要協調的關係數呈幾何級數增加。這一原則也要求管理組織必須分為數層。由此可見，管理幅度的大小，在很大程度上制約了管理層次的多少。管理幅度同管理層次成反比關係。管理幅度越大，管理層次就越少；反之，管理幅度越小，管理層次就越多。

以一家具有4,096名作業人員的企業為例，如果按管理幅度分別為4、8和16對其進行組織設計（這裡假設各層次的管理幅度相同），那麼其相應的管理層次依次為6、4和3，所需的管理人員數為1,365、585和273名（如圖5-2所示）。

管理幅度　4　8　16

管理層次　6　4　3

管理人員數 1,365　585　273

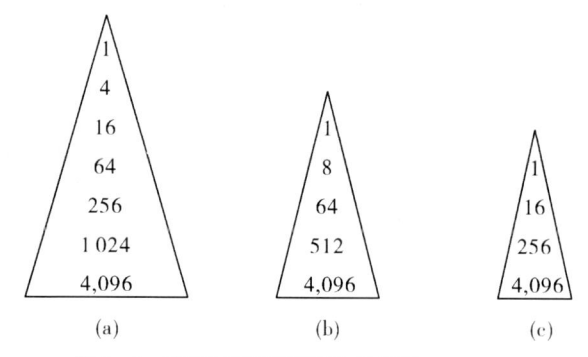

(a) 4,096 / 1024 / 256 / 64 / 16 / 4 / 1

(b) 4,096 / 512 / 64 / 8 / 1

(c) 4,096 / 256 / 16 / 1

圖5-2　**管理幅度與管理層次的關係**

（2）直式（錐形）結構和扁平結構

按照管理幅度和管理層次的不同，形成兩種結構：扁平結構和直式結構。

直式結構就是管理層次多而管理幅度小的結構。直式結構具有管理嚴密，分工細緻明確，上下級易於協調的特點。但層次越多，需要的管理人員越多，協調工作急遽增加，互相扯皮的事層出不窮；由於管理嚴密，影響了下級人員的積極性與創造性。因此，為了達到有效，應盡可能地減少管理層次。

扁平結構是指管理幅度大而管理層次少的結構。扁平結構有利於縮短上下級距離，密切上下級之間的關係，信息縱向流通速度快；由於管理幅度大，被管理者有較大的自主性和創造性，也有利於選擇和培訓下屬人員。但由於不能嚴密地監督下級，使上下級的協調較差；管理寬度的加大，也增加了同級間相互溝通聯絡的困難。但隨著現代管理管理者和被管理者素質的不斷提升，扁平結構的缺點的影響在不斷減小，使得扁平結構的優勢不斷得以展現，逐漸成為高水準公司架構發展的趨勢。

三、組織的橫向結構設計

(一) 部門的含義

當組織的任務分解成了具體的可執行的工作以後，接著就要將這些工作按某種要求歸並成一系列組織單元，如任務組、部門、科室等，這就是部門劃分。部門是指組織中主管人員為完成規定的任務有權管轄的一個特殊的領域。部門化是指將工作和人員組合成可以管理的單位的過程。劃分部門的目的，是為了以此來明確職權和責任歸屬，以求分工合理，職責分明，並有利於各部門根據其工作性質的不同而採取不同的政策，加強本部門的內部協調。

(二) 劃分部門的原則

1. 部門最精簡

建立組織機構的目的不是供人欣賞，而是為了有效地實現組織目標。因此，部門的劃分要避免追求組織結構中的各級平衡或以連續性和對等性為特徵的刻板結構，組織結構要求精簡，部門必須力求最少。

2. 組織結構應具有彈性

組織中的部門應隨業務的需要而增減，其增設、合併或撤銷應隨組織的目標任務的變化而定。通過設立臨時工作部門或工作組來解決臨時出現的問題也是一種彈性結構。

3. 確保組織目標的實現

組織結構是由管理層次、部門結合而成的。組織結構要求精簡，部門必須力求最少，但這是以有效地實現目標為前提的。因此，不能為精簡而精簡。企業中主要的職能是生產、行銷、財務等，此類職能必須有相應的部門。而且各部門的工作量應平衡，避免忙閒不均。

4. 檢查部門與業務部門分設

考核、檢查部門的人員不應隸屬於受其檢查的部門，以避免檢查人員的「偏心」，真正發揮檢查部門的作用。

(三) 劃分部門的方法

劃分部門的常用方法有以下幾種：

1. 人數部門化

人數部門化是完全按人數的多少來劃分部門，如軍隊中的師、團、營、連、排即為此種劃分方法。這是最原始、最簡單的劃分方法，它僅僅考慮的是人的數量。在高度專業化的現代社會，這種劃分方法越來越少。因為隨著人們文化水準和科學水準的提高，每個人都能掌握某種專業技術，把具備某種專業技術的人組織起來去做某項工作，比單靠數量組織起來的人們有較高的效率，特別是現代企業逐漸從勞動集約化向技術集約化轉變，單純按人數多少劃分部門的方法有逐漸被淘汰的趨勢。

2. 時間部門化

時間部門化是在正常的工作日不能滿足工作需要時所採用的一種劃分部門的方法。醫院、消防隊、航空公司和煉鋼廠的基層作業常採用輪班制方式加以組織，所以將人員劃分為早班、中班、夜班。按時間劃分部門主要基於以下考慮：人的生理需要吃飯、睡覺、休息和娛樂；有些工作需要很長的時間，而且不能間斷，如煉鋼廠的一爐鋼只有在全部出爐以後才能停止；有時出於經濟和技術需要的考慮等，而正常的工作日無法滿足這種需要而採用的一種方法。這種劃分適用於最基層的組織。

3. 職能部門化

職能部門化是以組織的主要經營職能為基礎設立部門，凡屬同一性質的工作都置於同一部門，由該部門全權負責該項職能的執行。如企業中設置生產、行銷、財務、人力資源等部門就是按職能劃分的。職能部門化有利於提高管理的專業化程度，有利於提高管理人員的技術水準和管理水準。但是，由於各部門長期只從事某種專業業務的管理，易導致所謂的「隧道視野」的現象，也不利於高級管理人才的培養。

4. 工藝部門化

工藝部門化是以工作程序為基礎組合各項活動，從而劃分部門的一種方法。例如在機械製造企業，通常按照毛坯、機械加工、裝配的工藝順序分別設立部門。這種劃分方式，在生產工藝複雜，要求嚴格的情況下是必要的，它有利於加強專業工藝管理，提高工藝水準。

5. 產品部門化

按產品劃分部門，就是把某種產品或產品系列的設計、製造、銷售等管理工作劃歸一個部門負責。這種劃分在多品種生產經營的大中型企業是十分必要的，它有利於充分利用管理者的專業知識和技能，有利於組織專業化生產和經營，有利於擴大銷售和改善售後服務工作。國外大中型企業中的產品事業部，就是典型的按產品劃分的部門。

6. 區域部門化

區域部門化是根據地理因素來設立管理部門，把不同地區的經營業務和職責劃歸不同部門全權負責。對於一個地域分佈較廣或經營業務涉及區域較廣的組織來說，按地區劃分部門是必要的。因為不同地區的政治經濟形勢、文化科學技術水準、用戶對產品的要求、購買習慣等都有很大差別。按地區劃分部門，有利於各部門因地制宜地制定政策、進行決策，提高管理的適應性和有效性，還有利於培養獨當一面的管理人才。中國管理組織中的地區性分公司、辦事處，國外企業組織中的地區事業部等，都是按地區劃分的部門。

7. 顧客部門化

顧客部門化是以被服務的顧客為基礎來劃分部門。這種劃分主要適用於銷售部門。不同的顧客對產品及其服務的要求往往有明顯的差別，為了更好地為顧客服務，促進商品銷售，在顧客面較廣的企業，可以按顧客的不同類型分別設立不同的銷售部門，如商業企業內設批發部門和零售部門等。

一個組織究竟採用何種方式劃分部門，應視具體情況而定，而且這些劃分方式往

往往是結合採用的，如職能或參謀機構一般都按職能劃分；生產部門可按工藝或產品劃分；銷售部門則可根據實際需要按地區或客戶劃分。

第三節　組織結構的類型

一、組織結構的類型

組織結構就是表現組織各部分排列順序、空間位置、集聚狀態、聯繫方式以及各要素之間相互關係的一種模式。影響人們設計和選擇組織結構類型的因素通常和組織規模、管理者的經營理念、組織的傳統等有關。

客觀地說，欲設計一種適合各種企業的理想的組織結構形式是非常困難的，因為每個企業所依託的環境、經營戰略、技術要求和管理體制等都有各自的特點。即使是針對某一特定企業，也難以設計出滿足各種要求的組織結構形式，因為有許多要求實際上是相互矛盾的。如希望某種組織結構形式既滿足迅速做出決策的要求，又能保證決策的高質量；既具有較強的創新和應變能力，又要保持相對穩定。

實際上，組織結構並不能解決所有的組織問題。一個組織能否正常運轉，除了要選擇合理的組織結構形式外，還取決於人員配備、工作激勵、行為控制和組織文化等諸多因素。因此，指望僅僅依靠組織結構解決所有問題是不切實際的。但經過管理者們多年的實踐累積，管理組織設計仍然還是有基本的模型可供參考。

常見的組織結構類型有直線制組織結構、職能制組織結構、直線職能制組織結構、矩陣制組織結構、事業部制組織結構、多維立體形組織結構等。企業的組織結構形式很多，本書重點介紹幾種基本的組織結構形式及其適用範圍。

(一) 直線制

直線制是一種最簡單的集權式組織結構形式，又稱軍隊式結構。其領導關係按垂直系統建立，不設專門的職能機構，自上而下形同直線。

直線制結構的優點是：結構簡單，指揮系統清晰、統一；責權關係明確；橫向聯繫少，內部協調容易；信息溝通迅速，解決問題及時，管理效率比較高。

缺點是缺乏專業化的管理分工，經營管理事務依賴於少數幾個人，要求企業領導人必須是經營管理全才。

但這是很難做到的。尤其是在企業規模擴大時，管理工作量會超過個人能力所能承受的限度，不利於集中精力研究企業管理的重大問題。因此，直線制的適用範圍是有限的，它只適用於那些規模較小或業務活動簡單、穩定的企業。以製造業企業為例，直線制組織的結構如圖 5-3 所示。

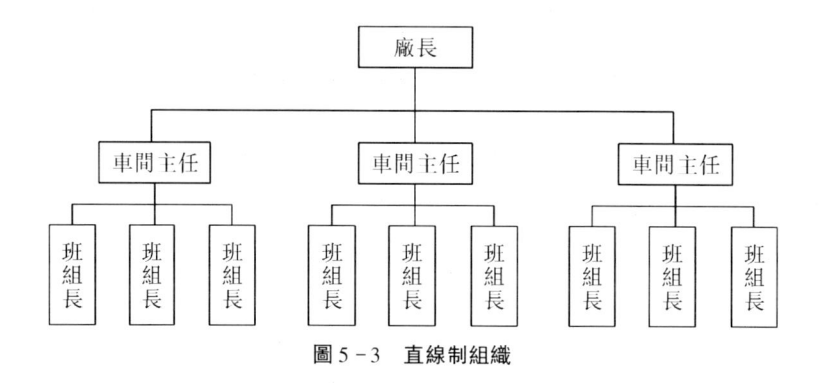

```
                          ┌─────┐
                          │ 廠長 │
                          └──┬──┘
          ┌──────────────────┼──────────────────┐
      ┌───┴────┐         ┌───┴────┐         ┌───┴────┐
      │車間主任│         │車間主任│         │車間主任│
      └───┬────┘         └───┬────┘         └───┬────┘
      ┌───┼───┐          ┌───┼───┐          ┌───┼───┐
     班  班  班          班  班  班          班  班  班
     組  組  組          組  組  組          組  組  組
     長  長  長          長  長  長          長  長  長
```

圖 5－3　直線制組織

（二）職能制

職能制組織結構，亦稱 U 形組織結構，是以工作方法和技能作為部門劃分依據的組織結構形式。現代企業中許多業務活動都需要有專門的知識和能力，通過將專業技能緊密聯繫的業務活動歸類組合到一個單位內部，可以更有效地開發和使用組織成員的專業技能，提高工作的效率。

職能制組織結構設計有利於最高管理者作出統一的決策。它通常在只有單一類型產品或少數幾類產品的生產，以及面臨相對穩定的市場環境的情況下採用。職能制組織結構的有利之處是：

（1）職能部門的任務專業化程度高，可以避免人力和物質資源的重複配置；
（2）便於發揮職能專長，對許多職能人員頗具激發力；
（3）可以降低管理費用，這一點主要來自於各項職能的規模經濟效益。

職能制組織結構的主要不足是：

（1）狹窄的職能眼光，易形成隧道視野，不利於企業滿足迅速變化的市場的需要；
（2）專業的限制，使得一部門難以理解另一部門的目標和要求；
（3）職能部門之間的協調性差；
（4）因為每個人都力圖向專業的縱深方向發展自己，所以不利於管理隊伍的建設和培養全面的管理人才。

職能制最早由泰羅提出，並曾在米維爾鋼鐵公司以職能工長制的形式加以試行。但由於職能工長制妨礙了統一指揮的原則，以後未被推廣。這種組織形式適用於任務較複雜的社會管理組織和生產技術複雜、各項管理需要具有專門知識的企業管理組織。職能制組織的結構如圖 5－4 所示。

图 5-4　职能制组织

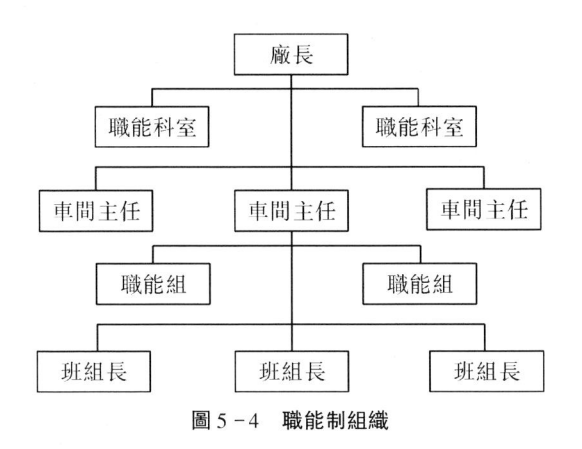

(三) 直线职能制

直线职能制是一种以直线制结构为基础，在厂长（经理）领导下设置相应的职能部门，实行厂长（经理）统一指挥与职能部门参谋、指导相结合的组织结构形式。

直线职能制的特点是：①厂长（经理）对业务和职能部门均实行垂直式领导，各级直线管理人员在职权范围内对直接下属有指挥和命令权，并对此承担全部责任。②职能管理部门是厂长（经理）的参谋和助手，没有直接指挥权。其职责是向上级提供信息和建议，并对业务部门实施指导和监督，因此，它与业务部门的关系只是一种指导关系，而非领导关系。

直线职能制是一种集权和分权相结合的组织结构形式，它在保留直线制统一指挥优点的基础上，引入管理工作专业化的做法。因此，既能保证统一指挥，又可以发挥职能管理部门的参谋指导作用，弥补领导人员在专业管理知识和能力方面的不足，协助领导人员决策。所以，它不失为一种有助于提高管理效率的组织结构形式，在现代企业中适用范围比较广。

值得注意的是，随着企业规模的进一步扩大，职能部门也将随之增多，于是，各部门之间的横向联系和协作将变得更加复杂和困难，信息传递路线较长、适应环境变化的能力差，加上各业务和职能部门都须向厂长（经理）请示汇报，使其往往无暇顾及企业面临的重大问题。当设立管理委员会、完善协调制度等改良措施都不足以解决这些问题时，企业组织结构改革就会倾向于更多的分权。总的来说直线职能制是一种较为普遍适用的组织形式，中国大多数企业和一些非营利组织均采用这种组织形式。如以企业为例，这种组织可如图 5-5 所示。

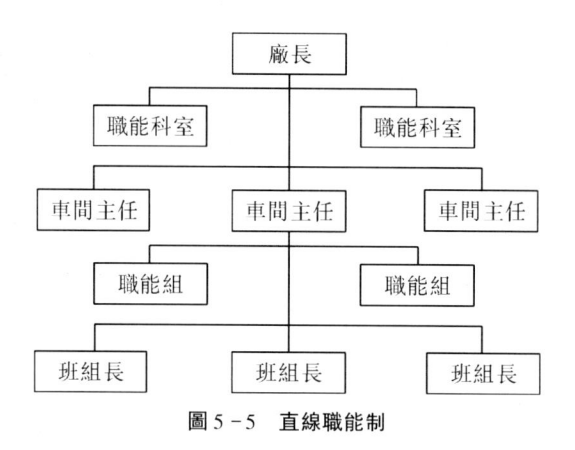

```
            廠長
        ／      ＼
   職能科室      職能科室
    ／     ｜      ＼
 車間主任  車間主任  車間主任
    ｜     ｜
   職能組  職能組
  ／  ｜    ｜
 班組長 班組長 班組長
```

圖 5-5　直線職能制

(四) 矩陣結構

矩陣制結構由縱橫兩個管理系列組成，一個是職能部門系列；另一個是為完成某一臨時任務而組建的項目小組系列，縱橫兩個系列交叉，即構成矩陣型組織結構。

矩陣制結構的最大特點在於其具有雙道命令系統，小組成員既要服從小組負責人的指揮，又要受原所在部門的領導，這就突破了一個職工只受一個直接上級領導的傳統管理原則。矩陣制結構具有以下四個方面的優點：

（1）將企業橫向聯繫與縱向聯繫較好地結合了起來，有利於加強各職能部門之間的協作和配合，及時溝通情況，解決問題。

（2）能在不增加機構和人員編製的前提下，將不同部門的專業人員集中在一起，組建方便。

（3）能較好地解決組織結構相對穩定和管理任務多變之間的矛盾，使一些臨時性的跨部門性工作的執行變得不再困難。

（4）為企業綜合管理和專業管理的結合提供了組織結構形式。

矩陣制組織結構的主要缺陷在於：

（1）在資源管理方面存在複雜性，組織關係也比較複雜。

（2）穩定性差。由於小組成員是由各職能部門臨時抽調組成的，任務完成以後，都要回到原職能部門工作，容易使小組成員產生臨時觀點，不安心工作，從而對工作效果產生一定負面影響。

（3）權責不清。由於每個成員都要接受兩個或兩個以上的上級領導的指揮，潛伏著職權關係的混亂和衝突等威脅，容易造成管理秩序混亂，使組織工作喪失效率性。

（4）可能導致項目經理過多、機構臃腫的弊端。

這種組織主要適用於科研、設計、規劃項目等創新性較強的工作或者單位。此種組織形式如圖 5-6 所示。

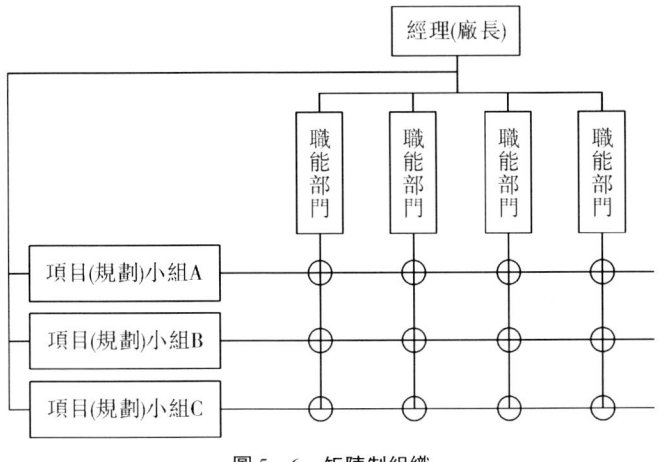

圖 5-6　矩陣制組織

（五）事業部制

事業部制也稱分權制結構，是一種在直線職能制的基礎上演變而成的現代企業組織結構形式。事業部制結構遵循「集中決策，分散經營」的總原則，實行集中決策指導下的分散經營，按產品、地區和顧客等標誌將企業劃分為若干相對獨立的經營單位，分別組成事業部。各事業部在經營管理方面擁有較大的自主權，實行獨立核算、自負盈虧，並可根據經營需要設置相應的職能部門。總公司主要負責研究和制定重大方針、政策，掌握投資、重要人員任免、價格幅度和經營監督等方面的大權，並通過利潤指標對事業部實施控制。

事業部制結構具有以下優點：

（1）權力下放，有利於最高管理層擺脫日常行政事務，集中精力於外部環境的研究，制定長遠的全局性的發展戰略規劃，使其成為強有力的決策中心。

（2）各事業部主管擺脫了事事請示匯報的框框，能自主處理各種日常工作，有助於加強事業部管理者的責任感，發揮他們搞好經營管理的主動性和創造性，提高企業經營適應能力。

（3）各事業部可集中力量從事某一方面的經營活動，實現高度專業化，整個企業可以容納若干經營特點有很大差別的事業部，形成大型聯合企業。

（4）各事業部經營責任和權限明確，物質利益與經營狀況緊密掛勾。

事業部制的主要缺點是：容易造成組織機構重疊、資源重複配置，管理人員膨脹現象；各事業部獨立性強，部與部之間協作較差，考慮問題時容易忽視企業整體利益。因此，事業部制結構適合於那些經營規模大、產品多樣化和從事多角化經營，面臨市場環境複雜多變或所處地理位置分散的大型企業和巨型企業及要求較強適應性的企業採用。此種組織形式如圖 5-7 所示。

図 5-7　事業部制結構

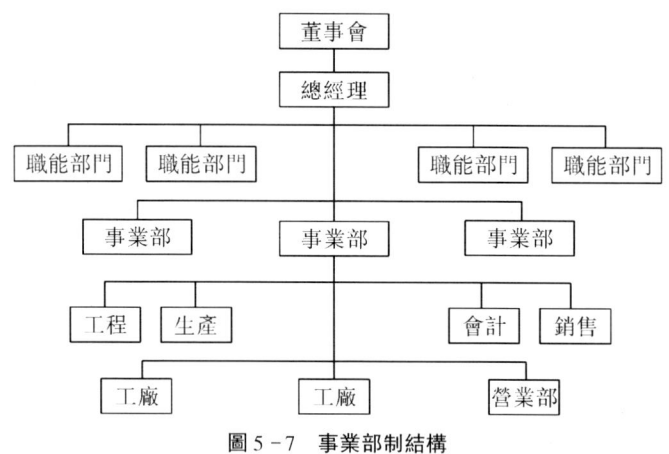

（六）多維立體組織結構

這種組織結構是直線職能制、矩陣制、事業部制和地區、時間結合為一體的複雜組織結構形態。它從系統的觀點出發，建立多維立體的組織結構。此種組織形式如圖 5-8 所示。

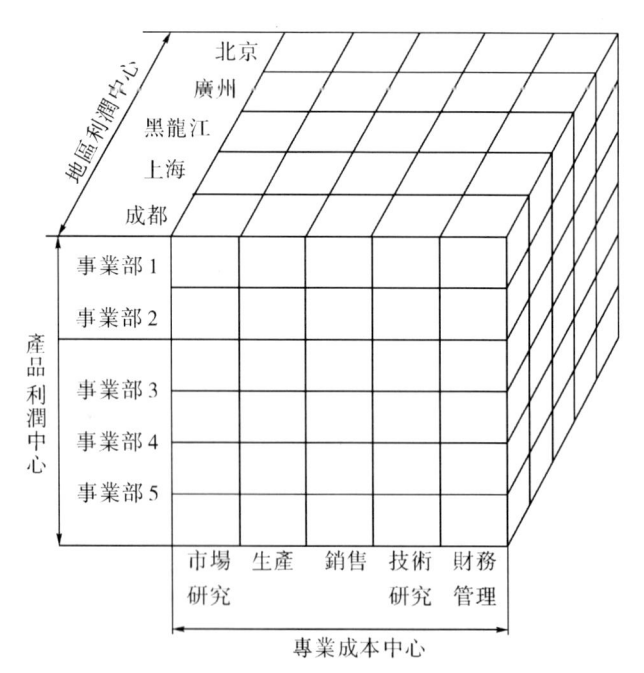

圖 5-8　多維立體組織結構

多維立體組織結構主要包括三類管理機構：一是按產品劃分的事業部，是產品利潤的中心；二是按職能劃分的專業參謀機構，是專業成本的中心；三是按地區劃分的管理機構，是地區利潤的中心。

多維立體組織結構，可使上述三個方面的機構協調一致，緊密配合，為實現組織的總體目標服務。多維立體組織結構適用於多種產品開發、跨地區經營的跨國公司或跨地區公司，可以為這些企業在不同產品、不同地區增強市場競爭力提供組織保證。圖 5-9 為海爾集團的多維立體組織結構示意圖。

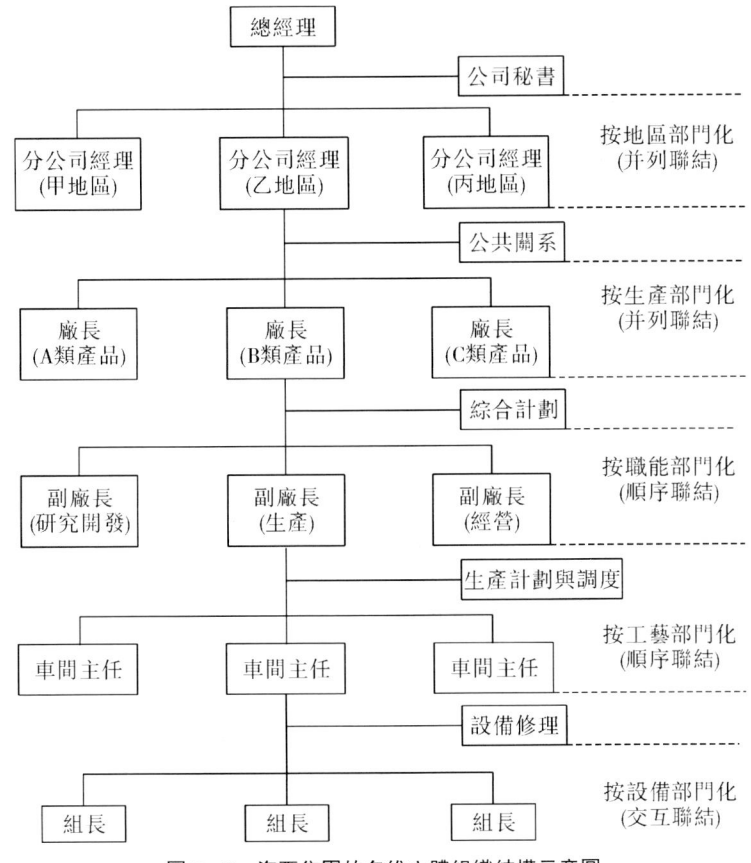

圖 5-9　海爾集團的多維立體組織結構示意圖

以上介紹的六種類型是典型的組織結構形式，需要指出的是，這些類型基本上是對實際存在的組織結構形式一定程度的理論抽象，僅僅是一個基本框架，而現實組織則要比這些框架豐富得多。此外，多數組織的組織結構並不是純而又純的一種類型，而是多種類型的綜合體。隨著社會生產力的發展和人們對管理客觀規律認識的逐步深化，組織結構形式的類型也將得到進一步完善和發展。

本章小結

1. 組織是為了人們實現某一特定目的而形成的系統集合，它有一個特定的目的、由一群人所組成、有一個系統化的結構。共同目標的存在是組織存在的前提。

2. 組織的作用在於克服個人力量的局限性，達成個人力量所無法實現的目標。

3. 組織設計是進行專業分工和建立使各部分相互有機地協調配合的系統的過程。組織結構是組織設計的結果之一。

4. 組織的層次的多少與某一特定的管理人員可直接管轄的下屬人員數即管理幅度的大小有直接關係。

關鍵概念

1. 組織 2. 管理幅度 3. 直線職能制

練習題

一、單項選擇題

1. 某公司總經理認為公司中存在宗派不利於組織目標的實現，宗派是非正式組織，所以非正式組織對公司是不利的。他的推斷（　　）。
   A. 完全正確　　　　　　　　B. 不正確
   C. 不能判斷　　　　　　　　D. 沒有什麼正確與不正確

2. 關於非正式組織如下說法中，哪一種是不正確的？（　　）
   A. 非正式組織既可對正式組織目標的實現起到積極的作用，也可產生消極影響。
   B. 非正式組織的積極作用在於可以提供員工在正式組織中很難得到的心理需要滿足。
   C. 非正式組織對正式組織目標的實現有不利的影響，應該取締。
   D. 非正式組織消極作用的一個方面在於非正式組織的壓力有時會造成組織創新的惰性。

二、論述題

1. 簡述組織工作中應遵循的原則。
2. 影響管理幅度的因素有哪些？
3. 簡述管理幅度與管理層次的關係。
4. 簡述事業部制的優缺點及其適用條件。

三、案例分析

惠光設備製造公司的新挑戰

　　惠光設備製造公司雇用施斌當副總經理好多年了。施斌是位科學家，負責公司裡的研究開發工作。在他的領導下，建立了正規的研究機構，有五個管理層次。施斌手下有三個關鍵人物：研究部主任、行政管理部經理和專利註冊部經理。研究部主任支配兩個處長，一個抓基礎研究，另一個搞應用開發。這兩頭，各有五個探索領域：物理、有機合成、化學工藝、反應裝置和分解學。依次類推，負責每個領域的科長手下有兩到三個具體抓課題的組長。在整個研究開發過程中，由施斌不時地復審所有的項目，然後撥款放權，讓這些項目進入下一個階段。

　　如此安排，使研究工作大見成效，公司長期來生意興隆，獲得了上千項專利。但是近兩年來，日本、德國的一些公司在競爭中不斷地有驚人的突破，它們的研究隊伍很快就探聽到技術上的新改進，並且捷足先登地投入生產開發。當施斌退休時，公司任命了一位新的副總經理來負責研究工作，授權他重新組織研究隊伍，以便從整體上對環境作出快速反應，更見成效。

　　【問題】這位新上任的副總經理應該採取哪些基本措施來改進研究活動，提高工作效率呢？

第六章 領導

學習目標

1. 理解領導的作用和本質
2. 領導者的特質
3. 掌握領導方式的基本內容和領導藝術

引導案例

韓總的管理方式

某公司的韓總經理認為最有效的驅使部下的方式就是令其感動，因此在這方面下了不少工夫：如果在會議上對哪個幹部疾言厲色地呵斥過，那麼事後便會私下給予和風細雨的撫慰，對這一點從不疏忽。每位幹部的婚喪嫁娶他從不缺席，大病小災時更能看到他的身影，享受他的寬慰。因此，對於總經理的粗暴、輕率以及明顯的片面、偏激，部下都如同孩子面對自己專制的家長那般生氣、無奈而又不減親情。

韓總經理對公司的控制，全靠自己事必躬親，嚴加督管。當他坐上飛往國外的飛機，想去「看看外國人是怎樣管理企業的」時，在家主持工作的副總經理正坐在會議室裡翻看簽到簿，苦惱地說：「韓總走後的第一個例會，就有三分之一的幹部沒到！現在規定，下次例會起，不請假、沒出差又不到會的，每人罰10元錢！」副總只能給自己找一個小小臺階來下。雖然韓總經理可以對公司任何一名幹部進行訓誡、叱罵乃至撤免，而身為副總，最重要的任務只是維持良好的幹部關係。

對於這種情況，韓總經理十分清楚。他說：「有好幾個經理好像是我的影子，別人一看到他上班了，就知道我回來了；我還聽說副總布置工作，總是被當面頂回。副總執行的是誰的決策？你們就這樣支持我韓總的工作？今後對於不聽招呼的幹部，副總也可以當場撤免——我給他這個權力！」

根據案例，分析韓總經理的管理方式，並評價其中的利弊。

「夫有材而無勢，雖賢不能制不肖，故立尺材於高山之上，而下臨千仞之峪，非材長也，位高也。」所謂領導就是指揮、帶領、引導和鼓勵部下為實現目標而努力的過程。作為管理的一項職能，領導主要是如何進行協調、激勵與控制。領導在組織中處於指揮和信息中心的位置，必須處理好與人、與事和與時間三個方面的關係。領導是一種影響力，而影響力來源於權力。組織中的權力可分為職位權力和非職位權力。領導者必須正確對待這些權力。

對於領導者的特質人們作了大量的研究，提出了多種領導者品格理論，歸納和總結了成功的領導者和不成功領導者所具備的特性和品質。領導的方式大體上分為專權

型領導、民主型領導和放任型領導三種類型。關於領導方式的理論研究，主要包括領導方式的連續統一體理論、管理方格理論和權變理論等。領導者的工作效率和效果，在很大程度上取決於他們的領導藝術。

第一節　領導的本質

一、什麼是領導

「什麼是領導？」「怎樣才能做一個好的領導者？」這些問題已經困擾人類達數千年之久。柏拉圖、孫子、斯隆、杜拉克等學者都曾試圖給出答案。最近幾十年來，不少專家學者也出版了大量的專著和論文討論這些問題。對於領導的含義，本書摘抄了一些定義供讀者參考：

（1）領導就是用人的藝術。
（2）領導是對制定和完成組織目標的各種活動施加影響的過程。
（3）領導是指揮部下的過程。
（4）領導是在機械地服從組織的常規指令以外所增加的影響力。
（5）領導是一個動態的過程，該過程是領導者個人品質、追隨者個人品質和某種特定環境的函數。

第一個定義強調了在領導過程及達成領導目標中人的重要作用。
第二個定義著重說明對企業的活動施加影響，但過於空泛。
第三個定義認為，領導就是指揮和控制。其偏向於管理者對計劃的控製作用。
第四個定義認為，領導就是正式命令之外的影響能力。據研究，因上級領導人的職權而發揮出來的職工的才能約為60%，因主管人員引導和鼓勵而激發出來的職工的才能約為40%。換句話說，領導至少具有兩種過程，一是利用職權指揮部下的過程；二是引導和鼓勵部下的過程，兩者缺一不可。第三個定義只看到了指揮而忽略了引導和鼓勵；第四個定義忽略了指揮，片面強調職權之外的影響力，兩者都具有片面性。
第五個定義側重於領導的決定因素及其動態性，但沒有對領導的本質作出解釋。
那麼領導是什麼呢？我們認為作為管理職能的領導，由領導者和領導行為構成。所謂領導就是指揮、帶領、引導和鼓勵部下為實現組織目標而努力的過程，實施並完成領導職能的主體是領導者。這個定義包括下面四個要素：

（1）領導者必須有部下或追隨者。沒有部下的領導者談不上領導。
（2）領導者擁有影響追隨者的能力或力量就是權力。

這些能力或力量包括由組織賦予領導者的職位和權力，也包括領導者個人所具有的影響力。

（3）領導的目的是通過影響部下來達到組織的目標，而領導的目標通常也就是組織的目標所在。
（4）領導職能的過程主要包括領導者的激勵、協調和控制等內容。

【思考】領導能力是天生的嗎？應該怎樣培養？

二、領導的作用

彼得‧杜拉克說：領導者是任何企業的最基本、最寶貴的資源。有統計資料表明：每一百個新的企業約有二分之一在兩年內倒閉，五年後只有三分之一的企業仍然存在，而失敗的原因也絕大多數又是因為缺乏有效的領導。因此如何培養和選拔具有領導能力的人才，研究領導行為對企業經營好壞的影響，就成為管理學研究的一個重要課題。

在帶領、引導和鼓舞部下為實現組織目標而努力的過程中，領導者要具體發揮指揮、協調、激勵和控制等方面的作用。

（一）指揮作用

在組織活動中，需要頭腦清晰、胸懷全局、高瞻遠矚、運籌帷幄的領導者幫助組織成員認清所處的環境和形勢，指明組織目標和達到目標的途徑。領導者只有站在組織成員的前面，用自己的行動帶領組織成員為實現組織目標而努力，才能真正起到指揮作用。

（二）協調作用

組織的協調性不僅僅影響到組織運行的成本，還影響到組織運行的效率，進而影響到組織的規模的發展。在許多人協同工作的組織活動中，即使有了明確的組織目標，但因組織成員的才能、理解能力、工作態度、進取精神、性格、作風、地位的不同，加上外部各種因素的干擾，在思想上容易發生各種分歧，所以，在行動上出現偏離目標的情況是不可能避免的。因此，就需要領導者來協調人們之間的關係和活動，把組織成員團結起來，朝著共同的組織目標前進。

（三）激勵作用

在組織活動中，儘管大多數成員都具有積極工作的願望和熱情，但是這種願望並不能自然地變成現實的行動，這種熱情也未必能自動地長久保持下去。如果一個人的學習、工作和生活遇到困難、挫折或不幸，某種物質的或精神的需要得不到滿足，就必然會影響工作的熱情。在複雜的社會生活中，組織的每一個成員都有各自不同的經歷和遭遇，怎樣才能使每一個成員都保持旺盛的工作熱情、最大限度地調動他們的工作積極性呢？這就需要有通情達理、關心群眾的領導者來為他們排憂解難，激發和鼓舞他們的鬥志，發掘、充實和加強他們積極進取的動力。

引導所有組織成員的努力朝向同一個目標，協調這些成員在不同時空的貢獻，激發成員的工作熱情，使他們在組織活動中保持高昂的積極性，這便是領導者在組織和率領組織成員為實現組織目標而努力工作的過程中必須發揮的一項具體作用。

（四）控制作用

在組織活動過程中，領導者能夠及時獲取較為全面的信息，通過對活動效果和組織目標的比較，迅速發現組織問題之所在，保證組織活動按照組織目標的要求實施。領導者的控制主要包括制度控制和創新控制。制度控制要求領導者在準確把握組織目

標的基礎上，制定並運用相應的標準體系進行組織活動的過程控制。創新控制要求領導者培育良好的組織文化，準確把握持續變化的組織內部和外部環境，通過引導有效的組織學習和變革來更好地實現組織目標。

三、領導的特徵

領導者在組織中處於指揮、信息中心的位置，要充分發揮領導職能，就必須處理好各種複雜的關係。歸結起來領導者主要是處理三方面的關係：

（1）處理與人的關係

領導者首先是做人的工作。在組織的所有資源中，第一位是人力資源，管理是以人為本的管理。領導者面對的是人，是通過一系列的措施，瞭解、掌握人的需要，從而有目的地引導、指揮和協調人的行為，千方百計地通過提高成員的滿足度來調動人的積極性。可見領導與激勵有著非常密切的關係。領導者在處理與人的關係中，一項非常重要的工作是識人和用人，即發現人的長處、用好人的長處。世間沒有完人，每個人均有長處，也有短處，識人、用人的關鍵在於發現人的長處，敢於、善於用人的長處。

（2）處理與事的關係

作為一個組織或群體，均有一定的存在目的，為實現目的要進行大量工作。領導的一個職能就是處理這些事務，特別是制定各種決策，進行現場指揮，使各項工作有條不紊地進行。

（3）處理與時間的關係

一方面領導者需合理安排個人和組織的時間，有計劃、有條理地根據輕重緩急原則安排組織的各項活動，充分有效地利用時間，達到組織目標；另一方面，領導者應面向未來工作，需要預測未來，走在時間的前面，真正做到把握時機，使組織持續發展。

第二節　領導與權力

一、領導影響力的來源——權力

領導過程中影響他人的基礎是權力。自古以來，人類社會總是憑藉權力來維護秩序與穩定。

從廣義上來說，如果某人能夠提供或剝奪別人想要卻又無法從其他途徑獲得之物，此人就擁有高於別人的權力。權力本身的主要作用在於引而不發，而不是它的實際使用。這一點在懲罰手段的運用中可以更明確地看到。企業制定制度，明文規定職工無故遲到一次，扣除當月獎金。有人以身試法，車間領導對其實施扣除獎金的懲罰。這樣一來，此人沒有了當月獎金，車間也增加了管理上的複雜性，因此，結果是車間和此人都有損失。組織運用懲罰權力的重要意義在於告誡此人和其他員工這種行為會帶來什麼後果。領導者希望通過引而不發的權力來建立一種符合組織要求的行為模式。

當然，這種權力也要偶爾實施一下，以刺激或提醒人們。領導者要對部屬的行為產生深遠的影響，在使用權力上必須始終如一，對於不良行為應予以懲處，對於好的行為應給予獎勵；同時，也要使整個群體都清楚地知道獎罰的原因，從而建立起領導者所期望的行為模式。但如果領導者喜怒無常、尺度不一，只會加強部屬的恐懼心理，而不會對行為模式產生任何積極影響。

二、權力的類型

領導是一種影響力，影響力來源於權力，因此很有必要對權力做一下研究。在組織中，權力可分為兩大類七種，如圖6-1所示。

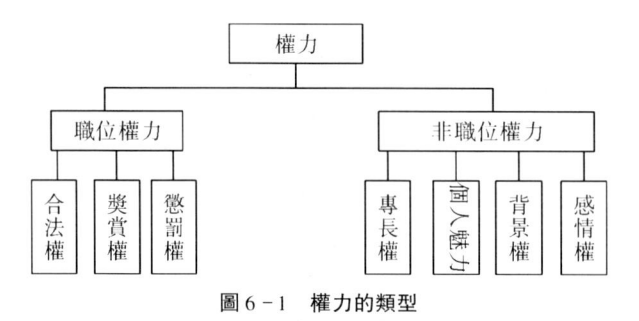

```
                    權力
           ┌─────────┴─────────┐
        職位權力              非職位權力
      ┌───┼───┐         ┌───┬───┬───┐
     合   獎   懲        專   個   背   感
     法   賞   罰        長   人   景   情
     權   權   權        權   魅   權   權
                            力
```

圖6-1　權力的類型

組織中的權力可分為職位權力和非職位權力兩大類。

（一）職位權力

職位權力是因為在組織中擔任一定的職務而獲得的權力，主要有三種：合法權、獎賞權和懲罰權。

1. 合法權

合法權就是組織中等級制度所規定的正式權力，被組織、法律、傳統習慣甚至常識所認可。它通常與合法的職位緊密聯繫在一起。某公司的老王，經群眾推薦和組織考核，被上級正式任命為該公司的經理，老王擔任公司經理，在其位就可謀其政，為實現公司目標而實施合法的權力。他可代表公司與其他單位簽訂合同，因為他具有合法權。合法權源於被影響者內在化的價值觀，部屬認為領導者有合法的權力影響他，他必須接受領導的影響。

2. 獎賞權

獎賞權就是決定提供還是取消獎勵、報酬的權力。比如廠長可以根據情況給下級增加工資、提升職務，賦予更多的責任、表揚等；老師有權決定是否給某一個學生打高分。誰控制的獎勵手段越多，他的獎賞權就越大。獎賞權源於被影響者期望獎勵的心理，即部屬感到領導者能獎賞他，使他滿足某些需要。可見，被影響者是否期望這種獎賞是獎賞權的一個關鍵。例如，領導者給予某部屬一些重要責任，自認為對部屬是一種信任與提拔，但部屬卻認為這樣會使自己太累太忙，心裡感到不高興。在這種情況下，領導者實際上沒有真正實施獎賞權。

3. 懲罰權

懲罰權就是指通過精神、感情或物質上的威脅，強迫下屬服從的一種權力。例如，企業領導者可以給予員工扣發工資、降職等懲罰。懲罰權源於被影響者的恐懼，即部屬感到領導者有能力將自己不願意接受的事實強加於自己，使自己的某些需要得不到滿足。懲罰權在使用時往往會引起憤恨、不滿，甚至報復行動，因此必須謹慎對待。

以上三種權力都與組織中的職位聯繫在一起，是從職位中派生出的權力，因此統稱為職位權力。

(二) 非職位權力

非職位權力是指與組織的職位無關的權力，主要有專長權、個人魅力、背景權和感情權等。

1. 專長權

知識就是力量，從某種程度上講，知識也是權力。誰掌握了知識，具有了專長，就具有了影響別人的專長權。這種權力源於信息和專業特長，人們往往會聽從某一領域專家的忠告，接受他們的影響。例如，某位權威醫生指出某種生活習慣對健康有害，我們往往會設法改變這種生活習慣；如果一位電工建議在家庭裝飾中如何鋪設電線，我們會聽從他的指導。誰掌握的知識、信息越多，誰擁有的專長權就越大。專長權與職位沒有直接的聯繫，許多專家、學者雖然沒有什麼行政職位，但是在組織和群體中具有很大的影響力，其基礎就是專長權。

2. 個人魅力

這一權力與其他權力不同，是一種無形的，很難用語言來描述或概括的權力。它是建立在超然感人的個人素質之上的，這種素質吸引了欣賞它、希望擁有它的追隨者，從而激起人們的忠誠和極大的熱忱。一些體育明星、文藝明星、傳奇的政治領袖都具有這種魅力，有著巨大而神奇的影響。

3. 背景權

背景權是指個體由於以往的經歷而獲得的權力。例如，某人是戰鬥英雄、勞動模範等，只要人們知悉他的特殊背景和榮譽，在初次見到他的時候，就傾向於聽從他的意見，接受他的影響。

4. 感情權

感情權是指個體由於和被影響者感情較融洽而獲得的權力。如果多年的老朋友提出要求，請求一些幫助，無論在工作上有沒有關係，人們都會感到難以拒絕，從而接受他的影響。

為了從總體上更深刻地瞭解兩大類七種權力，我們可以把它們歸納如表6-1，指出權力的來源、權力的過程以及要求的條件。

表6-1　　　　　　　　　　　權力的來源、過程及條件

權力的來源	權力過程	部屬與領導者的關係	要求的條件
獎賞權→獎勵手段→結果控制懲罰權→恐懼	服從	想從領導那裡得到有利的反應，避免懲罰性的反應	領導者必須對部屬實施監督
個人魅力→吸引力背景權→相關性	辨認	發現與領導者有滿意的關係，希望與領導者建立和保持關係	領導者必須在部屬面前佔有顯著地位，有領導的魅力，對員工有吸引力
感情權→相關性	人際關係	希望同領導保持良好的關係，進而為自己爭取到各種有利的條件、環境	領導同下屬既保持良好的關係又要保持距離，公平對待員工
合法權→法定的專長權→專家的，可信的	內在化	因為內在價值觀的一致性，與領導者相處得好	領導者與部屬有相似的價值觀

三、領導者如何使用權力

領導以權力為基礎，這是建立在正確積極的權力之上。如果一個組織內部不正當追求權力的人增多，在位的領導者濫用權力，組織就不可能順利發展。因此，領導者必須正確對待並使用權力。

(一) 追求和使用積極的權力

權力按其屬性可分為兩種：第一種是消極的權力。它是以個人的需要和目標為導向，一般產生消極的後果。消極的權力來源於個人的權力慾。權力慾膨脹的人，會不擇手段地爭權奪利。這種人多的話，組織會陷入無窮無盡的爭奪權力的旋渦，影響組織的正常流暢運轉。以消極的權力為目標的人一旦掌權，還會為一己私利，肆無忌憚地損害組織和集體的利益。第二種是積極的權力。它以組織或群眾進步為導向，一般產生積極的後果，它能在組織中把個人的長處組合起來，創造一種民主的氛圍，促使組織飛速發展。

一個領導者必須意識到，權力只是管理活動中的一種工具，為實現組織目標服務，而不是為個人利益服務的私人財富。領導者追求權力的動機和使用權力的目標是否正確，衡量的標準就在於他追求和使用的是積極的還是消極的權力。

(二) 不可濫用權力

領導者一旦濫用權力，不但會阻礙組織目標的實現，還會導致人際關係惡化、組織凝聚力下降，最終會導致領導者權力的喪失。為避免濫用權力，領導者應遵循如下使用權力的原則：

1. 不炫耀自己的權力

生活中許多領域都存在權力，從學校到家庭，從公司到公共場合，但人們討厭老是將權力掛在嘴邊，尤其是舞弄權力的人。好的領導者應是用一種慎重小心的態度對待權力，該使用時使用，而決不誇大炫耀。

2. 客觀一致地使用權力

這包括兩個方面：讓大家知悉在何時何種情況下使用權力和始終一貫遵守這種行事方式。這樣，權力的使用就成為工作秩序的一部分，這種秩序一旦被接受，下屬就不會認為使用權力是領導者主觀的隨意行為，即使可能產生不愉快，也不會引起針對領導者個人的憤恨仇視，不會減弱領導者使用權力的有效性。

3. 牢記使用權力的目的是為了建立所期望的行為模式

每一項重大的領導決策都會對群體態度和行為產生影響，使組織內部的結構發生變化。在使用權力的過程中，領導者應引導下屬建立並維持組織所期望的行為模式。

第三節　領導者

一、領導者與管理者

領導和管理是一回事嗎？從本質上說，管理是建立在合法的、有報酬的和強制性權力的基礎上對下屬命令的行為。下屬必須遵循管理者的指示。在這一過程中，下屬可能盡自己最大的努力去完成任務，也可能只盡一部分努力去完成工作。在企業的實踐中，後者是客觀存在的。如前所述，管理只能發揮職工能力的 60% 左右。領導則不同，領導可能建立在合法的、有報酬的和強制性的權力基礎上。但是，領導更多的是建立在個人影響權和專長權以及模範作用的基礎之上。

管理者是被任命的，他們擁有合法的權力進行獎勵和處罰，其影響來自於他們所在的職位所賦予的正式權利。相反，領導者則既可以是被任命的，也可以是從一個群體中產生出來的，領導者可以不運用正式權力來影響他人的活動。

因此，一個人可能既是管理者，也是領導者，但是，管理者和領導者兩者分離的情況也是有的。一個人可能是領導者但並不是管理者。非正式組織中最具影響力的人就是典型的例子，組織沒有賦予他們職位和權力，他們也沒有義務去負責企業的計劃和組織工作，但他們引導和激勵，甚至命令自己的成員。一個人可能是個管理者，但並不是個領導者。領導的本質就是被領導者的追隨和服從，它不是由組織賦予的職位和權力所決定的，而是取決於追隨者的意願，因此，有些具有職權的管理者可能沒有部下的服從，也就談不上真正意義上的領導者。從企業的工作效果來看，應該選擇好的領導者從事企業的管理工作。讓非正式組織中有影響力的人參加正式組織的管理，會大大有益於管理的成效。對不具備領導才能的人應該從管理人員隊伍中剔除和減少。為了使組織更有效，應該選取領導者來從事管理工作，也應該把每個管理者都培養成好的領導者。

但從一般的管理角度來講，管理的範疇要比領導的更加寬闊，領導行為必定是一種管理的行為，但管理的行為不一定是領導的行為。

二、領導者的特質

（一）理論歸納

如果你問一問走在大街上的普通人，在他們心目中領導是什麼樣的，你可能會得到一系列的品質特徵，如智慧、領袖魅力、熱情、實力、勇氣、正直和自信等。這些回答反應出了領導的特質。

多年來，人們一直試圖通過調查研究尋找成功的領導者具備的一些有共性的個人特質。各種研究，因為角度不同，得出的結果各有特色，甚至有所矛盾。下面簡單介紹幾種研究結果。

1. 斯托格第的領導者品格理論

斯托格第（R. M. Stogdill）通過調查，總結出領導者的品格，包括：

（1）五種身體特徵，如精力、外貌、身高、年齡、體重；

（2）兩種社會性特徵，如社會經濟地位、學歷；

（3）四種智力特徵，如果斷性、說話流利、知識廣博、判斷分析能力；

（4）十六種個性特徵，如適應性、進取心、熱心、自信、獨立性、外向、機警、支配、有主見、急性、慢性、見解獨到、情緒穩定、作風民主、不隨波逐流、智慧；

（5）六種與工作有關的特徵，如責任感、事業心、毅力、首創性、堅持、對人的關心；

（6）九種社交特徵，如能力、合作、聲譽、人際關係、老練程度、正直、誠實、權力的需要、與人共事的技巧。

2. 鮑莫爾的領導者特質理論

美國普林斯頓大學的鮑莫爾（W. J. Banmal）提出了作為一個企業家應具備的十個條件：合作精神、決策能力、組織能力、精於授權、善於應變、敢於求新、勇於負責、敢擔風險、尊重他人和品德高尚。

3. 吉賽利的領導者特質理論

吉賽利（E. Ghiselli）研究了領導者的十三種特性，以及這些特性在領導才能中體現的價值，他的研究結果如表6-2所示。括號中的A表示能力特徵，P表示個性特徵，M表示激勵特徵。

表6-2　　　　　　　　　吉塞利的領導個人特徵價值表

重要程度	重要性價值	個人特性
非常重要	100 76 64 63 62 61 62 61	督察能力（A） 事業心，成就欲（M） 才智（A） 自立（M） 自信（P） 決斷能力（P）

表6-2(續)

重要程度	重要性價值	個人特性
中等重要	54 47 34 20 10 5	冒險（M） 與下屬關係親近（P） 創造性（A） 不慕財富（M） 權力需求高（M） 成熟程度（P）
最不重要	0	性別（男性或女性）（P）

註：重要性價值：100＝最重要，0＝沒有作用。

4. 皮奧特維斯基和羅克的領導者特質理論

在皮奧特維斯基（Piotwisky）和羅克（Roke）兩位管理學家1963年出版的一本名為《經理標尺：一種選擇高等層管理人員》的著作中，對成功經理的個人特性列舉如下：

（1）能與各種人士就廣泛的題目進行交談的能力；

（2）在工作中既能「動若脫兔」地行動，又能「靜若處子」地思考問題；

（3）關心世界局勢，對周圍生活中發生的事也感興趣；

（4）在處於孤立環境和困難局勢時充滿自信；

（5）待人處事機巧靈敏，而在必要時也能強迫人們拼命工作；

（6）在不同的情況下根據需要，有時幽默靈活，有時莊重威嚴；

（7）既能處理具體問題，也能處理抽象問題；

（8）既有創造力，又願意遵循慣例；

（9）能順應形勢，知道什麼時候該冒險，什麼時候謀求安全；

（10）做決定時有信心，徵求意見時謙虛。

5. 諾斯科特·帕金森的領導者特質理論

諾斯科特·帕金森（N. Parkinson）總結了以下一些成功的領導者具備的特性：

（1）總是遵守時間；

（2）讓下屬充分施展才能，並通過良好的、恰如其分的管理，而不是靠硬干來達到目標；

（3）注意提高自身素質，也注意提高上司下級的素質，絕不姑息缺點；

（4）抓住關鍵，先做最重要的事，次要的事寧可不做；

（5）深知倉促決定容易出錯；

（6）盡可能授權他人，使自己獲得時間規劃組織未來。

6. 德魯克的領導者特質理論

美國管理學家德魯克（P. Drucker）在《有效的管理者》一書中指出了五種有效領導者的特性，並指出它們是可以通過學習掌握的。這五種特徵包括：

（1）知道時間該花在什麼地方，領導者支配時間常屬於被動地位，所以有效的領導者都善於系統地安排與利用時間；

（2）致力於最終的貢獻，他們不是為工作而工作，而是為成功而工作；

（3）重視發揮自己的、同事的、上級的和下級的長處；

（4）集中精力於關鍵領域，確立優先次序，做好最重要的和最基本的工作；

（5）能作出切實有效的決定。

7. 偉人理論，或稱天才論

這種理論認為領導者是天生的，不是後天培養的，他們具有一種超凡的神授能力與魅力。

一些重大的政治、經濟、社會變革都與偉人聯繫在一起，歷史僅是偉大人物的傳說，如毛澤東、華盛頓、成吉思汗等。當代的偉人學派不僅對歷史人物詳加研究，還把重點放在一些大企業的領導者身上，介紹他們的身世、事業、個性、謀略等傳記特徵，辨析他們在身體與精神上的先天內在品質。

8. 彼特關於不成功領導者的品質理論

美國管理學家彼特（Peter）認為人們可以找到確定的證據，證明某些特性是不成功領導者的品質，這些難以勝任領導的品質可以歸結為：

（1）對別人麻木不仁、吹毛求疵、凶狠狂妄；

（2）冷漠、孤僻、驕傲自大；

（3）背信棄義；

（4）野心過大，玩弄權術；

（5）管頭管腳，獨斷專行；

（6）缺乏建立一支同心協力的隊伍的能力；

（7）心胸狹窄，挑選無能之輩擔任下屬；

（8）目光短淺，缺乏戰略頭腦；

（9）倔頭倔腦，無法適應不同的上司；

（10）偏聽偏信，過分依賴一個顧問；

（11）懦弱無能，不敢行動；

（12）猶豫不決，無法決斷。

可見彼特是從另一個角度來研究領導者的。

9. 羅賓斯的領導者特質理論

斯蒂芬·P·羅賓斯發現領導者有六項特質不同於非領導者，即進取心、領導願望、誠實與正直、自信、智慧和工作相關知識。表6-3簡要描述了這些特質。

表6-3　　　　　　　　區分領導者與非領導者的六項特質

1. 進取心	領導者表現出高努力水準，擁有較高的成就渴望。他們進取心強，精力充沛，對自己所從事的活動堅持不懈，並有高度的主動精神
2. 領導願望	領導者有強烈的願望去影響和領導別人，他們表現為樂於承擔責任
3. 誠實與正直	領導者通過真誠與無欺以及言行高度一致而在他們與下屬之間建立相互信賴的關係
4. 自信	下屬覺得領導者從沒缺乏過自信。領導者為了使下屬相信他的目標和決策的正確性，必須表現出高度的自信

表6-3(續)

5. 智慧	領導者需要具備足夠的智慧來收集、整理和解釋大量信息；並能夠確立目標、解決問題和做出正確的決策
6. 工作相關知識	有效的領導者對於公司、行業和技術事項擁有較高的知識水準。廣博的知識能夠使他們做出富有遠見的決策，並能理解這種決策的意義

(二) 評價與綜述

令人遺憾的是，總的來說，並非所有成功的領導者都具備上述理論所描述的品質，而且幾乎沒有一種品質是所有領導者所共有的。因此，領導特質理論無法指出哪些素質是領導者必需的，而且也無法對各種品質的相對重要程度作出評價。

各種領導特質理論所顯示的結果相當不一致，這是因為領導特質理論忽略了被領導者和環境的作用。事實上，一個領導者能否發揮作用，會隨被領導者的不同而不同，也會隨環境的改變而改變。把領導活動割裂在被領導者因素和環境因素之外，僅從其中一個方面——領導者自身進行研究，就會產生相互重疊，甚至相互矛盾的情況，而且趨向提出更紛繁複雜的特性，無法形成一致認同的穩定特性。

領導者特質理論既然存在缺陷，為什麼還要介紹它？那是因為它仍然具有一定的科學性，有一定的可取之處。現代管理學證明，偉人理論關於領導者神授素質的結論是不正確的。德魯克指出：有效性是一種後天的習慣，是一系列實踐的綜合。領導才能是一種成就，是通過努力達到的，而不是與生俱來的。每一位渴望成為領導者的有志者，和每一位希望提高自身領導水準的領導者，都可以結合自己的下屬情況和環境態勢，在上述的各種領導者特性理論中找到最有同感的那幾條，把它們作為目標，引導自身素質的不斷完善。雖然改變自身的身體、智力、個性和社會等特性非常困難，但是你每邁出一步，就離理想的領導境界近了一步。

第四節　領導方式及其理論

一、領導方式的類型

僅有良好的領導素質還不足以保證領導者的工作效率。要充分利用這些素質進行有效的領導，領導者還必須選擇恰當的領導方式。領導方式大體上有三種類型：專權型領導、民主型領導和放任型領導。

(一) 專權型領導

專權型領導是指領導者個人決定一切，布置下屬執行。這種領導者要求下屬絕對服從，並認為決策是自己一個人的事情。

(二) 民主型領導

民民主型領導是指領導者發動下屬討論，共同商量，集思廣益，然後決策，要求上

下融洽，合作一致地工作。

（三）放任型領導

放任型領導是指領導者撒手不管，下屬願意怎樣做就怎樣做，完全自由。他的職責僅僅是為下屬提供信息並與企業外部進行聯繫，以有利於下屬的工作。

【思考】你所在組織的領導屬於什麼類型的領導？實例說明之。

領導方式的這三種基本類型各具特色，適用於不同的環境。領導者要根據所處的管理層次、所擔負的工作以及下屬的特點，在不同時空處理不同問題時，針對不同下屬，選擇合適的領導方式。

二、領導方式的理論研究

（一）領導方式的連續統一體理論

美國學者坦南鮑姆（R. Tannenbaum）和施米特（W. H. Schmidt）認為，領導方式是多種多樣的，從專權型到放任型，存在著多種過渡形式。根據這種認識，他們提出了「領導方式的連續統一體理論」。圖6-2概括描述了他們這種理論的基礎內容和觀點。

以上級為中心的領導方式 ←-------- 以下級為中心的領導方式

經理權力的運用　　　　　　　　　　下屬的自由領域

| 經理作出並宣布決策 | 經理"銷售"決策 | 經理提出計劃並允許提出問題 | 經理提出可修改的暫定計劃 | 經理提出問題，徵求意見，做出決策 | 經理規定界限，讓團體做出決策 | 經理允許下屬在規定的界限內行使職權 |

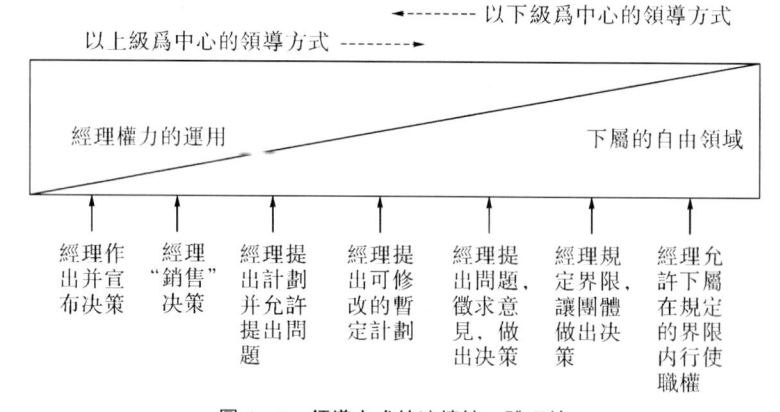

圖6-2　領導方式的連續統一體理論

圖6-2中列出了七種典型的領導方式。

1. 經理作出並宣布決策

在這種方式中，上級確認一個問題，考慮各種可供選擇的解決方法，從中選擇一個，然後向下屬宣布，以便執行。他可能考慮，也可能不考慮下屬對他決策的想法，但不管怎樣，他不給下屬參與決策的機會。下級只有服從他的決定。

2. 經理「銷售」決策

在這種方式中，如同前一種方式一樣，經理承擔確認問題和作出決定的責任，但他不是簡單地宣布這個決策，而是說服下屬接受他的決策。這樣做是表明他意識到下屬中可能有某些反對意見，他企圖通過闡明這種決策給下屬帶來利益以減除這種反對。

3. 經理提出計劃並允許提出問題

在這種方式中，經理做出了決策，並期望下屬接受這個決策，但他向下屬提供一

個有關他的想法和意圖的詳細說明,並允許提出問題。這樣,他的下屬可以更好地瞭解他的意圖和計劃。這個過程使經理和他的下屬能深入探討這個決策的意義和影響。

4. 經理提出可修改的暫定計劃

在這種方式中,允許下屬對決策發揮某些影響作用。確認問題和決策的主動權仍操縱在經理手中。他先對問題進行考慮,並提出一個計劃,但只是暫定的計劃,然後把這個計劃交給有關人員徵求意見。

5. 經理提出問題,徵求建議,做出決策

在這種方式中,雖然確認問題和進行決策仍由經理來進行,但下屬有建議權。下屬可以在經理提出問題後,提出各種解決問題的方案,經理從他自己和下屬提出的方案中選擇滿意者。這樣做的目的是充分利用下屬的知識和經驗。

6. 經理規定界限,讓團體做出決策

在這種方式中,經理把決策權交給團體。這樣做以前,他解釋需要解決的問題,並給要做的決策規定界限。

7. 經理允許下屬在規定的界限內行使職權

在這種方式中,團體有極度的自由,唯一的界限是上級所作的規定。如果上級參加了決策過程,也往往以普通成員的身分出現,並執行團體所作的任何決定。

坦南鮑姆和施米特認為,上述方式孰優孰劣沒有絕對的標準,成功的經理不一定是專權的人,也不一定是放任的人,而是在具體情況下採取恰當行動的人。當需要果斷指揮時,他善於指揮;當需要職工參與決策時,他能提供這種可能。只有這樣,才能取得理想的領導效果。

(二) 管理方格理論

管理方格理論是布萊克(Blake)和莫頓(Mouton)提出的。管理方格是一張方格圖,橫軸表示領導者對生產的關心程度,縱軸表示領導者對人的關心程度。

每根軸劃分為九小格,第一格代表關心程度最低,第九格表示關心程度最高,整個方格圖共有 81 個方格,每一小方格代表對「生產」和「人」關心的不同程度組合形成的領導方式,如圖 6-3 所示。

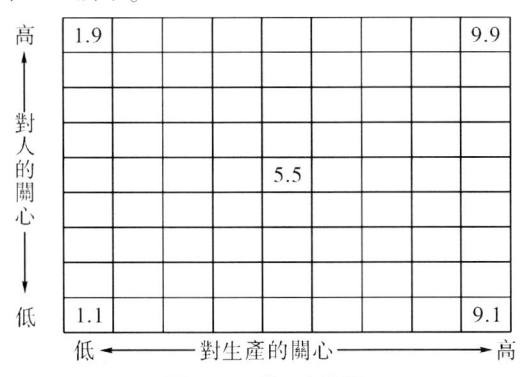

圖 6-3　管理方格圖

布萊克和莫頓在提出管理方式時，列舉了五種典型的領導方式。

（1）9.1型方式。這種方式只注重任務的完成，而不重視人的因素。這種領導是一種專權式的領導，下屬只能奉命行事，職工失去進取精神，不願用創造性的方法去解決各種問題，不能施展所有的本領。

（2）1.9型方式。這種方式與9.1型相反，即特別關心職工。持此方式的領導者認為，只要職工精神愉快，生產自然會好，不管生產好與不好，都首先要重視職工的情緒。這種管理的結果可能很脆弱，一旦和諧的人際關係受到了影響，生產成績會隨之而下降。

（3）5.5型方式。這種方式既不過於重視人的因素，也不過於重視任務因素，努力保持和諧和妥協，以免顧此失彼。遇到問題總想敷衍了事。此方式比1.9型和9.1型強些。但是，由於牢守傳統習慣，從長遠看，會使企業落伍。

（4）1.1型方式。這種方式對職工的關心和對生產任務的關心都很差。這種方式無疑會使企業失敗，在實踐中很少見到。

（5）9.9型方式。這種方式對生產和人的關心都達到了最高點。在9.9型方式下，職工在工作上希望相互協作，共同努力去實現企業目標；領導者誠心誠意地關心職工，努力使職工在完成組織目標的同時，滿足個人需要。應用這種方式的結果是，職工都能運用智慧和創造力進行工作，關係和諧，出色地完成任務。

從上述不同方式的分析中，顯然可以得出下述結論：作為一個領導者，既要發揚民主，又要善於集中；既要關心企業任務的完成，又要關心職工的正當利益。只有這樣，才能使領導工作卓有成效。

（三）權變理論

權變理論認為不存在一種「普適」的領導方式，領導工作強烈地受到領導者所處的客觀環境的影響。換句話說，領導和領導者是某種既定環境的產物，領導方式是領導者特徵、追隨者的特徵和環境的函數。

$S = f(L, F, E)$

在上式中，S代表領導方式，L代表領導者特徵，F代表追隨者的特徵，E代表環境。

領導者的特徵主要指領導者的個人品質、價值觀和工作經歷。如果一個領導者決斷力很強，並且信奉X理論，他很可能採取專制型的領導方式。追隨者的特徵主要指追隨者的個人品質、工作能力、價值觀等。如果一個追隨者的獨立性較強，工作水準較高，那麼採取民主型或放任型的領導方式比較適合。

環境主要指工作特性、組織特徵、社會狀況、文化影響、心理因素等。工作是具有創造性還是簡單重複，組織的規章制度是比較嚴密還是寬鬆，社會時尚是傾向於追隨服從還是推崇個人能力等，都對領導方式產生強烈的影響。

菲德勒的領導權變理論是比較具有代表性的一種權變理論。該理論認為各種領導方式都可能在一定的環境內有效，這種環境是多種外部和內部因素的綜合作用體。

菲德勒將領導環境具體化為三個方面，即職位權力、任務結構和上下級關係。所

謂職位權力是指領導者所處的職位具有權威和權力的大小，或者說領導的法定權、強制權、獎勵權的大小。權力越大，群體成員遵從指導的程度越高，領導環境也就越好；反之，則越差。任務結構是指任務的明確程度和部下對這些任務的負責程度。這些任務越明確，並且部下責任心越強，則領導環境越好；反之，則越差。上下級關係是指群眾和下屬樂於追隨的程度。下級對上級越尊重，群眾和下屬越樂於追隨，則上下級關係越好，領導環境也越好；反之，則越差。

菲德勒設計了一種問卷來測定領導者的領導方式。該問卷的主要內容是詢問領導者對最不與自己合作的同事（LPC）的評價。如果領導者對這種同事的評價大多使用敵意的詞語，則該種領導者趨向於工作任務型的領導方式（低 LPC 型）；如果評價大多使用善意的詞語，則該種領導者趨向於人際關係型的領導方式（高 LPC 型）。

菲德勒認為環境的好壞對領導的目標有重大影響。對低 LPC 型領導者來說，他比較重視工作任務的完成。如果環境較差，他將首先保證完成任務；當環境較好，任務能夠確保完成時，這時他的目標將是搞好人際關係。對高 LPC 型領導來說，他比較重視人際關係。如果環境較差，他會將人際關係放在首位；如果環境較好，人際關係也比較融洽時，這時他將追求完成工作任務（如圖 6-4 所示）。

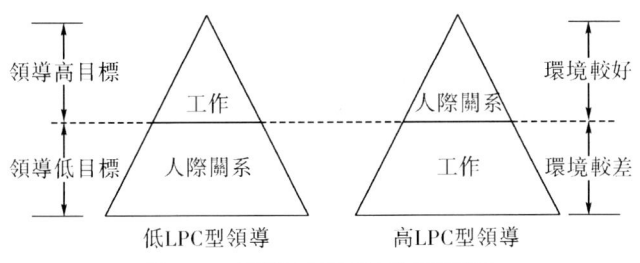

圖 6-4　領導目標與環境關係示意圖

菲德勒對 1,200 個團體進行了抽樣調查，得出以下結論（如表 6-4 所示）。

表 6-4　　　　　　　　　　　　菲德勒模型

上下級關係	好	好	好	好	差	差	差	差
任務結構	明確	明確	不明確	不明確	明確	明確	不明確	不明確
職位權力	強	弱	強	弱	強	弱	強	弱
環境	有利				中等			不利
有效領導方式	任務導向型				員工導向型			任務導向型

領導環境決定了領導方式。在環境較好的 Ⅰ、Ⅱ、Ⅲ 和環境較差的 Ⅶ、Ⅷ 情況下，採用低 LPC 領導方式，即工作任務型的領導方式比較有效。在環境中等的 Ⅳ、Ⅴ 和 Ⅵ

情況下，採用高 LPC 領導方式，即人際關係型的領導方式比較有效。

第五節　領導藝術

一個組織事業的成敗，也就是能否實現既定目標，實現既定目標的關鍵在於領導，而領導者的工作效率和效果在很大程度上取決於他們的領導藝術。領導藝術是一門博大精深的學問，其內涵極為豐富。關於如何當好領導，古今中外都有許許多多的論述和研究，本節主要講述的是一個領導者應該具有的素養和領導藝術。對於在領導崗位上的管理者，至少有以下幾點值得注意。

一、干領導者的本職工作

領導人們有條不紊地辦事是一種藝術。在組織中，我們經常看到一些這樣的領導者，他們整天忙忙碌碌，工作十小時甚至十二小時，放棄了娛樂、休息和學習，甚至連看報、看文件的時間都擠掉了，總是感到時間不夠用。他們的問題出在哪裡呢？作為一個領導者，當發現自己忙不過來的時候，就應該考慮自己是否已經侵犯了下屬的職權，做了本來應當由下屬去做的事。領導者必須明白，凡是下屬可以做的事，都應授權讓他們去做，領導者只應做領導者應干的事。

領導的工作內容包括決策、用人、指揮、協調和激勵。這些都是大事，是領導者應該做的，但絕對不是說都應由組織的最高領導人來做，而應該分清輕重緩急、主次先後，分別授權給下屬各級領導去做，讓每一級去管本級應管的事。組織的最高領導者應該只抓重中之重、急中之急，並且嚴格按照「例外原則」辦事。也就是說，凡是已經授權給下屬去做的事，領導者就要克制自己，不要再去插手；領導者只需管那些沒有對下授權的例外的事情。有些領導者太看重自己的地位和作用，不分鉅細，事必躬親，其結果不僅浪費了自己寶貴的時間和精力，還挫傷了下屬的積極性和責任感，反過來又會加重自己的負擔。

領導者對於那些必須由自己親自處理的事，也應先問三個「能不能」：能不能取消它？能不能與別的工作合併處理？能不能用更簡便的方法處理？這樣就可以把那些可做可不做的事去掉，把一部分事合併起來用最簡便的方法去做，從而減輕負擔，騰出更多時間去進行思索和籌劃，更好地發揮領導的作用。

二、善於同下屬交談，傾聽下屬的意見

沒有人際間的信息交流，就不可能有領導。領導者在實施指揮和協調的職能時，必須把自己的想法、感受和決策等信息傳遞給被領導者，才能影響被領導者的行為。同時，為了進行有效地領導，領導者也需要瞭解被領導者的反應、感受和困難。這種雙向的信息交流十分重要。

交流信息可以通過正式的文件、報告、書信、會議、電話和非正式的面對面會談。其中，面對面的個別交談是深入瞭解下屬的最好方式之一，因為通過交談不僅可以瞭

解到更多、更詳細的情況，並且可以通過察言觀色來瞭解對方心靈深處的想法。有些領導者在與下屬談話時，往往同時批閱文件，尋找東西，或亂寫亂畫，左顧右盼，精力不集中，不耐煩，其結果不僅不能瞭解對方的思想，反而會傷害對方的自尊，失去同事和下屬對自己的尊重和信任，甚至還會造成衝突和隔閡。所以，領導者必須掌握同下屬交談、傾聽下屬意見的藝術。根據實踐經驗，同下屬談話時，有一些要點是可以參考的。

（1）即使你不相信對方的話，或者對談的問題毫無興趣，但在對方說話時，也必須悉心傾聽，善加分析。

（2）要仔細觀察對方說話時的情態，琢磨對方沒有說出的意思。

（3）談話一經開始，就要讓對方把話說完，不要隨意插話，打斷對方的思路，岔開對方的話題，也不要迫不及待地解釋、質問和申辯。對方找你談話是要談他的感受，領導者傾聽下屬意見的目的在於瞭解對方的想法，而不是擺出「權威」的架勢去說服、教育對方，打通對方的思想疙瘩。對方講得是否有理，是否符合事實，可以留待以後研究。

（4）如果你希望對某一點多瞭解一些，可以將對方的意見改成疑問句簡單重複一遍，這將鼓勵對方作進一步的解釋和說明。

（5）如果對方誠懇地希望聽到你的意見，你必須抓住要領，態度誠懇地就實質性問題作出簡明扼要的回答，幫助他撥開心靈上的雲霧，解開思想上的疙瘩。同時，也要注意掌握分寸，留有餘地。這是因為，對方說的許多情況你可能並不清楚，在未加調查之前，不應表態和許願，以免造成被動，引起更大的不快。對於談話涉及的重大原則問題，或應由下屬主管部門處理的問題，領導者應實事求是地告訴對方，這些問題是自己不能單獨處理的，需待研究以後再負責予以答復。

（6）領導者必須控制自己的情緒，不能感情用事。對方說話的內容，領導者可能同意，也可能不同意，有懷疑，甚至反感和不滿。但是，不管領導者自己的觀點和情緒如何，都必須加以控制，始終保持冷靜的態度，讓對方暢所欲言。僅此一點，就會使對方感到領導在注意他的意見，在彼此溝通思想感情。至於是非曲直，可留待以後再談，或留待對方冷靜後自己去判斷。

三、爭取眾人的友誼和合作

企業的領導者不能只依靠自己手中的權力，還必須取得同事和下屬的友誼和合作。有些新踏上領導崗位的人，往往只會自己埋頭苦幹，不善於爭取別人的友誼和合作；也有個別人只想利用手中的權力來使副手和下屬懾服，而較少考慮如何取得他們的支持和友誼。其實，領導者和被領導者之間的關係不應當只是一種刻板的和冷漠的上下級關係，而應當建立起如同戰爭年代那樣的真誠合作的同志關係。要建立起這種關係，除了要求領導者的品德高尚、作風正派之外，還要求領導者精通領導藝術。

（一）平易近人

由於幾千年封建思想的影響，在一些人的頭腦中不自覺地殘留著「官貴民賤」的

意識，認為當「長」以後，總比一般老百姓高一頭。所以，領導者必須自覺地消除這種意識，在與同事和下屬相處中，要注意禮貌，主動向對方表示尊重和友好；在辦事時要多用商量的口吻，多聽取和採納對方意見中合理的部分；要勇於承認和改正自己的缺點、錯誤。既不要輕易發脾氣、耍態度、訓斥人，也不要講無原則的話，更不能隨便表態、許諾。總之，要謙虛待人，以誠待人。這樣才能贏得同事和下屬的尊敬，進而產生感情和友誼。

(二) 信任對方

在分工授權後，領導者對下屬不要再三關照叮囑，更不要隨便插手干預，使對方感到你對他的能力有所懷疑。相反，領導者要用實際行動使下屬感到你對他是信任的，感到自己對組織是重要的。這樣，下屬就會主動加強同領導者合作的意願。如果領導者主動徵求並採納下屬對工作的意見，使下屬感受到領導對他的器重，將有利於增進相互之間的友誼和合作。如果領導者讓自己的副手或下屬長期感到被忽視、不能發揮作用，則必將招致他們的不滿和怨恨。

(三) 關心他人

群眾最反感的是領導者以權謀私。所以，領導者要特別警惕，不僅不能以權謀私，而且要在政治、思想、業務、生活等多方面關心他人。要為下屬提高思想業務水準創造條件，不怕他們超過自己；要為群眾在生活上排憂解難，不怕麻煩；要吃苦在前，享受在後，在經濟利益和榮譽面前一定要先想到他人。當組織取得成功時，千萬別忘掉那些為組織做過貢獻的人們。當人們面臨困難的時候，如果你能伸出友誼之手，這種友誼將特別寶貴和持久。

(四) 一視同仁

人們之間的關係有親有疏，這是正常的社會現象，領導者也不例外。但是，為了加強組織的內聚力，克服離心傾向，領導者既要團結一批同自己親密無間、命運與共的骨幹；同時，又要注意團結所有的成員，對於同自己意見不一、感情疏遠或反對自己的人，領導者絕不可視為異己、另眼看待、強加排斥，而應對他們更加關心和尊重，努力爭取他們的友誼和合作。特別是在處理諸如提級、調資、獎勵、定職、分房等有關經濟利益和榮譽的問題時，必須一視同仁秉公辦理，既不因是親者而予以優惠或避嫌不言，也不因是疏者而保持沉默或故意挑剔。當下屬犯了錯誤時，不論親疏，都要嚴格要求，真誠地幫助他們認識錯誤，改正錯誤，但在進行處理時又要設身處地地為他們著想，堅持思想教育從嚴、組織處理從寬的原則。領導者必須懂得，很多人工作上犯錯誤、出毛病，都是想多做工作、做好工作而無意造成的，所以領導者對下屬工作上的錯誤要勇於承擔責任，即使自己並不沾邊，也應主動承擔領導或指導責任。在下屬受到外界侵犯或蒙受冤屈時，領導者應挺身而出，保護下屬。這樣，組織的全體人員就會感到，在你的領導下，沒有親疏，只要好好幹，誰都可以得到他們應有的尊重和信任，就會產生一種安全感、歸屬感，組織內部常有的「宗派」或「山頭」自然也就失去存在的基礎了。

四、做自己時間的主人

做任何事情都需要占用時間。創造一切財富也都要耗用時間。時間似乎是一種用之不竭的資源，但對個人來講，時間又是一個常數。因此，「時間就是金錢」，「時間就是生命」，這是一條實實在在的真理。領導者應該特別珍惜自己的時間，可是，實際上，領導者的地位愈高，卻往往愈不能自由支配自己的時間。

領導者要做時間的主人，首先要科學地組織管理工作，合理地分層授權，把大量的工作分給副手、助手、下屬去做，以擺脫繁瑣事務的糾纏，騰出時間來做真正應該由自己做的事。

（一）要養成記錄自己時間消耗的習慣

有許多領導者忙了一天、一週或者是一個月，往往說不出究竟做了哪些事，哪些是自己應該做的，哪些是自己不該做的。年復一年地如此下去，浪費了許多寶貴的時間。為了珍惜自己的時間，把有限的時間用在自己應該做的領導工作上，應當養成記錄自己時間消耗情況的習慣。每做一件事就記一筆帳，寫明幾點到幾點辦什麼事。每隔一兩週，對自己的時間消耗情況進行一次分析。這時，就會發現自己在時間的利用上有許多驚人的不合理之處，從而找到合理利用自己時間的措施。

（二）學會合理地利用時間

時間的合理使用因人而異，取決於組織生產經營的特點、組織的管理體制和組織結構、組織領導者的分工以及各人的職責和習慣，所以很難有一個統一的標準。表 6-5 是根據中國一些優秀廠長的經驗列出的，一般來說，這樣的時間分配是比較合理的。

表 6-5　　　　　　　　　　領導者每週工作時間的分配

工作內容	每週小時數	時間使用方式
1. 瞭解情況，檢查工作	6	每天 1 小時
2. 研究業務，進行決策	12	每次 2～4 小時
3. 與主要業務骨幹交談，溝通工作	4	每次 0.5～1 小時
4. 參加社會活動（接待、開會等）	8	每次 0.5～2 小時
5. 處理企業與外部的重大業務關係	8	每次 0.5～1 小時
6. 處理內部各部門的重大業務關係	8	每次 0.5～3 小時
7. 學習與思考	4	集中一次進行

（三）提高開會的效率

開會是交流信息的一種有效方式。領導離不開開會，但開會也要講究藝術。組織領導者每年要開幾百次會，但重視研究和掌握開會藝術的人卻不多。有許多領導者整天沉湎於文山會海之中，似乎領導的職能就是開會、批文件，而開會是否解決了問題、

效率如何，卻全然不顧。只要開了會，該傳達的傳達了，該說的說了，就算盡到了責任，就可以心安理得。其實，不解決問題的會議有百害而無一利。開會也要講求經濟效益。會議占用的時間也是勞動耗費的一種。會議的成本應納入組織經濟核算體系之內進行考核，借以提高開會的效率，節約領導者和與會者的寶貴時間。

只有充分瞭解、嫺熟運用上述領導藝術，領導者才可充分利用自身的良好素質，取得比較理想的領導效果。

本章小結

1. 所謂領導是指帶領和指導其他成員實現共同確定的目標的各種活動的總和過程。
2. 領導的影響力有兩個基本來源：一是領導者的地位權力，即職權的影響力；二是下屬服從的意願，即威信的影響力。
3. 領導行為理論一般包括四分圖和管理方格圖等理論。

關鍵概念

1. 領導　2. 權力　3. 領導者特質理論

思考題

1. 什麼是領導？它有哪些作用和特徵？
2. 領導者如何使用權力？
3. 如何理解領導者與管理者的關係？

練習題

一、單項選擇題

1.「好的管理者能變草成金，差者則相反。」這反應了管理學理論中的（　　）。
A. 領導素質理論　　　　　　　　B. 領導特性理論
C. 管理萬能論　　　　　　　　　D. 管理象徵論

2. 以下各項，哪項應作為管理幹部培訓的主要目標？（　　）
A. 傳授信息與新知識，豐富和更新他們的有關概念和理論。
B. 灌輸本企業文化，改變他們的態度與價值觀，使之符合企業使命要求。
C. 培養他們的崗位職務所需的可操作性技能。
D. 以上三項都是。

3.「一個企業的管理者的素質，決定了這一企業本身的素質」。這反應了管理學理論中的（　　）。

A. 領導素質理論　　　　　　　　B. 領導特性理論
C. 管理萬能論　　　　　　　　　D. 管理象徵論
4. 有人說，教師不是管理者，但也有人不同意此觀點，正確的觀點是（　　）。
A. 教師是管理者，因為在教學過程中同樣要行使計劃、組織、領導、控制的職能
B. 教師不是管理者，因為教師沒有下屬
C. 教師是管理者，因為教師的工作是為實現教學目標服務的，是一種管理工作
D. 教師不是管理者，因為沒有行政級別而只有職稱的高低

二、論述題

1. 簡述吉賽利、諾斯科特·帕金森、德魯克和羅賓斯的領導者特質理論。
2. 領導方式的類型主要有哪些？
3. 試述領導方式的連續統一體理論、管理方格理論和權變理論的主要內容和各自特點。
4. 試論領導藝術。

三、案例分析

哪種領導類型最有效

ABC公司是一家中等規模的汽車配件生產集團。最近，對該公司的三個重要部門經理進行了一次有關領導類型的調查。

（一）安西爾對他本部門的產出感到自豪

安西爾總是強調對生產過程、出產量控制的必要性，堅持下屬人員必須很好地理解生產指令以得到迅速、完整、準確的反饋。當遇到小問題時，安西爾會放手交給下級去處理，當問題很嚴重時，他則委派幾個有能力的下屬人員去解決問題。通常情況下，他只是大致規定下屬人員的工作方針、完成怎樣的報告及完成期限。安西爾認為只有這樣才能出現更好的合作，避免重複工作。

安西爾認為對下屬人員採取敬而遠之的態度對一個經理來說是最好的行為方式，所謂的「親密無間」會鬆懈紀律。他不主張公開譴責或表揚某個員工，相信他的每一個下屬人員都有自知之明。

據安西爾說，在管理中的最大問題是下級不願意接受責任。他講到，他的下屬人員可以有機會做許多事情，但他們並不是很努力地去做。他表示不能理解在以前他的下屬人員如何能與一個毫無能力的前任經理相處。他說，他的上司對他們現在的工作運轉情況非常滿意。

（二）鮑勃認為每個員工都有人權

鮑勃偏重於管理者有義務和責任去滿足員工需要的學說。他說，他常為他的員工做一些小事，如給員工兩張下月在伽利略城舉行的藝術展覽的入場券。他認為，每張門票才15美元，但對員工和他的妻子來說卻遠遠超過15美元。通過這種方式，也是對員工過去幾個月工作的肯定。

鮑勃說，他每天都要到工場去一趟，與至少25%的員工交談。鮑勃不願意為難別人，他認為安西爾的管理方式過於死板，他的員工也許並不那麼滿意，但除了忍耐別無他法。鮑勃說，他已經意識到在管理中有不利因素，但大都是由於生產壓力造成的。他的想法是以一個友好、粗線條的管理方式對待員工。他承認儘管在生產率上不如其他單位，但他相信他的雇員有高度的忠誠與士氣，並堅信他們會因他的開明領導而努力工作。

(三) 查里說他面臨的基本問題是與其他部門的職責分工不清

查里認為不論是否屬於他們的任務都安排在他的部門，似乎上級並不清楚這些工作應該誰做。

查里承認他沒有提出異議，他說這樣做會使其他部門的經理產生反感。他們把查里看成是朋友，而查里卻不這樣認為。

查里說過去在不平等的分工會議上，他感到很窘迫，但現在適應了，其他部門的領導也不以為然了。查里認為紀律就是使每個員工不停地工作，預測各種問題的發生。他認為作為一個好的管理者，沒有時間像鮑勃那樣握緊每一個員工的手，告訴他們正在從事一項偉大的工作。他相信如果一個經理聲稱為了決定將來的提薪與晉職而對員工的工作進行考核，那麼，員工則會更多地考慮他們自己，由此而產生很多問題。

他主張，一旦給一個員工分配了工作，就讓他以自己的方式去做，取消工作檢查。他相信大多數員工知道自己把工作做得怎麼樣。

如果說存在問題，那就是他的工作範圍和職責在生產過程中發生的混淆。查里的確想過，希望公司領導叫他到辦公室聽聽他對某些工作的意見。然而，他並不能保證這樣做不會引起風波而使事情有所改變。他說他正在考慮這些問題。

【問題】

1. 你認為這三個部門經理各採取什麼領導方式？這些模式都是建立在什麼假設的基礎上的？試預測這些模式各將產生什麼樣的結果。

2. 是否每一種領導方式在特定的環境下都有效？為什麼？

(本案例轉引自北大商學網)

第七章　溝通

學習目標

1. 明確溝通的原理
2. 理解人際溝通的特點
3. 掌握組織溝通的形式
4. 學會提高組織溝通效率的方法
5. 瞭解衝突管理

引導案例

三個小販的溝通技巧差異

一天一位老太太拎著籃子去樓下的菜市場買水果。她來到第一個小販的水果攤前問道：「這李子怎麼樣？」

「我的李子又大又甜，特別好吃。」小販回答。

老太太搖了搖頭沒有買。

她向另外一個小販走去問道：「你的李子好吃嗎？」

「我這裡是李子專賣，各種各樣的李子都有。您要什麼樣的李子？」

「我要買酸一點兒的。」

「我這籃李子酸得咬一口就流口水，您要多少？」

「來一斤（1斤＝500克）吧。」

老太太買完李子繼續在市場中逛，又看到一個小販的攤上也有李子，又大又圓非常搶眼，便問水果攤後的小販：「你的李子多少錢一斤？」

「您好，您問哪種李子？」

「我要酸一點兒的。」

「別人買李子都要又大又甜的，您為什麼要酸的李子呢？」

「我兒媳婦要生孩子了，想吃酸的。」

「老太太，您對兒媳婦真體貼，她想吃酸的，說明她一定能給您生個大胖孫子。您要多少？」

「我買一斤吧。」老太太被小販說得很高興，便又買了一斤。

小販一邊稱李子一邊繼續問：「您知道孕婦最需要什麼營養嗎？」

「不知道。」

「孕婦特別需要補充維生素。您知道哪種水果含維生素最多嗎？」

「不清楚。」

「獼猴桃含有多種維生素，特別適合孕婦。您要給您兒媳婦天天吃獼猴桃，她一高興，說不定能一下給您生出一對雙胞胎。」

「是嗎？好啊，那我就再來一斤獼猴桃。」

「您人真好，誰攤上您這樣的婆婆，一定有福氣。」小販開始給老太太稱獼猴桃，嘴裡也不閒著，「我每天都在這兒擺攤，水果都是當天從批發市場找新鮮的批發來的，您媳婦要是吃好了，您再來。」

「行。」老太太被小販說得高興，提了水果邊付帳邊應承著。

【思考】三個小販對著同樣一個老太太，為什麼銷售的結果完全不一樣呢？

【分析】案例中的三個小販，顯然第三個小販的溝通最有藝術性、最有建設性。第三個小販不僅把李子賣出去了，而且為老太太提出了很好的建議，這個建議的效果就是：不但賣出了李子，還賣出了獼猴桃，更是取得了老太太的信任，建立了良好的關係。這就是溝通的藝術！

案例來源：http：//www.docin.com（豆丁網）。

第一節　溝通的原理

一、溝通的含義及重要性

所謂溝通，就是人們之間傳遞信息並為對方所接受和理解的過程。該定義包含了溝通的三個要點：一是表示人與人之間的某種聯絡。二是信息被傳遞。三是所傳遞的信息被對方所理解。

溝通是人們進行的思想或情況交流的雙向互動過程，以此取得彼此瞭解、信任和建立良好的人際關係。同時，有效地溝通又是保證人們在共同活動中協調一致的基礎。一切組織的存在與發展都必須以成員間的溝通為基礎。其在管理中的重要性主要表現為：首先，有效溝通可以降低管理的模糊性，提高管理的效能；其次，溝通是組織的凝聚劑、催化劑和潤滑劑，它可以改善組織內的工作關係，充分調動下屬的積極性。

二、溝通的過程

溝通過程是指一個信息的傳遞者通過選定的渠道把信息傳遞給接受者的過程（如圖7-1所示）。

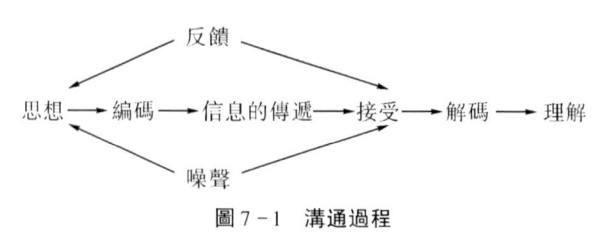

思想 → 編碼 → 信息的傳遞 → 接受 → 解碼 → 理解

（反饋／噪聲）

圖7-1　溝通過程

溝通發生之前，必須存在一個意圖，我們稱之為要被傳遞的信息（message）。它在信息源（發送者）與接受者之間傳送。信息首先被轉化為信號形式（編碼，encoding），然後通過媒介物（通道，channel）傳送至接受者，由接受者將收到的信號轉譯回來（解碼，decoding）。這樣信息的意義就從一個人那裡傳給了另一個人。

溝通過程（communication process）這一模型包括7個部分：①信息源；②信息，連接各個部分；③編碼；④通道；⑤解碼；⑥接受者；⑦反饋。

（一）溝通主體，即信息的發出者或來源

信息發出者把自己的某種思想或方法轉換為信息發送者自己與雙方都能理解的共同「語言」或「信號」。這一過程就叫做編碼。沒有編碼。人際溝通無法進行。

信息源把頭腦中的想法進行編碼而生成了信息，被編碼的信息受到四個條件的影響：

（1）技能。如果教科書的作者缺乏必要的技能，則很難用理想的方式把信息傳遞給學生。我能夠成功地把信息傳遞給你，就依賴於我的寫作技巧。當然，成功的溝通還要求一個人的聽、說、讀，以及邏輯推理技能。

（2）態度、個體的態度影響著行為。我們對許多事情有自己預先定型的想法，這些想法影響著我們的溝通。

（3）知識。我們在某一具體問題上所掌握的知識範圍的限制。我們無法傳遞自己不知道的東西；反過來，如果我們的知識極為廣博，則接受者又可能不理解我們的信息。也就是說，我們關於某一問題的知識影響著我們要傳遞的信息。

（4）社會—文化系統。我們在社會—文化系統中所持的觀點和見解也影響著行為。我們的信仰和價值觀（均是文化的一部分）影響著作為溝通信息源的我們。

這是溝通過程中造成信息失真的潛在內部原因。

（二）信息傳遞渠道

通道是指傳送信息的媒介物，它由發送者選擇。口頭交流的通道是空氣；書面交流的通道是紙張。如果你想以面對面交談的方式告訴你的朋友一天中發生的事，則使用的是口頭語言與手勢語言表達你的信息。但你可以另有其他選擇。一個具體的信息（比如邀請別人參加舞會）可以口頭表達也可書面表達。在組織中，不同的信息通道適用於不同的信息。如果大廈著火，使用備忘錄方式傳遞這一信息顯然極不合適。對於一些重要事件，如員工的績效評估，管理者可能希望運用多種信息通道，如在口頭評估之後再提供一封總結信。這種方式減少了信息失真的潛在可能性。

（三）信息接受者

接受者是信息指向的個體。但在信息被接收之前，必須先將其中包含的符號翻譯成接受者可以理解的形式，這就是對信息的解碼。與編碼者相同，接受者同樣受到自身的技能、態度、知識和社會—文化系統的限制。

（四）反饋回路

「如果溝通信息源對他所編碼的信息進行解碼，如果信息最後又返回系統當中，這

就是反饋。」也就是說，反饋把信息返回給發送者，並對信息是否被理解進行核實。作用：是檢驗信息溝通效果的再溝通，有利於信息發送者迅速修正自己的信息發送，以便達到最好的溝通效果。

（五）整個過程易受到噪聲（noise）的影響

這裡的噪聲指的是信息傳遞過程中的干擾因素，它是理解信息和準確解釋信息的障礙，可以說妨礙信息溝通的任何因素都是噪聲。噪聲發生在發送者和接收者之間，分為外部噪聲、內部噪聲和語義噪聲等。例如，難以辨認的字跡、電話中的靜電干擾、接受者的疏忽大意等。

在溝通過程中，無論使用什麼樣的支持性裝置來傳遞信息，信息本身都會出現失真現象。我們用於傳遞意義的編碼和信號群、信息本身的內容，以及信息源對編碼和內容的選擇與安排所作的決策，都影響著我們的信息，三者之中的任何一方面都會造成信息的失真。

三、溝通的網絡

溝通的網絡是指由若干環節的溝通路徑所組成的總體結構，許多的信息往往都是經過多個環節的傳遞，才最終到達接受者溝通的網絡，主要有五種典型的形式。這五種基本溝通網絡就是輪式、Y式、鏈式、環式和全通道式（如圖7－2所示）。圖中每一對環節之間的連線代表一個雙向交流通道。

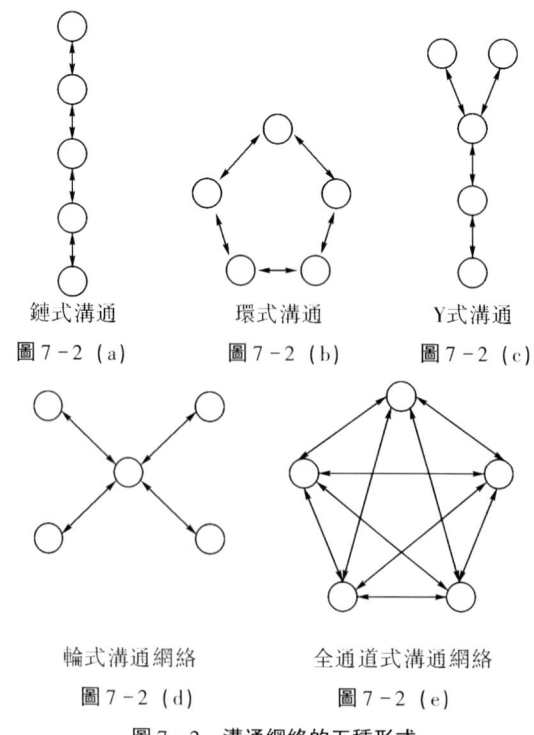

鏈式溝通　　　　環式溝通　　　　Y式溝通
圖7－2（a）　　圖7－2（b）　　圖7－2（c）

輪式溝通網絡　　　　全通道式溝通網絡
圖7－2（d）　　　　圖7－2（e）

圖7－2　溝通網絡的五種形式

（一）鏈式溝通

這是一個平行網絡，其中居於兩端的人只能與內側的一個成員聯繫，居中的人可分別與兩人溝通信息。它相當於一個縱向溝通網絡，代表一個五級層次，逐漸傳遞，信息可自上而下，或自下而上進行傳遞。特點：信息層層傳遞、篩選，容易失真；各個信息傳遞者所接收的信息差異很大，平均滿意程度有較大差距；屬控制型結構。

（二）環式溝通

此形態可以看成是鏈式形態的一個封閉式控制結構，表示 5 個人之間依次聯絡和溝通，其中每個人都可以同時與兩側的人溝通信息。特點：組織的集中化程度和領導人的預測程度比較低，暢通渠道不多，組織中的成員具有比較一致的滿意度，組織士氣高昂。

（三）Y 式溝通

這是一個縱向溝通網絡，其中只有一個成員位於溝通的中心，成為溝通的媒介。這一網絡大體相當於組織領導、秘書班子再到下級管理人員或一般成員之間的縱向關係。特點：集中化程度高，解決問題速度快；組織中領導人員預測程度較高；除中心人員外，組織成員的平均滿意程度較低；易導致信息曲解或失真，影響組織中成員的士氣，阻礙組織提高工作效率。

此網絡適用於管理人員工作任務十分繁重、需要有人選擇信息、提供決策依據、節省時間而又要對組織實行有效的控制的情況。

（四）輪式溝通

只有一個成員是各種信息的匯集點與傳遞中心。大體相當於一個主管領導直接管理幾個部門的權威控制系統。特點：屬於控制網絡；此網絡集中化程度高，解決問題的速度快，管理人員的預測程度高；但溝通的渠道很少，組織成員的滿意程度低，士氣低落。

此網絡是加強組織控制、爭時間、強速度的一個有效的方法。如果組織接受緊急攻關任務，要求進行嚴密控制，則可採取這種網絡。

（五）全通道式溝通

也稱星式溝通，是一個開放式的網絡系統。其中每個成員都有一定的聯繫，彼此瞭解。此網絡中組織的集中化程度及管理人員的預測程度均較低；由於溝通渠道很多，組織成員的平均滿意程度高且差異小，所以士氣高昂，合作氣氛濃厚；但是這種網絡溝通渠道太多，易造成混亂；且又費時，影響工作效率。

此網絡適合於解決複雜問題、增強組織合作精神、提高士氣的情況。

表 7-1　　　　　　　　　　　五類溝通網絡的比較

評價標準	網絡類型				
	鏈型	Y式	鏈式	環式	全通道式
集中化程度	很高	高	中等	低	很低
可能的交流通道數	很低	低	中等	中等	很高
領導預測度	很高	高	中等	低	很低
群體平均滿意度	低	低	中等	中等	高
各成員滿意度	高	高	中等	低	很低

四、溝通的方式

（一）口頭溝通

口頭溝通就是以口語為媒體的信息傳遞人們之間最常見的交流方式是交談，也就是口頭溝通。常見的口頭溝通包括演說，正式的一對一討論或小組討論，非正式的討論以及傳聞或小道消息的傳播。

1. 口頭溝通的優點

快速傳遞和快速反饋。在這種方式下，信息可以在最短的時間裡被傳送，並在最短的時間裡得到對方的回復。如果接受者對信息有所疑問，迅速的反饋可使發送者及時檢查其中不夠明確的地方並進行改正。

2. 口頭溝通的缺點

但是，當信息經過多人傳送時，口頭溝通的主要缺點便會暴露出來。在此過程中卷入的人越多，信息失真的潛在可能性就越大。每個人都以自己的方式解釋信息，當信息到達終點時，其內容常常與最初大相徑庭。如果組織中的重要決策通過口頭方式在權力金字塔中上下傳送，則信息失真的可能性相當大。

（二）書面溝通

書面溝通是以文字為媒體的信息傳遞。包括備忘錄、信件、組織內發行的期刊、布告欄及其他任何傳送書面文字或符號的手段。

1. 書面溝通的優點

它持久、有形、可以核實。一般情況下，發送者與接受者雙方都擁有溝通記錄，溝通的信息可以無限期地保存下去。如果對信息的內容有所疑問，過後的查詢是完全可能的。對於複雜或長期的溝通來說，這尤為重要。書面溝通的最終效益來自於其過程本身。除個別情況外（如準備一個正式演說），書面語言與比口頭語言考慮得更為周全。把東西寫出來促使人們對自己要表達的東西更認真地思考。因此書面溝通顯得更為周密，邏輯性強，條理清楚。

2. 書面溝通的缺點

當然，書面溝通也有自己的缺陷。

耗費了更多的時間。同是一小時的測驗，通過口頭溝通你向教師傳遞的信息遠比書面溝通多得多。事實上，花費一個小時寫出的東西只需 10～15 分鐘就能說完。

缺乏反饋。口頭溝通能使接受者對其所聽到的東西提出自己的看法，而書面溝通則不具備這種內在的反饋機制。其結果是無法確保所發出的信息能被接收到；即使被接收到，也無法保證接受者對信息的解釋正好是發送者的本意。

(三) 非言語溝通（nonverbal communication）

非言語溝通是指非口頭和非書面形式進行的溝通，最為人知的領域是體態語言和語調。

1. 體態語言（body language）

體態語言包括手勢、面部表情和其他身體動作。比如，一副咆哮的面孔所表示的信息顯然與微笑不同。手部動作、面部表情及其他姿態能夠傳達諸如攻擊、恐懼、腼腆、傲慢、愉快、憤怒等情緒或性情。

2. 語調（verbal intonation）

語調指的是個體對詞彙或短語的強調。

任何口頭溝通都包含有非言語信息，這一事實應引起極大的重視。

(四) 電子溝通

電子溝通是以電子符號的形式通過電子媒體進行的溝通。

常見的媒介有電話及公共郵寄系統、閉路電視、計算機、靜電複印機、傳真機等一系列電子設備。其中發展最快的應該算是電子郵件了。只要計算機之間以適當的軟件相連接，個體便可通過計算機迅速傳遞書面信息。存貯在接受者終端的信息可供接受者隨時閱讀。電子郵件迅速而廉價，並可同時將一份信息傳遞給多人。它的其他優缺點與書面溝通相同。

第二節　人際溝通

組織中最普遍的溝通就是成員間的人際溝通，人際溝通在某種程度上代表了組織內知識的傳播和擴散。

一、人際溝通的障礙

(一) 有效人際溝通的表現

組織中人際溝通的有效性主要表現在 7 個方面，被稱為 7C 原則。

（1）credibility：可信賴性，即建立對傳播者的信賴。

（2）context：一致性（又譯為情境架構），指傳播須與環境（物質的、社會的、心理的、時間的環境等）相協調。

（3）content：內容的可接受性，指傳播內容須與受眾有關，必須能引起他們的興

趣，滿足他們的需要。

（4）clarity：表達的明確性，指信息的組織形式應該簡潔明瞭，易於公眾接受。

（5）channels：渠道的多樣性，指應該有針對性地運用傳播媒介以達到向目標公眾傳播信息的作用。

（6）continuity and consistency：持續性與連貫性，這就說，溝通是一個沒有終點的過程，要達到滲透的目的，必須對信息進行重複，但又須在重複中不斷補充新的內容，這一過程應該持續地堅持下去。

（7）capability of audience：受眾能力的差異性，這是說溝通必須考慮溝通對象能力的差異（包括注意能力、理解能力、接受能力和行為能力），採取不同方法實施傳播才能使傳播易為受眾理解和接受。

上述「7C原則」基本涵蓋了溝通的主要環節，涉及傳播學中控制分析、內容分析、媒介分析、受眾分析、效果分析、反饋分析等主要內容，極具價值。這些有效溝通的基本原則，對人際溝通來說同樣具有不可忽視的指導意義。

(二) 影響人際溝通的因素

人際溝通障礙主要受個人因素、人際因素和結構因素的影響。

（1）個人因素是指溝通中由於個人的性格、心理特點、思維方式、知識、能力、經驗等的不同造成的障礙。主要包括：第一，人們對人對事的態度、觀點和信念不同造成溝通的障礙；第二，個人的個性特徵差異引起溝通的障礙；第三，語言表達、交流和理解造成溝通的障礙；第四，溝通能力缺陷造成溝通障礙；第五，其他個人因素如知識、經驗水準的差異導致溝通障礙，個體記憶不佳造成的溝通障礙等。

（2）人際因素主要包括溝通雙方的相互信任程度和相似程度。溝通是發送者與接收者之間「給」與「受」的過程。信息傳遞不是單方面，而是雙方的事情。因此，溝通雙方的誠意和相互信任至關重要。在組織溝通中，當面對來源不同的同一信息時，員工最相信的是他們認為最值得信任的那個信息來源。因而，如果上下級之間有猜疑，就會增加抵觸情緒，減少坦率交談的機會，也就不可能進行有效的溝通。溝通的準確性與溝通雙方之間的相似性也有著直接的關係。溝通雙方的特徵，包括性別、年齡、智力、種族、社會地位、興趣、價值觀、能力等相似性越大，溝通的效果也會越好。

（3）結構因素是指信息傳遞者在組織中的地位、信息傳遞鏈、團體規模等結構因素也影響著溝通的有效性。研究表明，地位的高低對溝通的方向和頻率有很大的影響。例如，人們一般願意與地位較高的人溝通。地位懸殊越大，信息趨向於從地位高的流向地位低的。大家都有這樣的經驗，在集會上，人們總是讓地位較高的人發言，並希望從他的講話中獲得有價值的信息。

信息上下溝通層次越多，它到達目的地的時間也越長，信息失真率則越大，越不利於溝通。所以，組織機構龐大，層次太多，也影響信息溝通的及時性和真實性。一個人數不多的私企，老闆的決策通常由他自己親自告訴工作人員去執行，而在大型跨國集團裡，其總部決策從發出到傳到執行者，中間不知要經過多少環節。

信息平行溝通障礙大多是因為若干職能部門分別行使不同的專業管理職能且分屬

於不同的上級領導所致。企業的各職能部門難以對相關平級單位直接行使其專業管理職權時，在大多數情況下，後者是不會或者很難直接接受前者發出的管理指令的，因為後者認為他與前者是同級的。此時前者就只能將管理的信息傳給自己的上級，然後由自己的上級與對方的上級領導溝通，再由對方的上級領導下達或行使管理職權指令。顯而易見，按照這種組織方式運行，企業內的許多管理信息就必定要延時或延誤。

二、人際關係協調模式和方法

人際關係中最容易發生的是人際衝突，衝突需要用溝通來協調解決。人際關係的溝通協調不是放棄原則和利益，而是該合作則合作，該競爭則競爭。

博弈論是可以確定產生最大利益的數學分析戰略，告訴我們該如何一步一步去做，如何去獲取最大利益。這也是協調人際關係的模式：輸贏法、雙輸法、雙贏法。人際關係分析學家托馬斯·哈雷斯（Thomas Harris）以游戲的方式對此進行試驗和說明。

（一）純衝突消長——輸贏法

純衝突消長——輸贏法是指不管溝通結果如何，溝通雙方的得失加在一起為零的溝通方法。兩個人的消長中，只要一個人贏，另一個必輸。這是解決衝突中，一方利用各種手段獲得利益，同時使另一方利益受損的方法。這種溝通中，雙方沒有共同利益，以一方的勝利和另一方的是失敗而結束。

純衝突消長——輸贏法的溝通過程是：溝通雙方相互依賴，都明確各自利益界限；溝通時從自己利益出發討論問題；溝通時為贏得利益相互攻擊揭短；把問題的解決方案作為爭論的焦點；以一方贏以一方輸為結果。

這是十分固執的方法，忽視對方的理由和權利，在任何情況下都要贏利，在任何衝突中都要占上風，採用各種方法強迫人家接受自己的要求，否則寧願不做業務。另一方可能妥協放棄某些權利，以促進合作和解。

這種方法對雙方都是有害的。

（二）純合作消長——雙輸法與雙贏法

運用純合作消長——雙輸法與雙贏法進行溝通，只是相互如何協調一致的問題難以溝通，溝通雙方利益一致，結果是雙方都獲利或結果是雙方利益都受損失。

雙輸法的溝通過程是：明確共同利益；溝通中相互讓步、妥協，找出折中方案；給其中一方提供無理補償；無法溝通共同求助於其他解決途徑，如現行規章制度、或仲裁者的仲裁。在溝通中，雙方常常進行逃避，在心理上或物理上離開衝突，作暫時退讓以緩解衝突。

雙贏法的溝通過程是：明確共同利益；明確共同困難；不是為了擊敗對方，而是為了團結對方，共同利用現有資源商議解決問題的方案；雙方利益願望均得到滿足。

雙贏技巧：為求得雙贏，雙方都應試圖說服對方，尤其在確信自己有理時，更會以說服方式使對方改變態度、觀點和行為。或者進行討論，或者心平氣和地探尋、瞭解對方態度，努力尋找雙方都能接受的辦法，努力尋求一致性，以求獲得一致認可的解決方案，最後一起贏利。

溝通中，持合作態度，彼此信任，雙方都採取合作態度，尋找對方最容易和自己一致的決策，就會獲得雙贏，否則各自追求自己利益，就會雙輸。溝通的目的是追求雙贏，雙贏原則是人際溝通應該選擇的最佳原則和方法。按雙贏原則溝通，應該注意以下幾個問題：

(1) 認識衝突發生信號；
(2) 持信息交流態度；
(3) 合作而不是對抗；
(4) 預先考慮處理辦法。

(三) 交互作用分析法

交互作用分析（transactional analysis，TA）是由美國心理學家埃里克·柏恩及其同事於20世紀50年代創立的，在西方企業中被廣泛用於解決企業中的溝通問題。同時，由於TA是一種強大、有效的分析和理解人際交往行為的工具，在管理、人員培訓中都起到良好的效果，是西方管理人員的必修課程之一。

交互作用分析便是通過分析人與人之間的交互作用類型，從而改善人際溝通及其交往效果。運用交互作用分析法可以幫助我們消除溝通障礙，從而實現有效溝通。

一是對不同的人使用不同的溝通方式。根據交互作用分析原理，管理者在與扮演不同角色的人打交道時，應根據環境需要和對方表現調整自己的心態及表現，必要時對溝通進行引導，以達到互補式溝通的良好效果。例如，如果主管扮演家長的角色，員工扮演孩童的角色，他們之間可以形成一種比較有效的工作關係。不過，始終維持這種角色關係，並不利於員工成長、成熟。事實上，在工作中能夠得到最優結果且帶來問題最少的，是成人對成人的交互作用方式。因此，應盡量讓員工形成成人式心理角色的心態。

二是運用交互作用分析培養員工的溝通意識。在管理溝通實踐中，我們可以運用交互作用分析來培養員工的各種意識，交互作用分析培訓可以幫助員工深入洞察自己的個性，使他們意識到，只有「我行，你也行」或「我好，你也好」的人生態度，才是健康的人生態度。在企業中提倡這種健康的人生態度，幫助員工理解別人在與自己交往時所產生的反應，從而顯著改善團隊成員間的溝通效率。在工作關係的人際交往中，成人對成人的交互作用會產生最好的溝通效果。在這種交互作用中，雙方都認為對方同自己一樣有理性，從而降低人與人之間情感衝突的可能性。當出現非互補式溝通時，員工能覺察到並採取有效措施將其恢復到互補式交互作用模式，在成人對成人的交互模式下更是如此。除了改善企業內的人際溝通外，TA在銷售和客戶服務等需要大量人際溝通的領域也非常有效。在強調關係行銷和客服質量的市場環境下，TA能幫助銷售人員或客服員工迅速把握客戶心理，採取適當的溝通模式，提升銷售業績。

三是讓員工對溝通行為及時做出反饋。管理者應激發員工自下而上地溝通。例如，運用交互式廣播電視系統，允許員工提出問題，並由高層領導者解答；在公司內部刊物上可設立「有問必答」欄目，鼓勵員工提出自己的疑問。此外，坦誠、開放、面對面的溝通會使員工覺得領導能夠理解自己的需要，從而取得事半功倍的效果。在利用

正式溝通渠道的同時，還可以開闢非正式的溝通渠道，比如領導者可以走出辦公室，親自和員工交流信息。根據交互作用分析原理，溝通者之間的相互交流，既要有來，也要有往，這是實現交互溝通的基礎條件。溝通的最大障礙在於員工誤解或者理解得不準確。為了減少這種問題的發生，管理者可以讓員工對管理者的意圖作出反饋。比如，當你向員工布置一項任務時，由於語言可能會造成溝通障礙，管理者應該選擇員工易於理解的詞彙。在傳達重要信息的時候，為了消除語言障礙帶來的負面影響，可以先把信息告訴不熟悉相關內容的人。比如，在正式分配任務之前，讓有可能產生誤解的員工閱讀書面材料，分配任務之後，你可以向員工詢問：「你明白我的意思了嗎？」同時要求員工把任務復述一遍。如果復述的內容與管理者的意圖相一致，說明溝通是有效的；如果員工對管理者意圖的領會出現差錯，可以及時糾正。

　　四是使用肢體語言。研究表明，交互溝通中一半以上的信息不是通過詞彙來表達的，而是通過肢體語言來傳達的。要實現互補式溝通的效果，管理者必須注意自己的肢體語言與口頭語言的一致性。比如，你告訴下屬你很想知道他們在執行任務中遇到了哪些困難，並樂意提供幫助，但同時你又表情冷漠，若有所思。這很容易使員工懷疑你是否真正地想幫助他。

　　五是注意保持理性，避免情緒化行為。在雙向溝通中，信息的發出者和接受者的情緒會影響到他們對信息的理解。培養鎮定的情緒和良好的心理，創造一個相互信任、有利於溝通的小環境，將有助於人們真實地傳遞信息和正確地判斷信息，避免因偏激而歪曲信息。情緒化會使人們無法進行客觀理性的思維活動，而代之以情緒化的判斷。管理者在與員工進行溝通時，應盡量保持理性和克制，如果情緒出現失控，則應暫停下一步的溝通，直至恢復平靜。

第三節　組織溝通

　　組織溝通是管理中最為基礎和核心的環節，它關係到組織目標的實現和組織文化的塑造。目前中國大多數企業在組織溝通領域存在許多問題。雖然有些問題所導致的不良現象已有所反應，但是企業的管理者們卻不能正確認識問題的起源和本質。所以，重視組織溝通、採取有效措施改善組織溝通是實現組織目標的關鍵。組織溝通是管理中極為重要的內容，管理者與被管理者之間有效溝通是任何管理藝術的精髓。美國著名未來學家奈斯比特曾指出：「未來競爭是管理的競爭，競爭的焦點在於每個社會組織內部成員之間及其外部組織的有效溝通上。」組織是按一定規則和程序為實現其共同目標而結集的群體，組織目標的實現與否取決於組織溝通是否暢通，有效的組織溝通有利於信息在組織內部的充分流動和共享，可以提高組織的工作效率，增強組織決策的科學、合理性。

　　一般來說，組織溝通包括組織內的溝通和組織間的溝通。組織內的溝通是指組織中以工作團隊為基礎單位對象進行的信息交流和傳遞的方式；組織間溝通就是組織之間如何加強有利於實現各自組織目標的信息交流和傳遞的過程。

一、組織內溝通

按照溝通信息的流向和正式程度，組織內的溝通可以分為縱向溝通、橫向溝通和非正式溝通。

(一) 縱向溝通

縱向溝通是指沿著命令鏈進行的向上和向下的溝通。

(1) 上行溝通，指下級向上級進行的信息傳遞。如各種報告、匯報等。

作用：首先，上行溝通是領導瞭解實際情況的重要手段，是掌握決策執行情況的重要途徑。所以，領導不僅要鼓勵上行溝通，還要注意上行溝通的信息真實性、全面性，防止報喜不報憂的現象。其次，對於一個低層管理者來說，做好上行溝通，既可以爭取上級對自己工作的支持，有利於工作取得成就；又可以讓上級瞭解自己，爭取不斷發展的條件。困難：信息的接受者處於支配地位，而信息的發送者卻居於被支配的地位，信息發送者往往因信心不足而影響信息的傳遞。所以，有意識地鍛煉自己上行溝通能力是每一個管理者都應當注意的。

(2) 下行溝通，指上級向下級進行的信息傳遞。如企業管理者將計劃、決策、制度規範等向下級傳達。下行溝通是組織中最重要的溝通方式。

作用：首先，通過下行溝通才可以使下級明確組織的計劃、任務、工作方針、程序和步驟。其次，可以使職工感到自己的主人翁地位，從而激發他們的積極性。

(二) 橫向溝通

橫向溝通是指溝通信息在層級結構的同一水準上的流動。

平等溝通是在分工基礎上產生的，是協作的前提。

作用：做好平行溝通工作，在規模較大、層次較多的組織中尤為重要，它有利於及時協調各部門之間的工作步調，減少矛盾。

(三) 非正式溝通

非正式溝通指不按組織中的正式溝通系統和方式進行的信息傳遞活動。

非正式溝通一般可分為兩大類：

1. 具有補充正式溝通不足的作用的非正式溝通——談心

這種溝通多是積極的。談心是領導做思想政治工作常用的方法之一。

2. 對正式溝通和組織有一定的副作用的非正式溝通——傳言

在一個非正式組織中，無論其溝通系統設立得多麼精巧、嚴密，總還是會存在非正式溝通網絡。非正式溝通網絡傳遞的信息，通俗地講就是人們所說的各種「小道消息」，理論上叫傳言。

傳言式的非正式溝通網絡可歸納為如下幾種類型：

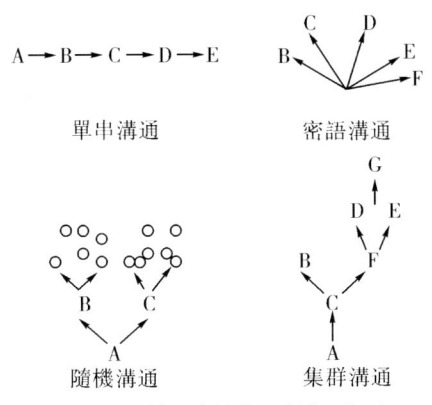

```
A → B → C → D → E          C   D
                         B ↘ ↓ ↗ E
                            ↘↓↗→ F

   單串溝通                   密語溝通

                               G
       ○ ○ ○    ○ ○            ↑
      ○      ○ ○              D   E
       ↖    ↗                  ↖ ↗
        B  C                 B   F
         ↖↗                   ↖ ↗
          A                     A

   隨機溝通                   集群溝通
```

圖 7-3　傳言式的非正式溝通類型

單串溝通：即小道消息由 A 傳給 B，由 B 傳給 C，C 傳給 D……。這是比較常見的非正式溝通網絡，多用於傳播與工人工作有關係的小道消息。

密語溝通：由一個最喜歡傳遞小道消息的人將他所知的消息傳遞給他周圍的人。這種網絡在新鮮事的小道消息中最常見。從中國的情況來看，在同一個組織群體中，這種傳播網絡比較常見。

隨機溝通：由 A 將消息傳給一部分人，又由這些人隨機地傳遞給另一部分特定的人。

集群溝通：溝通過程中，可能有幾個中心人物，由他轉告若干人，而且有一定的彈性。圖中 A 和 F 就是兩個中心人物，代表兩個集群的「轉播站」。

非正式溝通是正式溝通不可缺少的補充，也是一個正式組織中不可能消除的溝通方式。優點：傳遞信息的速度快，形式不拘一格，並能提供一些正式溝通所不能傳遞的內幕消息。缺點：傳遞的信息容易失真；傳遞越廣，失真就越多，容易在組織內引起矛盾；非正式溝通的控制也較困難。

二、組織間溝通

所謂的組織間溝通是組織同其利益相關者進行的有利於實現各自組織目標的信息交流和傳遞的過程。其宗旨是充分利用社會的各種資源，協調各方利益，實現組織共生的可持續發展。20 世紀 90 年代以來，組織間的溝通日益成為組織溝通中重要的一環。

組織間溝通理論假設，組織與其利益相關者之間是異質的，以個性化方式而存在。組織信息溝通的對方都有存在的價值。組織溝通的目的不是追求消除對方，兼併對方，而是組織間對資源的共同合理的利用，組織可持續長久地發展。

三、改善組織溝通的途徑

目前，國內許多企業在組織溝通方面確實存在許多問題。一些企業的內部溝通渠道單一或不完善，缺乏靈活性，進而企業內部的信息傳遞進程緩慢，嚴重影響了企業

的運作進程和決策效率。而另一些企業雖溝通渠道較為完善，但信息溝通反饋機制不健全，企業內部的溝通發起者根本無從瞭解信息的傳遞進程和決策的執行程度。更有一些企業組織溝通所存在的問題正是由於它們組織內的溝通者缺乏一定的溝通技能造成的。針對這些實際情況，要有效改善組織溝通應從以下幾方面入手。

1. 企業應重視溝通者自身的溝通技能的提高

提高組織溝通者自身的溝通技能是改善組織溝通的根本途徑。因為溝通者自身就是組織溝通的行為主體，他們的文化知識水準、知識專業背景、語言表達能力和組織角色認識等因素直接影響（制約）溝通的進行。所以，本書認為目前的企業應該注重以下幾點：

（1）調整溝通心態

隨著現代社會信息網絡和通信技術的高速發展，人與人之間的溝通方式因此也變得多樣、豐富。即使兩個人相隔千山萬水他們之間的交流溝通也會相當容易。表面上看來，人們之間的溝通聯絡的確是越來越頻繁了。實際上呢？大多數的溝通已成為一種社會物質利益所驅使的表層化的行為，其效果是可想而知的。「開誠布公」、「推心置腹」、「設身處地」都是悠久的中華文化所積澱的閃光詞彙，或許這正是大多數現代企業溝通者所缺乏的一種溝通心態。所以，現代企業的組織溝通者不僅要做好企業運作的程序化信息溝通，同時也應重視組織成員之間的心靈溝通。

（2）學會傾聽

威廉·R. 特雷西（William. R. Tracey）曾在《關鍵技能》一書中建議人力資源經理花65%的時間傾聽，25%的時間發言，餘下的10%的時間才用於閱讀和寫作。可見，傾聽對於溝通的重要性。可是，在人們長期的傳統思維中，「溝通」是一種富有「動作性」的動感過程。自然而然，「傾聽」這一「靜態」過程就被許多溝通者忽視了。但傾聽恰恰是溝通行為中的核心過程。因為，傾聽能激發對方的談話欲，促發更深層次的溝通。另外，只有善於傾聽，深入探測到對方的心理以及他的語言邏輯思維，才能更好地與之交流，從而達到溝通的目的。所以，一名善於溝通的組織者必定是一位善於傾聽的行動者。

（3）注重非言語信息

據有關資料表明，在面對面的溝通過程中，那些來自語言文字的社交意義不會超過35%，換而言之，有65%是以非語言信息傳達的。非語言信息包括溝通者的面部表情、語音語調、目光手勢等身體語言和副語言信息。非語言信息往往比語言信息更能打動人。因此，如果你是組織溝通的信息發送者，你必須確保你發出的非語言信息強化語言的作用。如果你是組織溝通的信息接收者，你同樣要密切註視對方的非語言提示，從而全面理解對方的思想、情感。

2. 企業應根據企業發展需求有目的地健全組織的溝通渠道

它對組織溝通效率的提高具有重要的決定意義。所以作為一個組織，要充分考慮組織的行業特點和人員心理結構，結合正式溝通渠道和非正式溝通渠道的優缺點，設計一套包含正式溝通和非正式溝通的溝通通道，以使組織內各種需求的溝通都能夠準確及時而有效地實現。

目前,大多數企業的組織溝通還是停留在指示、匯報和會議這些傳統的溝通方式上。它們不能順應社會經濟的發展、組織成員心理結構以及需求層次的變化,而採用因人制宜、因時制宜的有效溝通方式。從而使得組織成員的精神需求不能得到充分滿足,如它們自我價值的實現和對組織的歸屬感、集體榮譽感和參與感的滿足。

定期的領導見面和不定期的群眾座談會就是一種很好的正式溝通渠道,它也能切實解決上述存在的問題。領導見面會是讓那些有思想有建議的員工有機會直接與主管領導溝通,一般情況下,是由於員工的意見經過多次正常途徑的溝通仍未得到有效回復。群眾座談會則是在管理者覺得有必要獲得第一手的關於員工真實思想、情感時,而又擔心通過中間渠道會使信息失真而採取的一種領導與員工直接溝通的方法。與領導見面會相比,群眾座談會是由上而下發起的,上級領導是溝通的主動方,而領導見面會則是應下層的要求而進行的溝通。至於具體形式的採用,還是應根據組織的實際情況來決定。

在非正式溝通渠道方面,大多企業也同樣存在著類似的問題。它們不是利用現有的資源、技術條件及時有效地對溝通渠道進行改進和完善,從而使得一些非正式渠道顯得過於呆板和陳舊,同時也不易控制。現代企業近年來採用的郊遊、聯誼會、聚會等形式未嘗不是非正式溝通的良好方式。這些渠道既能充分發揮非正式溝通的優點,又因它們都屬於一種有計劃、有組織的活動而能夠易於被組織領導者控制,從而大大減少了信息失真和扭曲的可能性。

同時,隨著社會科學技術的進步,電子網絡技術也被引介於組織的溝通領域。這正是組織溝通領域的變革和飛躍。電子網絡因其快速、準確的特點,極大地提高了組織溝通的效率。另外,網絡也因其「虛擬性」這一特點,為非正式溝通提供了良好的溝通平臺。

一些企業和組織相繼都在自己的網站設立了論壇、BBS公告等多種非正式的溝通渠道。在這些渠道當中,組織成員的溝通一般是在身分隱蔽的前提下進行的。所以,這些溝通信息能夠較為真實地反應組織成員的一些思想情感和想法。對於組織領導者來說,掌握瞭解這些信息資料對他們日後的管理溝通也是大有裨益的。

3. 企業還應注重組織溝通反饋機制的建立

沒有反饋的溝通不是一個完整的溝通,完整的溝通必然具備完善的反饋機制;否則,溝通的效果會大大降低。但是目前很多組織卻沒有重視到溝通反饋的作用,所以這應該引起組織溝通者的重視。

反饋機制的建立首先應從信息發送者入手。信息發送者在傳遞信息後應該通過提問以及鼓勵接收者積極反饋來取得反饋信息。另外,信息傳送者也應仔細觀察對方的反應或行動以間接獲取反饋信息。因為反饋可以是有意的,也可以是無意的。所以,信息接受者不自覺流露出的震驚、興奮等表情,都是反饋信息的重要組成部分。作為信息接受者,在溝通反饋中實際上處於主體地位。但他們往往會因為信息發送者(通常是上級管理者)的權力威懾,而不能客觀準確地做出信息反饋。這就需要接受者端正溝通心態,以實事求是的態度對待信息溝通尤其是信息反饋。信息發送者也應積極接受接收者的反饋信息,使得組織溝通成為真正意義上的雙向溝通。

4. 企業要注重組織溝通環境的改善

不難理解，組織溝通總是在一定環境下進行的，溝通的環境是影響組織溝通的一個重要因素。這種環境包括組織的整體狀況，組織中人際關係的和諧程度，組織文化氛圍和民主氣氛、領導者的行為風格等。

組織中和諧的人際關係是優化溝通環境的前提。平時組織領導者可以多開展一些群體活動（球賽、觀看演出、聚餐等），鼓勵工作中員工之間的相互交流、協作、強化組織成員的團隊協作意識。這些措施一定程度上都能起到促進人際關係和諧的作用。另外，組織成員之間也應相互尊重差異，促進相互理解，在此前提下的人際溝通也將更有效地改善人際關係。

組織中民主的文化氛圍和科學的領導者作風是良好的溝通環境的核心要素。所以，組織者應致力於營造一種民主的組織氛圍，組織領導者也應適當地改善自己的領導風格和水準。在這個方面，美國企業的一些做法是值得推崇的。在這些企業管理人員辦公室的門總是敞開的，隨時歡迎下屬來溝通情況，交換想法。同時他們還在組織內部設立了獎勵基金，獎勵那些善於提出自己的想法和意見並有利於組織發展的成員。與此同時，在領導方式上，他們善於充分發揮管理者非權力性影響力的作用，憑藉自身的人格魅力去領導人，而不是權力去領導人；並且他們善於和組織成員進行私人性的溝通，準確、全面地瞭解組織成員的思想感情，為組織的管理溝通打下良好的基礎。

第四節　衝突管理

一、衝突與衝突的類型

衝突發生於對稀缺資源分配方式的分歧以及不同的觀點、信念、行為、個體的衝撞，是相互作用的主體之間存在的不相容的行為或目標。按照衝突發生的層次來劃分，可以分為：

（一）個人內心的衝突

它一般發生於個人面臨多種難以做出的選擇時，對一些目標、認知或情感的衝突。三種類型：①接近的衝突；②接近—規避衝突；③規避的衝突。

（二）人際關係衝突

這是指兩個或兩個以上的個人感覺到他們的態度、行為或目標的對立，所發生的衝突。

（三）團隊間的衝突

這是組織內團隊之間由於各種原因而發生的對立情形，包括垂直衝突、水準衝突、指揮系統與參謀系統的衝突、正式系統與非正式系統間的衝突四種形式。

（四）組織層次的衝突

這是指組織在與其生存環境中的其他一些組織發生關係時，由於目標、利益的不

一致而發生的衝突。

二、衝突形成的原因

（一）衝突產生的共因

相互依賴性和相互間的差異是衝突形成的客觀基礎，組織內資源的稀缺和機制的不完善推動了衝突的實現。

（1）相互依賴性是專業化和社會分工的結果。相互依賴關係表明，一個人的行動的結果會受到其他人的影響。如果一方的行動妨礙了另一方的目標的實現，衝突就會產生。

（2）具有一定的相互依賴關係的雙方，差異性越大，越難達成一致的協議，導致最後衝突的發生。

（3）組織活動會受到各種條件的限制，當兩個或兩個以上的主體同時依賴於組織的稀缺資源時，雙方會因為資源的如何分配而發生衝突。

（二）衝突形成的過程

美國學者羅賓斯將衝突的過程分為五個階段：

第一階段：潛在的對立或不一致。

第二階段：認知和個性化。

第三階段：行為意向。

第四階段：行為。

第五階段：結果。

三、衝突觀念的變遷

（1）20世紀40年代以前，在早期的組織理論中，認為組織衝突是有害的，會妨礙組織目標的實現。因此，早期的研究和實踐是建立在反衝突的基礎之上的，致力於消除組織中的衝突現象。

（2）20世紀40年代末到70年代中期，人們開始認識到衝突是不可被消除的，組織應當接納衝突，使之合理化。

（3）現代組織理論認為，在組織中衝突是平常事，是企業組織中的成員在相互交往、相互作用的過程中發生的一種關係而已。它本身具有兩面性——建設性功能和破壞性功能。關鍵在於如何對沖突進行管理，使其消極作用最小，積極作用最大。

四、管理衝突

（一）衝突管理策略

美國的行為科學家托馬斯提出了一種兩維模式，認為衝突發生後，參與者有兩種可能的策略可供選擇：關心自己和關心他人。其中，「關心自己」表示在追求個人利益過程中的武斷程度；「關心他人」表示在追求個人利益過程中與他人合作的程度。於

是，就出現了五種不同的衝突處理的策略。

　　迴避策略，指既不合作又不武斷的策略。

　　強制策略，指高度武斷且不合作的策略。

　　克制策略，指一種高度合作而武斷程度較低的策略。

　　合作策略，指在高度的合作精神和武斷的情況下採取的策略。

　　妥協策略，指合作性和武斷程度均處於中間的狀態。

(二) 衝突管理策略的有效性

　　衝突管理的功效和有效性包括把方式與情景加以配合。確定衝突管理的有效性取決於：衝突管理的結果對組織效益的貢獻，衝突管理的結果對社會需要的滿足程度，衝突管理的結果對組織成員的精神需要和倫理道德需要的滿足程度。

五、衝突管理的基本方法

　　處理組織內的衝突一般可選擇三種主要方法：結構法、對抗法和促進法。結構法和對抗法通常假定衝突已經存在並且要求處理。結構法往往通過隔離各個部分來減少衝突的直接表現。與之相反，對抗法則力圖通過把各個部分聚集在一起使衝突表面化，促進法則以缺乏「足夠」的衝突的假設為基礎。因此，促進法力圖提高衝突的等級、數量或者同時提高兩者。

(一) 結構法

　　組織通常運用以下五種方法來處理衝突，即運用職權控制、隔離法、以儲備作緩衝、以聯絡員作緩衝和以調解部門作緩衝。

　　(1) 運用職權控制。管理人員可通過發出指示，在職權範圍內解決衝突。這些指示指出期望下級遵循的行動步驟。例如，在同一家企業的兩位副總裁可能都在擬定組織的策略。一位副總裁可能倡導以增產為基礎，而另一位副總裁要求把權力集中到組織的最高層，這樣，增產和集中權力的目標發生了直接的衝突。總裁則應該行使權力來確定執行什麼目標。

　　(2) 隔離法。管理人員可以直接通過組織設計減少部門之間的依賴性。分別向各部門提供資源和存貨，使之獨立於其他部門的供應，能夠將它們隔離起來，從而減少部門之間衝突發生的可能性。不過，由於隔離需要花費精力和設備，這種獨立可能會提高成本。

　　(3) 以儲備作緩衝。完全隔離部門，或者使它們完全獨立，可能花費太大。因此，一個組織可能通過儲備緩衝部門之間的工作流程。如果部門 A 生產的產品是部門 B 的輸入，那麼可以在兩個部門之間建立儲備，防止部門 B 受到部門 A 的暫時停產或減產的嚴重影響。這樣，部門 B 的成員對部門 A 擔心的可能性減低了。

　　(4) 以聯絡員作緩衝。當兩個部門之間整體性很差並存在不必要的衝突時，組織可以安排一些瞭解各部門操作情況、通過聯繫活動來協調部門的聯絡員，從而協調各部門活動。

　　(5) 以調解部門作緩衝。對於較大型公司，有專門的協調部門負責對部門間的衝

突進行協調，實際上，各公司的辦公例會往往就是一個臨時的調解部門，在辦公例會上，由於公司決策層和衝突的相關代表都在場，所以較容易解決部門間的衝突。

（二）對抗法

衝突管理中的對抗不是指包含敵對的相互行動，而是用來描述一種處理衝突的建設性方法。在這種意義上，對抗是衝突雙方直接交鋒、公開地交換有關問題的信息、力圖消除雙方分歧，從而達到一個雙方都滿意結果的過程。對抗法假設所有的部分都有所得，實際上是一種雙贏的局面。用對抗法解決衝突的方法有：

（1）談判。當雙方對某事意見不一致而希望達到一致時，他們可能進行談判，在這個過程中，雙方力圖對每一方在交易中付出什麼和得到什麼達成一致意見。像做買賣一樣，談判中既有分配性因素，又有增益性因素。如果雙方僅僅看到非贏非輸因素，談判就不會產生對抗。但是如果雙方都認識到取勝因素，談判就能為衝突的建設性對抗處理提供機會。實現對抗型處理衝突方式要求公開地交流信息、尋找共同的目標、保持靈活態度並避免使用威脅手段。

（2）諮詢第三方。大多數對抗都採取雙方談判的形式，但是，中立者即第三方提供意見者，能幫助雙方解決他們的衝突。第三方在策略上所起的作用如下：保證相互激勵，每一方都應當有解決衝突的動機；維持形勢力量平衡。如果雙方力量不是大致相等，就很難建立相互信任，保持公開的溝通渠道；使對抗努力同步。

（三）促進法

認識性衝突能夠幫助避免小團體思想，所以促進職能的認識性衝突可能是處理衝突的一種有效的實際方法。

（1）辯證探究法。辯證探究法是把認識性衝突導入決策過程的一種方法。這指的是由一位或一組倡議者提出並推薦一套行動方案，同時由另一位或另一組倡議者提出並推薦另一套對立的行動方案，決策者在選擇一種方案或綜合方案之前考慮這兩組建議。既然推薦的行動方案來自同一形勢下的相反觀點，決策者考慮這兩組建議時，必然產生了認識性衝突。通過解決這種衝突，決策者能夠做出反應衝突觀點的統一決策。

（2）樹立對立面法。把認識性衝突導入決策過程的另一個方法是樹立對立面法，對所推薦的行動方案採用系統化的批評，而不像辯證探究法那樣提供可供選擇的行動方案。單純的批評已經能推動決策者產生認識性衝突。解決認識性衝突的需要會促成對問題的更好理解，從而使決策更合理。在某些情況下，和辯證探究法相比較，樹立對立面能形成更好的決策。它可能使決策者不把任何個人或群體的建議當做既定方案，並且對所推薦的行動方案表示肯定或否定的資料更加敏感。

本章小結

1. 溝通是指人們之間傳遞信息並為對方所接受和理解的過程。該定義包含了溝通的三個要點：一是表示人與人之間的某種聯絡。二是信息被傳遞。三是所傳遞的信息被對方所理解。

2. 組織溝通是管理中最為基礎和核心的環節，它關係到組織目標的實現和組織文化的塑造。

3. 處理組織內的衝突一般可選擇三種主要方法：結構法、對抗法和促進法。

關鍵概念

1. 溝通　2. 人際溝通　3. 衝突

思考題

1. 什麼是溝通？其過程具體是怎麼樣的？
2. 人際溝通的障礙有哪些？如何改善人際溝通？
3. 如何提高組織溝通的效率？
4. 衝突管理的方法有哪些？

練習題

一、單項選擇題

1. 很久以前，有一個放羊的孩子，由於頑皮，明明沒有狼出現，他偏喊：「狼來了，狼來了！」村裡的男女老少聽到他的呼喊都趕來幫忙，結果發現上當了，他們都十分惱火。之後這孩子故伎重施，又一次戲弄了村民。最後，狼真的來了，可任憑這孩子再怎麼呼救都沒有人趕來，大家都不再相信他的話，最後他被狼吃掉了。從人際溝通的角度分析，這則故事中慘劇的發生與溝通障礙有關，這種溝通障礙是由（　　）導致的。

　　A. 地位障礙　　　　　　　　　B. 個性障礙
　　C. 社會心理障礙　　　　　　　D. 文化障礙

2. 俗話說「隔行如隔山」，根據對人際溝通的闡述，這句俗語說明（　　）。

　　A. 職業的不同可能會引起溝通的鴻溝
　　B. 處於不同層次的組織成員，對溝通的積極性不同，也會造成溝通障礙
　　C. 文化背景的不同會給溝通帶來障礙
　　D. 人們不同的個性傾向和個性心理特徵會造成溝通障礙

3. 當組織內部產生矛盾時，最有可能成為溝通集中對象的是（　　）。

　　A. 已經背叛組織的人　　　　　B. 有背叛組織傾向的人
　　C. 組織中的忠誠分子　　　　　D. 組織中的一般成員

4. 某主打品牌的副部門經理因長期未被扶正而離職，他的離職壓力來源於（　　）。

　　A. 人際關係　　　　　　　　　B. 角色壓力

C. 領導支持 　　　　　　　　D. 工作負荷
5. 在上行溝通中，匯報工作的重點是（　　　）。
   A. 談結果 　　　　　　　　B. 談感想
   C. 談過程 　　　　　　　　D. 談方案
6. 行握手禮時，右手握對方的同時左手握對方臂膀，表示（　　　）。
   A. 支持 　　　　　　　　　B. 熟悉
   C. 誠意 　　　　　　　　　D. 支配
7. 對於情緒性衝突，應採取何種衝突解決取向（　　　）。
   A. 迴避式 　　　　　　　　B. 折中式
   C. 迎合式 　　　　　　　　D. 強迫式

二、論述題

1. 試舉例論述管理溝通的重要性。
2. 舉例說明衝突管理的常見方法。

三、案例分析

三大品牌在新聞公關行動上的不同表現

雀巢：2005 年「問題奶粉」（碘超標）事件曝光後，雀巢依舊沒有任何動作，沒有與媒體聯繫說明事件的發展態勢，即使在《半小時》這樣的全國性媒體面前，也是一味迴避沉默，甚至做出幾次中斷央視採訪的極不禮貌的事情，這樣就給媒體和消費者留下很多想像猜測的空間，因為迴避是新聞公關的大忌。

隨著時間推移，雀巢危機由原先的在浙江地區擴展到全國範圍內，涉及範圍更廣，危機更加深化，全國媒體似乎統一口徑，一片反對批判聲像潮水般指向沉默的雀巢。一個例子是，據《廣州日報》5 月 31 日報導，雀巢高級公關關係的手機自 5 月 27 日起就一直處於關機狀態，電話也無人接聽，其代理公關公司與記者的聯繫也僅僅限於「一旦有雀巢要發布的信息即會通知媒體，但不接受記者們的提問」。雀巢就以這樣的數行口吻來迴避媒體，始終沒有與媒體進行有效的溝通，任憑媒體如何猜測，也沒有通過任何形式來發布只言片語，只是一味地沉默，導致危機越來越大，朝著不可預知方向發展。

這樣，每天各媒體的重要版面都有大篇幅關於雀巢的深度報導，無一例外全是負面新聞，媒體的批判由原先的問題奶粉，上升到了對整個雀巢公司營運體系，甚至牽扯到道德、雙重標準和歧視性經營等重大問題。

亨氏：在發現「美味源」含「蘇丹紅」後，亨氏不能再保持其「真誠」的態度，再稱產品安全，此刻，它意識到危機的發生勢在必行，此刻要做的就是對其進行控制。於是，開始主動出擊，主動坦承錯誤，並把媒體的注意力轉移到其供應商身上，盡最大努力來彌補錯誤，如積極配合部門的檢測、主動對消費者承諾退貨等，主動聯繫媒體匯報最新情況、舉行新聞發布會等。亨氏（中國）在事發地廣州舉行新聞發布會，亨氏中國區的總裁齊松在新聞發布會「表態」積極配合政府，並採取一系列措施降低

事件產生的影響，以此來降低信譽危機。

而3月6日到8日，亨氏也在各大媒體上展開了強大的公關攻勢，據不完全統計，新華網、北京報、新浪、搜狐、廣州日報、南方都市報、洛陽日報等網絡、報紙媒體紛紛以「退款」、「回收產品」等醒目標題進行報導，一時間有關亨氏「回收產品、退款」的報導聚焦了所有關注者的眼球，亨氏的負面影響有所下降。而在這個過程中，亨氏主動、快速的發布重要信息，使媒體第一時間瞭解了事件發展的情況，在報導內容上轉移關注焦點，避免了遭受媒體攻擊。雖說亨氏開始時也手忙腳亂過，但是終究是鎮定下來對事情進行處理了，雖說處理得不盡如人意，但是隨著視線的轉移，蘇丹紅事件影響的趨弱，還是比較安全地渡過了這場風波。在危機慢慢遠離後，亨氏還在各大媒體上告知消費者亨氏對待此次危機的真誠態度、亨氏的最新狀況等。

肯德基：在肯德基發表新奧爾良烤翅和新奧爾良烤雞腿堡調料中含有蘇丹紅成分聲明後，第二天報導此事的媒體、報導內容的數量和級別都比亨氏好，媒體對肯德基的自報家醜的動作，褒多貶少。在廣州地區，《南方都市報》、《廣州日報》都在頭版頭條，大篇幅刊登了有利於肯德基的相關報導，這兩份報紙還在各自的社論中對肯德基作了進一步的分析和評論。而在其他地區，各主流媒體都在對肯德基的主動和誠信表示肯定；新華網、新浪網、人民網、搜狐等幾大權威網站也在進行大量的跟蹤報導，「肯德基自查出『蘇丹紅1號』」、「願承擔責任」、「肯德基道歉」、「肯德基將賠償」等幾百條標題醒目的報導，成為了肯德基危機公關的一股強大的力量。

在對問題產品的解釋上，肯德基在其聲明中將「蘇丹紅」的根源指向了供應商，大型食品調味料生產基快富食品（中國）有限公司，而該供應商則表示，含有「蘇丹紅」成分原料是上游原料供應商宏芳香料昆山有限公司提供的兩批紅辣椒粉，肯德基的問題產品是由於使用了上游供應商提供的原料。這與亨氏轉移危機焦點的解釋一樣，把問題推給了供應商，儘管這種做法有些不妥，但在處理危機事件中，這種控制危機態勢、避免事情進一步惡化的思路，值得肯定。當危機漸逝後，肯德基進行了新一輪的新聞公關活動，如召開新聞發布會證明食品的安全性，進行促銷活動，推出新產品，重新樹立大品牌形象。

【問題】

1. 危機溝通的定義是什麼？
2. 評價三個品牌在危機面前所採取的做法。
3. 2008年出現的「三聚氰胺」事件造成了惡劣的社會影響，請你談談當前企業應該在哪些方面加強自身危機應對能力，應該避免哪些現象的出現。

第八章　控制與控制系統

學習目標

1. 瞭解控制的含義、基本原則以及組織內的控制系統
2. 掌握控制的基本類型
3. 掌握常用的控制方法
4. 掌握控制的過程和有效控制的條件

引導案例

推倒文山

據某日報報導：每年2月，是機關文印室最繁忙的時期，但S市B區政府文印室今年卻並不緊張——區政府新設的「文件核算制」削平了往年的「文山」高峰。該區規定，各部門文件統一交由文印室打印，各部門不得私自安裝打印機等文印設備。文印室每打印一份3頁文件，8開紙收費8元，16開紙收費4元，加印一張雙面8開收費10塊，單面8開收費5塊，16開紙對半收價。文印費由批准打印的部門從該部門業務費中開支，節約有獎，超支自負。此令一出，各部門反應強烈，「文山」不推自倒。

【討論】
1. B區政府的做法是否真正有效？
2. 請結合本問題分析制定控制標準應依據的原則。

案例來源：http://wenku.baidu.com。

第一節　控制的含義

一、控制的一般概念

著名管理學家法約爾曾經指出，控制必須施之於一切的事、人和工作。這是因為即使有完善的計劃、有效的組織和領導，都不能保證組織目標的自然實現，而需要進行強有力的控制與監督。羅賓斯指出，有效的管理始終是督促他人、控制他人的活動，以保證應該採取的行動

從最傳統的意義方面說，所謂控制就是按照計劃標準來衡量所取得的成果，並糾正所發生的偏差，以確保計劃內目標的實現。

控制與我們日常的工作學習和生活都息息相關，無論是在家庭、單位、還是在其

他地方，每個人都會受到各種控制的影響。在大海中航行的船艦，需要舵手的「控制」將偏離航線的船只駛回到正常的航線上來；高速公路上飛奔的汽車，由司機通過方向盤控制它的方向；交警指揮交通等，都是控制功能在發揮作用。可以說，離開了控制，計劃和預想的結果都會落空；離開了控制，我們的工作和生活將無法正常進行。

從管理的角度上說，控製作為管理的一種職能，是指管理者為了保證實際工作與計劃的要求相一致，按照既定的標準，對組織的各項工作進行檢查、監督和調節的管理活動。

這一定義可以從下面幾層含義進行理解：

（1）控制是管理過程的一個階段，它將組織的活動維持在允許的限度內，它的標準來自人們的期望，這些期望可以通過目標、指標、計劃、程序或規章制度的形式表達。控制職能是使系統以一種比較可靠的、可信的、經濟的方式進行運轉。從實質上講，控制必須同檢查、核對或驗證聯繫起來，這樣才有可能使控制根據由計劃過程事先確定的標準來衡量實際的工作。

（2）控制是一個發現問題、分析問題、解決問題的全過程。組織開展業務活動，由於受外部環境，內部條件變化和人的認識問題、解決問題能力的限制，實際執行結果與預定目標完全一致的情況是不多的。因此，對管理者來講，重要的不是工作有無偏差，而是能否及時發現偏差，或通過對進行中的工作深入瞭解，預測到潛在的偏差。發現偏差，才能進而找出造成偏差的原因、環節和責任者，採取針對性措施，糾正偏差。

（3）控制職能的完成需要一個科學的程序。實現控制需要三個基本步驟：建立控制的標準；將實際績效同標準進行比較；糾正偏差。沒有標準就不可能有衡量實際成績的根據；沒有比較就無法知道績效的好壞；不規定糾正偏差的措施，整個控制過程就會成為毫無意義的活動。

（4）控制要有成效，必須具備以下要素：第一，控制系統必須具有可衡量性和可控制性，人們可以據此來瞭解標準；第二，有衡量這種特性的方法；第三，有用已知來比較實際結果和計劃結果並評價兩者之間差別的方法；第四，有一種調控系統，以保證必要時調整已知標準的方法。

（5）控制的根本目的，在於保證組織活動過程和實際結果與計劃目標及計劃內容相一致，最終保證組織目標的實現。

【思考】組織的所有活動是否都需要控制？控制是否是強制性的？

二、控制的基本原則

要真正發揮控制職能的作用，建立一個有效的控制系統，必須要堅持一些基本原則。

（一）控制的重點原則

控制的過程可以說是發現和糾正偏差的過程。在控制過程中不僅要注意偏差，而且要注意出現偏差的具體事項，我們不可能控制工作中所有的事項，而只能針對關鍵

的事項，且僅當這些事項的偏差超過了一定限度，足以影響目標的實現時才予以控制糾正。事實證明，要想完全控制工作或活動的全過程幾乎是不可能的，因此應抓住活動過程中的關鍵和重點進行局部的和重點的控制，這就是所謂的重點原則。

控製作為一種管理職能，它為組織目標服務，良好的控制必須有明確的目的，不能為控制而控制。無論什麼性質的工作往往都有多個目標，但總有一兩個是最關鍵的，管理者要在這眾多目標中，選擇出關鍵的、反應工作本質和需要控制的目標加以控制。

(二) 控制的及時性原則

高效率的控制系統，要求能迅速發現問題並及時採取糾正偏差的措施，一方面要求及時準確地提供所需的信息，避免時過境遷，使控制失去應有的效果；另一方面要估計可能發生的變化，使採取的措施與已變化了的情況相適應，即糾正偏差措施的安排應有一定的預見性。

(三) 控制的靈活性原則

任何控制對象和控制的過程都是受到眾多未來因素的影響的，而對未來因素變化的預測總會存在著一定的不準確性，因此所控制的對象和過程也不可能完全按照所設計的控制目標發展。控制的靈活性原則就是要求制定多種應付變化的方案和留有一定的後備力量，並採用多種靈活的控制方式和方法來達到控制的目的。控制應保證在發生某些未能預測到的事件的情況下，如環境突變、計劃疏忽、計劃失敗等情況下，控制仍然有效，因此要有彈性和替代方案。

(四) 控制的經濟性原則

控制是一項需要投入大量的人力、物力、財力等各種資源的活動，耗費之大正是今天許多應予以控制的問題沒有得以控制的重要原因，因此在進行控制時必須堅持經濟性原則。一是要求實行有選擇的控制，全面周詳的控制不僅是不必要的也是不可能的，要正確而精心地選擇控制點，太多會不經濟，太少會失去控制；二是要求努力降低控制的耗費而提高控制效果，改進控制方法和手段，以最少的資源投入取得理想的控制效果。

(五) 控制的可操作性原則

控制的最後落實應是糾正偏差措施的實際貫徹，並發揮出應有的效果。因此這些措施必須具有可操作性，即這些措施必須是可以投入實際運作的，而且是在經濟上合理的、在技術上可行的。

三、組織內的控制系統

一個組織的控制系統主要由以下要素構成：

(一) 控制目標體系

任何控制活動都有一定的目標取向，無目的的控制是不存在的。在一個組織中，控制應服從於組織發展的總體目標。在這個的前提下，總目標所派生出來的分目標及

各項計劃的指標，也是控制的依據。

（二）控制的主體

組織中控制系統的主體是各級管理者及其所屬的職能部門。組織內的控制活動是由人來執行操縱的，它以各層次的管理者為主體，能根據變化了的環境和條件有意識地調節自己的活動。控制主體控制水準的高低是控制系統能發揮多大作用的決定性因素。

（三）控制的客體

組織控制系統的控制客體，即控制的對象，是整個組織的活動。控制的對象可以從不同角度進行劃分。從橫向看，組織中的人、財、物、時間、信息等資源都是控制的對象。從縱向看，組織中的各個層次，如企業中的部門、車間、班組都是控制的對象；從控制的階段看，組織內不同的業務階段和業務內容也是控制對象，如企業中供、產、銷三個階段都需要控制。因此組織的控制應該是全面的控制。

（四）控制的手段和工具系統

控制的手段和工具系統主要包括控制的機構、控制的工具、信息系統等幾個方面。

組織的控制機構從縱向可分為各個不同管理層次的控制。從橫向看可分為不同性質的專業控制，如生產控制、質量控制、成本控制等。控制的工具在現代主要是電子計算機。管理信息是控制系統與控制活動的「神經系統」，沒有信息，或者信息不準、不及時，就無法實現正確而有效的控制。控制系統的活動是按照所獲得的信息來進行的。隨著當代科學技術的高速發展，組織及組織所處的環境變得越來越複雜，組織所面臨的問題越來越多，信息量也日益增大。在這種情況之下，組織的信息處理工作也自然形成一個管理信息系統。

【思考】一個組織的控制系統是否就是組織的管理信息系統？

四、控制的基本類型

在組織中，控制可以從不同的角度來進行劃分。

（一）按控制點的位置分類

控制活動可以按控制點處於事物發展進程的哪一個階段劃分為事前控制、事中控制和事後控制三種類型。

1. 事前控制

事前控制又稱事先控制，是指一個組織在一項活動正式開始之前所進行的控制活動。事前控制主要是對活動最終產出的確定和對資源投入的控制，其重點是防止組織所使用的資源在質和量上產生偏差。因此事前控制的基本目的是：保證某項活動有明確的績效目標，保證各種資源要素的合理投放，如各種計劃、市場調查、原材料的檢查驗收、組織招工考核、入學考試等，都屬於事前控制。

2. 事中控制

事中控制又稱過程控制、現場控制，是指在某項活動或工作過程中進行的控制，

管理者在現場對正在進行的活動給予指導與監督,以保證按規定的政策、程序和方法進行。事中控制的目的是及時發現並糾正工作中出現的偏差。例如生產過程中的進度控制、每日情況統計報表、學生的家庭作業和期中考試等,都屬於事中控制。

3. 事後控制

事後控制是在工作結束之後進行的控制。事後控制把注意力主要集中於工作結果上,通過對工作成果進行測量比較和分析,採取措施,進而矯正今後的行動。事後控制是歷史最悠久的控制類型,傳統的控制方法幾乎都屬於此類。如企業對生產出來的成品進行質量檢查、學校對學生的違紀處理等,都屬於事後控制。

【思考】從事前控制、事中控制和事後控制這三方面談談你對自己工作的控制情況。

(二) 按照控制信息的性質分類

按照控制信息的性質,可以把控制分為反饋控制、即時控制和前饋控制三種類型。

1. 反饋控制

反饋控制就是根據過去的情況來指導現在和將來,即從組織活動進行過程中的信息反饋中發現偏差通過分析原因,採取相應措施糾正偏差(如圖8-1所示)。

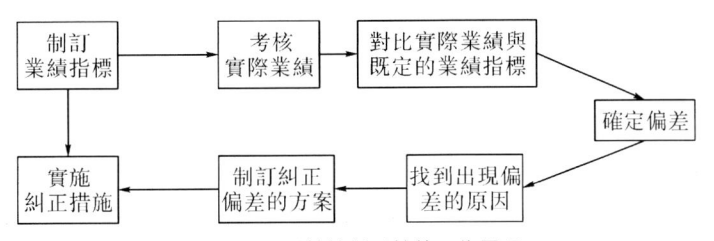

圖8-1 反饋控制系統的工作原理

在我們的現實生活中,冰箱的溫控系統都是典型的反饋控制系統:當冰箱的溫控系統察覺到冰箱內部的溫度高於預先設定的溫度標準時,就會發出信號,制冷功能隨即啟動,隨著制冷設備的持續作業,冰箱內部的溫度開始下降,當溫度開始低於預先設定的溫控標準時,溫控系統重新發出信號,制冷設備隨即停止工作。應用於管理領域的反饋控制系統,與冰箱的溫控系統非常相似。

反饋控制是一個不斷提高的過程,它的工作重點是把注意力集中在歷史結果上,並將它作為未來行為的基礎。在組織中應用最廣泛的反饋控制方法有:財務報告分析、標準成本分析、質量控制分析與工作人員成績評定等。

綜上所述,每個組織都有其自身的目標。為了實現目標,組織就要制訂計劃(未來的行動方案和藍圖)。為了判斷是否實現了計劃,就要建立一個完整的「指標體系」。既然是「指標體系」,說明其中所包含的指標是有層次的,彼此是相關聯的;如果指標體系中的每一個指標都被完成了,說明計劃實現了,進而組織目標也就實現了。「反饋控制」的作用就在於:及時發現指標體系中哪一或哪些指標的完成過程存在偏差,找到偏差出現的原因,指定糾正偏差的可行的方案,並通過實施糾正措施來確保指標的完成。之所以被稱為「反饋控制系統」是因為:只有在「偏差」出現以後,它才能夠

發揮作用，正如前面所介紹的——反饋控制系統所「返回」的都是與「偏差」有關的東西。所以該方法的中心問題是最終結果，即用歷史結果指導將來的行動。

2. 即時控制

反饋控制不是最好的控制，但它目前仍被廣泛地使用著，這是因為有許多工作現在還沒有有效的預測方法，而且受主觀、客觀條件的限制，人們往往會在執行計劃過程中出現失誤。但如果能夠在第一時間考核業績，那麼就可能在第一時間發現偏差。我們把大幅度提高業績考核的及時性的這種反饋控制就稱為即時控制。即時控制系統就是基於對即時信息的採集、分析來實施控制的一種管理控制系統。即監督實際正在進行的操作，以保證按目標辦事。即時信息是指與事件的發生同步產生的信息。過去主要通過管理人員在現場的親身觀察，來判斷和糾正其他人員按程序行事，現在通過計算機來進行控制。

但是從上面介紹的反饋控制工作原理圖中可以發現，即使我們能夠在第一時間獲得即時信息並考核業績、對比實際業績和既定指標、甚至發現偏差，通常情況下我們也很難在短時間內找到導致偏差出現的主要原因，更不要說制定糾正偏差的方案以及實施糾正措施了。因此，至少目前來看，還很難「完全」做到即時控制。

3. 前饋控制

正如我們前面所介紹的，不論是「反饋控制系統」還是罕見的「即時控制系統」都只能在「偏差出現以後」才能夠發揮作用。而前饋控制指的是通過情況的觀察、規律的掌握、信息的分析、趨勢的預測、預計未來可能發生的問題，在其未來發生前即採取措施加以防止的控制方法，又稱為指導將來的控制。其著眼點是通過預測對被控對象的投入或過程進行控制，以保證所期望的產出，並可較好地解決一些非正常現象所帶來的問題。如通過市場行銷預測來調整企業的行銷策略、通過流通資金的預算來控制資金的收支等，都屬於前饋控制。

前饋控制系統的工作原理與「預防『狼吃羊』系統」的工作原理非常相似，例如，我們可以通過對前十個月的銷售業績進行分析和評估，預測出按照現在的趨勢可能會無法完成今年的銷售指標，此時我們可以提前採取行動，例如通過加大廣告的投入力度等，來避免「年底無法完成銷售指標」這一偏差的出現。如圖 8 - 2 所示就是一個前饋控制系統的工作原理圖。

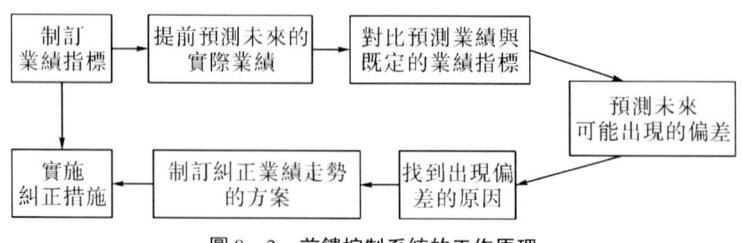

圖 8 - 2 前饋控制系統的工作原理

有些學者認為，「在某種意義上，前饋控制系統就是一個『反饋控制系統』」，因為二者的工作原理如出一轍，都是通過糾正業績上存在的偏差來確保實現組織目標的，

只不過前饋控制系統是以「預測的偏差」作為控制依據的；而反饋控制系統是以「實際產生的偏差」作為控制依據的。

三種控制系統的區別如圖8-3所示：前饋控制是建立在能測量資源的屬性和特徵的信息基礎上的，因此糾正的中心是資源。即時控制是建立在與活動有關的信息基礎上的，而這種活動就是所要糾正的對象。而反饋控制所要糾正的是資源和活動，而不是結果。

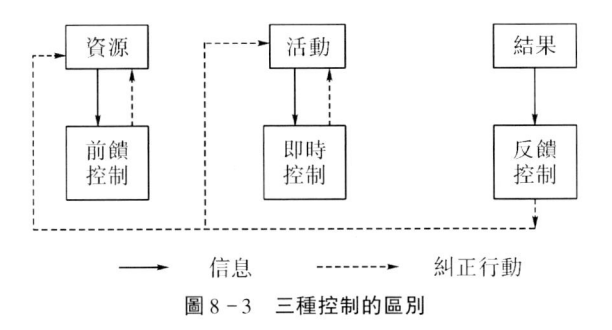

圖8-3 三種控制的區別

(三) 按控制力量的來源分類

按控制力量的來源可把控制分為正式組織控制、群體控制和自我控制。

1. 正式組織控制

正式組織控制是由管理人員設計和建立起來的一些機構或規定來進行控制。例如，組織可以通過規劃、指導組織成員的活動，通過預算來控制消費，通過審計來檢查各部門或各成員是否按照規定進行活動，對違反規定或操作規程者給予處理等，都屬於正式組織控制。在多數組織中，普遍實行的正式組織控制的內容有：

(1) 實施標準化，即制定統一的規章、制度，制訂出標準的工作程序以及生產作業計劃等。

(2) 保護組織的財產不受侵犯，如防止偷盜、浪費等，這包括設備使用的記錄、審計作業程序以及責任的分派等。

(3) 質量標準化，包括產品的質量及服務的質量。主要採取的措施有對職工培訓、工作檢查、質量控制以及激勵政策。

(4) 防止濫用權力，這可以通過制定明確的權責制度、工作說明、指導性政策、規劃以及嚴格的財務制度來完成。

(5) 對員工的工作進行指導和考核，這可通過評價系統、產品報告、直接觀察和指導等方式來完成。

2. 群體控制

群體控制是基於非正式組織成員之間的不成文的價值觀念和行為準則進行的控制。非正式組織儘管沒有明文規定的行為規範，但組織中的成員都十分清楚這些規範的內容，都知道如果自己遵守這些規範，就會得到其他成員的認可，可能會強化自己在非正式組織中的地位；如果違反這些行為規範就會受到懲罰，這種懲罰可能是遭受排擠、

諷刺，甚至被驅逐出該組織。群體控制在某種程度上左右著職工的行為，處理得好有利於組織目標的實現，如果處理不好會給組織帶來很大危害。

3. 自我控制

自我控制是指個人有意識地按某一規範進行活動。自我控制能力取決於個人本身的素質。例如，一個員工不願把企業的東西據為己有，可能是因為他具有較強的自我控制能力。具有較高層次需求的人比具有較低層次需求的人具有較強的自我控制能力。實際上，自我控制更多地受組織文化的影響。組織文化並不是通過外部強制而發揮作用的約束控制系統（如直接監督和採用標準操作規則的行政控制），而是員工在內化了組織文化中的價值觀和規範後，在其指引下進行決策和行動的「自覺控制」系統或自我控制系統。

（四）按照控制工作的專業分類

控制可以按其所發生的專業領域進行分類，但在不同類型的組織中，由於具體專業活動的內容不盡一樣，所以控制對象也不同。從企業組織來看，其專業控制的類型主要有：

1. 庫存控制

主要是對生產經營所需的原材料、燃料、配件、在製品、半成品和產成品等存貨數量的控制。庫存增加，不僅需要占用生產面積，還會造成保管費用上升，資金週轉減慢、材料腐爛變質等。但庫存過少，又容易造成生產過程因停工待料而中斷，產成品因儲備不足而造成脫銷損失。因此，庫存應當保持在適當的水準，以保證生產和銷售的需要。

2. 進度控制

這是根據產品生產或項目建設的進度計劃要求，對各階段活動開始和結束的時間所進行的控制。在進度控制中，要特別注意對在相互關聯的活動中挑選那些多餘時間小的關鍵活動的控制，以免因某一關鍵活動的延誤而影響到整個工程的按時完成。

3. 質量控制

質量是由產品使用目的所提出的各項適用特性的總稱。對產品質量特性，按一定的尺度、技術參數或技術經濟指標規定必須達到的水準，這就形成質量標準，這是檢驗產品是否合格的技術依據。質量控制就是以這些技術依據為衡量標準來檢驗產品質量的。為保證產品質量符合規定標準要求和滿足用戶使用目的，企業需要在產品設計試製、生產製造直至使用的全過程中，進行全員參加的事後檢驗和預先控制相結合的，從最終產品的質量到產品賴以形成的工作質量全方位的質量管理活動。

4. 預算控制

預算是用財務數字或非財務數字來表明預期的結果，以此為標準來控制執行工作中的偏差的一種計劃和控制的手段。企業中的預算包括銷售預算、生產預算、費用預算、投資預算以及反應現金收支、資金融通、預計損益和資產負債情況的財務預算等內容。預算控制的好處是，它能把整個組織內所有部門的活動用可考核的數量化方式表現出來，以便查明其偏離標準的程度並採取糾正的措施。

(五) 按控制的手段分類

按控制的手段可以把控制劃分為直接控制和間接控制兩種類型。

1. 間接控制

間接控制是著眼於發現工作偏差，分析產生的原因，並追究個人責任使之改進未來的工作的一種控制。間接控制是基於這樣一些事實為依據的：人們常常會犯錯誤，或常常沒有察覺到那些將要出現的問題，因而未能及時採取適當的糾正或預防措施。在實際工作中，管理人員往往是根據計劃和標準，對比或考核實際的結果，研究造成偏差的原因和責任，然後才去糾正。實際上，在工作中出現問題，產生偏差的原因是很多的。比如，有時是制定的標準不正確，可對標準做合理的修訂；或者存在未知的不可控的因素，如未來社會的發展狀況、自然災害等，因此而造成的失誤是難免的；再有，因管理人員缺乏知識、經驗和判斷力等，也會使工作出現問題。對於一些由於不肯定因素所造成的工作上的失誤是不可避免的，同時間接控制方法也不起什麼作用。但對於由管理人員主觀原因所造成的管理上的失誤和工作上的偏差，運用間接控制方法則可幫助其糾正。同時，間接控制可以幫助管理人員總結吸取經驗教訓，增加他們的經驗、知識和判斷力，提高他們的管理水準，減少管理工作中的失誤。

間接控制也存在著許多缺點，最明顯的是當出現偏差，造成損失後才採取措施，因此它的費用支出是比較大的。

間接控制的方法是建立在以下五個假設之上的：工作成效是可以計量的；人們對工作成績具有個人責任感；追查偏差的時間是有保證的；出現的偏差可以預料並能及時發現；有關部門或人員將採取糾正措施。但這些假設在實際當中有時是不能成立的，例如，工作成績的大小和責任感的高低有時是難以精確計量或準確評價的，而且二者之間可能關係不大或根本無關；有時管理人員可能不願意花費時間去調查分析偏差的原因；有的偏差並不能預先估計或及時發現；有時發現了偏差並查明了原因，可管理者有時卻推卸責任或固執己見，而不去及時採取措施等。因有如上的一些原因，間接控制有很大的局限性，還不是普遍有效的控制方法。

2. 直接控制

直接控制是相對於間接控制而言的，它是著眼於培養更好的管理人員，使他們能熟練地應用管理的概念、技術和原理，能以系統的觀點來進行和改善他們的管理工作，從而防止出現因管理不善而造成的不良結果。直接控制也稱預防性控制。

直接控制是建立在如下假設基礎上的：

(1) 合格的管理人員所犯的錯誤最少。所謂「合格」就是指他們熟練地運用管理概念、原理和技術，能以系統的觀點來進行管理工作。

(2) 管理工作的成效是可以計量的。

(3) 在計量管理工作成效時，管理的概念、原理、方法是一些有用的判斷標準。

(4) 管理的基本原理的應用情況是可以評價的。

直接控制有許多優點：

(1) 在對個人分配任務時能有較大的準確性；同時，為使主管人員合格，對他們

不斷地進行評價，可以揭露出工作中存在的缺點；並為消除這些缺點進行專門訓練提供依據。

（2）直接控制可以使主管人員主動地採取糾正措施並使其更加有效。它鼓勵用自我控制的辦法進行控制。由於在評價過程中會揭露出工作中存在的缺點，因而也會促使主管人員努力去確定他們應負的職責並自覺地糾正錯誤。

（3）直接控制還可以獲得良好的心理效果。主管人員的素質提高後，他們的威信也會得到提高，下屬對他們的信任和支持也會增加，這樣就有利於整個計劃目標順利實現。

（4）由於提高了主管人員的素質，減少了偏差的發生，也就有可能減輕間接控製造成的負擔，節約經費開支。

但需值得注意的是，採用直接控制方法是有條件的，管理者必須對管理的原理、方法、職能以及管理的哲理有充分理解，這就需要管理人員要採取各種途徑進行學習，不斷提高自己的管理水準。

第二節　控制的方式

引導案例

鴻發建設集團的預算控制程序

鴻發建設集團總經理麥千秋先生的辦公桌上擺著剛剛送來的內部審計報告。報告中指出，公司的財務預算已明顯失控，新擬出的下一年度預算方案也有一大半指標過高。麥千秋對此極為重視，將負責編製預算的財務部門主管韓梅梅女士和負責支出控制的副總經理郭濤先生請到他的辦公室，共同商討對策。

韓梅梅女士首先介紹了財務預算的產生過程。據她介紹，下一年度的預算，每次都是先由下屬項目單位先報部門預算，然後由財務部門匯總，並進行資金平衡計算。各下屬單位與財務部門都經常採用「下一年度指標＝本年度指標×（1＋變動率）」的公式來試算新的預算指標。當談到各項目經費支持原則時，韓梅梅女士說，根據公司慣例，現有工程項目的開支一般獲優先保證。

由郭濤先生負責的支出控制委員會是公司內部的高層管理機構，負責預算的審核及監督執行，該委員會有審查批准追加投資的權力。郭濤先生指出，委員會每年都接到 20 份左右來自各個部門的預算外追加投資申請，其中獲得批准的比例約占 50%。當問及這些追加投資的主要原因時，郭濤先生說，較常見的原因有：出現了一些臨時性的機會；預期的市場情況發生了變化，使原預算不能順利執行；產品項目等開發工作出現新的進展，爭取經費支持等。

麥千秋總經理仔細傾聽了兩人的敘述，然後將審計結果告訴他們。審計人員的分析使他們十分震驚：公司預算明顯偏高；各個項目工程中普遍存在拖延工時和資金浪費現象，如果將同樣的工程交給其他承包商，至少可節省 20% 的費用。3 人一致感到

問題的嚴重性，認為有必要調整公司預算控制程序。

【問題】

1. 什麼是預算？如何編製預算？
2. 為什麼麥千秋總經理等人認為有必要調整公司預算控制程序？控制因對象、內容和條件的不同，應選擇不同的控制方法。

控制的方法有多種，這裡僅以企業組織為例介紹幾種常用的方法。

一、預算控制方法

所謂預算，就是用數字、特別是用財務數字的形式來描述企業未來的活動計劃，它預估了企業在未來時期的經營收入或現金流量，同時也為各部門或各項活動規定了在資金、勞動、材料、能源等方面的支出不能超過的額度。

(一) 預算的種類

對於不同的組織而言，其預算會各不相同，即使同一個組織內部的不同部門，也會有各種各樣的預算。歸納起來，預算可分為以下幾種基本類型：

1. 收支預算

收支預算又稱營業預算，是指組織在預算期內以貨幣單位表示的收入和經營費用支出的計劃預算。其中收入預算應考慮到可能的各方面的收入。但最基本的收入還是銷售收入或財政撥款。由於組織的收入預算是組織支出預算和盈利預算的基礎，所以應盡可能準確地估計各項收入的數量和時間。各組織費用支出項目往往比組織收入項目多且雜，如企業的經營費用預算科目可能像會計科目表中的費用分類一樣多，如材料費、管理費、水電費、人工費、差旅費、招待費等。在支出預算時，各種可能產生的費用開支均應盡可能地充分考慮，並適當安排一些不可預見費，以應付一些額外的開支。

2. 實物量預算

實物量預算又稱非貨幣預算，是指以實物量預算來作為貨幣量收支預算的補充和認證。由於以貨幣量表示的收支預算會受商品價格波動的影響，因而常常會造成收支預算和實物量投入產出計劃時間的不一致，所以許多預算用實物單位來表示，比用貨幣單位表示更好。普遍運用實物單位的預算有：直接工時數、臺數、原材料數量、面積、體積、重量、生產量和場地面積等。

3. 投資預算

投資預算又稱資本支出預算，是指組織為更新或擴大規模，投資於廠房、機器、設備等其他有關設施，增加固定資產的各項支出的預算。此外，組織的人事發展、新市場的開發、研究和發展規劃等投資，由於其數額較大，迴歸期長，需要慎重考慮，列出專項預算。這項預算應和組織的長遠規劃結合起來考慮。

4. 現金預算

現金是指現實的、可隨時使用的資金。組織中有些用貨幣量表示的資金，實際上處於實物形態並不能自由使用；也有些資金只是掛在帳上，而在實際上並沒有到手，

這些資金均非現金，它們雖然也是組織的資產，但不能像現金那樣自由使用。擁有一定的現金以償付到期的債務是組織生存的首要條件。現金預算，就是要估算計劃期可能提供的現金和所需要的現金，以求得平衡。它是以收入和支出預算中的基本數據為基礎編製的。

5. 負債預算

負債經營是組織保持財務收支平衡的重要措施，包括向銀行貸款、社會集資、發行股票等。負債預算要考慮一定時期的資產、債務和資本帳戶的狀況，預計籌資方式、途徑和數量以及還款時間、方式和能力，防止「資不抵債」是負債預算的重要任務。負債預算通過各部門和各項目的分預算匯總在一起，表明如果組織的各種業務活動達到預先規定的標準，在財務期末組織資產負債會呈何種狀況。另外，通過將本期預算與上期實際發生的資產負債情況進行對比，還可發現組織的財務狀況可能會發生哪些不利變化，從而指導事前控制。

6. 總預算

總預算是一種對預算期的最後一天（通常是會計年度的結尾時）的財務狀況的預測，是由組織中各種預算綜合而成的。總預算包括預計的資產負債表和資產損益表。資產負債表預測資產、債務和權益，表達了組織財產的具體情況；資產損益表預計收入、支出及利潤，表達了組織的經營狀況和成果。總預算中還需附有編製預算所必需的有關數據和資料，以及可能會出現的情況分析。總預算的編製要以組織目標和計劃為依據。

(二) 預算編製的程序

預算編製的程序一般包括以下6個步驟。

(1) 組織下屬各職能部門制訂本部門的預算方案，呈交給歸口負責人審批。

(2) 各歸口負責人對所屬部門的預算草案進行綜合平衡，並制訂本系統的總預算草案。

(3) 各系統將其預算草案呈交預算領導小組。

(4) 預算領導小組審查各系統預算草案，並進行綜合平衡。

(5) 預算領導小組與最高決策人磋商，擬訂出整個組織的預算方案。

(6) 預算領導小組將整個組織的預算方案提交最高領導層審批之後下發各部門執行。

(三) 預算的作用

組織管理中最基本、最為廣泛運用的一種控制方法就是預算控制方法。預算具有的控制作用表現在以下一些方面：

(1) 便於管理者瞭解和控制組織的財務狀況。預算通常規劃和說明了資金的來源及分配計劃，掌握了預算狀態，就能有效地控制組織的資金財務狀態。又由於預算是用貨幣來表示的，這為衡量和比較各項活動的完成情況提供了一個清晰的標準，從而使管理者可通過預算的執行情況把握組織的整體情況。

(2) 有助於管理者合理配置資源和控制組織中各項活動的開展。組織中各項活動

的開展，幾乎沒有不與資金打交道的，資金作為一種重要的槓桿，調節著各項活動的輕重緩急及其規模大小。預算範圍內的資金收支活動，由於得到人力物力的支持而得以進行，沒有列入預算的活動，由於沒有資金來源，也就難以開展活動，預算外的收支，會使管理者及時瞭解情況而被納入控制。因此，管理者可通過預算，合理配置資源，保證重點項目的完成，並控制各項活動的開展。

（3）有助於對管理者和各部門的工作進行評價。由於預算為各項活動確定了投入產出標準，要能正確運用，就可以根據預算的執行情況來評價各部門的工作成果。同時，由於預算還可控制各級管理人員的職權，明確他們各自應承擔的責任，做到責、權、利的落實，達到有效控制的目的。

（4）可以使管理者在財務上做到精打細算，杜絕鋪張浪費的不良現象，有效地控制和降低成本，提高效益。

運用預算控制應注意以下兩個問題：

（1）預算要有一定的彈性，不能過細、過死。對於主要活動及其費用的支出，應嚴格控制。但對一些細小的活動，不必面面俱到，以免主次不分或顧此失彼。

（2）預算目標不能取代組織目標。預算是為實現組織目標服務的，有的管理者熱衷於使自己部門的費用支出不超過預算，而忘記了自己的首要職責是千方百計地去實現組織目標，這是不可取的。

【思考】你的日常開支有預算嗎？如果有，如何執行和監督自己的預算呢？

二、非預算控制法

（一）會計控制方法

會計控制是管理控制中的一個綜合性控制方法，具有從價值角度進行綜合性管理的特點。它同組織中的各個部門、各項活動都有著緊密的聯繫，並滲透到組織活動的全過程。

會計控制主要包括控制的目標、主要內容和主要措施三個方面。

1. 確定控制目標和主要內容

在一個組織中，會計控制的主要目標和內容是資金的控制，主要包括：

（1）資金收支計劃

主要是按年、季、月編製貨幣資金收支計劃，規定收支項目和收支總額，作為組織資金平衡和調度的依據。

（2）收入控制

主要是保證所有收入的資金來源清楚、數額無誤、帳帳相符、帳物相符、及時入帳。

（3）支出控制

資金的支出必須有合法的憑證，有嚴密的授權，有完備的簽字批准和支付手續。

（4）庫存數控制

定期或不定期地進行盤點核對，對庫存資金要指定專人盤點核對，對庫存資金要

指定專人盤點。

2. 採取適當的控制措施

(1) 建立控制機構

要根據組織的具體情況設置必要的管理機構，使會計記錄和資料合法、完整和準確。

(2) 明確的職責分工

組織中的各級管理者，只能按照所授予的權限和規定的標準辦事。既不能超越權限，也不能推卸責任。採取這些措施後，可以在組織的各類經濟業務發生時就加以控制。

(3) 實行內部牽制制度

內部牽制制度是在資金、憑證的轉移傳遞過程中，建立牽制手續，防止錯誤和弊端的發生，保證資金的安全和憑證的正確傳遞。

(4) 建立會計稽核制度

會計稽核的目的，是通過對財務成本計劃和財務收支的審查，以及對會計憑證和帳表的復核，及時發現會計中存在的問題，以便及時採取糾正措施。

(5) 業務處理程序制度化

這項控制措施是把企業中與財務及會計有關的重要業務，按照會計核算和控制的要求，規定標準的處理程序，以防止財產物資的浪費和損失，使組織內部各部門之間在處理各項經濟業務時，都有條不紊，協調配合，相互制約，提高效率。

(二) 審計控制法

審計是對反應組織的資金運動過程及其結果的會計記錄及財務報表進行審核、鑒定，以判斷其真實性和可靠性，從而為控制和決策提供依據。審計是一種常用的控制方法，主要包括財務審計、業務審計和管理審計三種形式。

1. 財務審計

財務審計是以財務活動為中心內容，以檢查並核實帳目、憑證、財物、債務以及結算關係等客觀事物為手段，以判斷財務報表中所列出的綜合的會計事項是否正確無誤，報表本身是否可以依賴為目的的控制方法。通過這種審計還可以判明財務活動是否符合財經政策和法令。財務審計一般分為外部財務審計和內部財務審計。

(1) 外部財務審計

外部財務審計是由非本組織成員的外部專門審計機構和審計人員，如國家審計部門、公共審計師事務所對本組織的財務程序和財務經濟往來進行有目的的綜合檢查審核。現在許多國家都規定，企業的年度財務報告必須經過持有有關合格證書的會計師的審查並簽署意見，說明企業所提交的財務報告是否遵守國家所頒發的有關會計制度。嚴格地說，這種審計已不是管理控制職能所指的控制了，因為它不是企業內部的一種管理活動。

(2) 內部財務審計

這是由本組織系統內部的財務人員所負責開展的財務審計活動。其目的也和外部

財務審計的目的相同，即保證組織系統的財務報表能準確、真實地反應組織的財務狀況。

2. 業務審計

業務審計是內部財務審計的擴展，其審計的範圍包括財務、生產、市場、人事等方面。這種審計可以由本組織聘請外部獨立的諮詢機構和專家來進行。

3. 管理審計

管理審計是業務審計的進一步發展，是對組織的各項職能以及戰略目標所進行的全面審計，審計範圍包括審計結構、計劃方法、預算和資源分配、管理決策、科研與開發、市場、內部控制、管理信息系統等。管理審計的目的是要明確組織的優勢和劣勢，全面改善組織的管理工作。

審計是一項原則性很強的工作，為保證審計的客觀公正和有效，必須堅持如下原則：

（1）政策原則。審計工作必須符合國家的方針政策。
（2）獨立原則。審計監督部門應能獨立行使職權，不受任何干涉。
（3）客觀原則。審計一定要實事求是地進行，客觀地做出評價和結論。
（4）公正原則。審計工作必須站在客觀的角度上，不偏不倚，公正地進行判斷。
（5）經常性原則。審計工作應經常化，制度化。
（6）群眾性原則。審計工作應依靠群眾來開展。

(三) 人事管理控制法

控制工作從根本上說是對人的控制，其他幾方面的控制也要靠人去實現和推行。從本質上講，人事方面的控制主要集中在對組織內人力資源的管理上，具體有兩大方面的控制。

1. 人事比率的控制

即分析組織內各種人員的比率，如管理人員與職工的比率，後勤服務人員與生產工人的比率，正式職工與臨時工的比率，以及人員流動率和曠工缺勤率等是否維持在合理的水準上，以便採取調整和控制措施。比如，反應調離和調進單位的職工占職工總數比例的人員流動率如果太高，會影響職工隊伍的穩定和增加培訓費用，但如果人員長期不調動，也會使組織缺少新的活力，因此流動率需要控制在一定的限度內。

2. 人事管理控制內容

主要是對管理人員和一般職工在工作中的成績、能力和態度作出客觀公正的考核、評價和分析鑒定，這既有利於激勵原來表現好的員工繼續保持和發揚下去，也有利於原來表現差的員工向著好的方向轉化和發展。人員考評工作需要格外注意衡量標準的合理和具體。對一個人工作表現好壞的鑒定不能光看到某個方面。有些人可能規規矩矩上班，老老實實地做人，但還是一事無成。另一些人雖然能力很強，但沒有在工作中很好地發揮出來。一個人究竟會對組織做出多大的貢獻，首先取決於其努力程度和能力強弱的共同作用，同時還與個人之外的其他因素，如同事的合作、上級的支持和各種環境條件等有關。所以，在考評員工表現時需要訂立全面、合理的標準。另外，

考評標準還要具體便於測量、考核，這樣才能達到公正、公平的效果。

（四）深入現場法

深入現場也許算得上是一種最古老、最直接的控制方法，它的基本作用就是獲得第一手的信息。作業層（基層）的主管人員通過深入現場，可以判斷出產量、質量的完成情況以及設備運轉情況和勞動紀律的執行情況等；職能部門的主管人員通過深入現場，可以瞭解到工藝文件是否得到了認真地貫徹，生產計劃是否按預定進度執行，勞動保護等規章制度是否嚴格遵守，以及生產過程中存在哪些偏差和隱患等；而上層主管人員通過深入現場，可以瞭解到組織的方針、目標和政策是否深入人心，可以發現職能部門的情況報告是否屬實以及員工的合理化建議是否得到認真執行，還可以從與員工的交談中瞭解他們的情緒和士氣等。這些都是主管人員最需要的，但卻是正式報告中見不到的第一手信息。

但是，深入現場的優點不僅在於能掌握第一手信息，它還能使得組織的管理者保持和不斷更新自己對組織的感覺，使他們感覺到事情是否進展得順利以及組織這個系統是否運轉得正常。深入現場還能夠使得上層主管人員發現被埋沒的人才，並從下屬的建議中獲得不少啓發和靈感。此外，親自深入現場本身就有一種激勵下級的作用，它使得下屬感到上級在關心著他們。所以，堅持經常親臨現場、深入現場，有利於創造一種良好的組織氣氛。

當然，主管人員也必須注意深入現場可能引起的消極作用。例如，也存在著這樣的可能，即下屬可能誤解上司的深入現場，將其看作是對他們工作的一種干涉和不信任，或者是看作不能充分授權的一種表現。這需要引起上層人員的注意。

儘管如此，親臨深入現場的顯著好處仍使得一些優秀的管理者始終堅持這種工作方法。一方面即使是擁有計算機的現代管理信息系統，計算機提供的即時信息，做出的各種分析，仍然代替不了主管人員的親身感受、親自瞭解；另一方面，管理的對象主要是人，是要推動人們去實現組織目標，而人所需要的是通過面對面的交往所傳達的關心、理解和信任。

（五）報告法

報告是用來向負責實施計劃的主管人員全面地、系統地闡述計劃的進展情況、存在的問題及原因、已經採取了哪些措施、收到了什麼效果、預計可能出現的問題等情況的一種重要方式。控制報告的主要目的是提供一種如有必要，即可用作糾正措施的信息。

對控制報告的基本要求是：適時，突出重點，指出例外情況，盡量簡明扼要。運用報告進行控制的效果，通常取決於主管人員對報告的要求。管理實踐表明，大多數主管人員對下屬應當向他報告什麼，缺乏明確的要求。隨著組織規模及其經營活動規模的日益擴大，管理也日益複雜，而主管人員的精力和時間是有限的，從而，定期的情況報告也就越發顯得重要。

實施計劃的上層主管人員對掌握情況可歸納為以下四個方面：

（1）投入程度。就是說，主管人員需要確定他本人參與的程度；需要逐項確定他

應在每項計劃上花費多少時間，應介入多深。

（2）進展情況。就是說，主管人員需要獲得哪些應由他向上級或向其他有關單位（部門）匯報的有關計劃進展的情況，諸如我們的進度如何，怎樣向我們的客戶介紹計劃進展情況，在費用方面我們做得如何，如何向客戶解釋費用問題等。

（3）重點情況。主管人員需要在向他匯報的材料中挑選哪些應由他本人注意和決策的問題。

（4）全面情況。主管人員需要掌握全盤情況，而不能只是瞭解一些特殊情況。

為了滿足上級主管人員的上述四項要求，美國通用電器公司建立了一套行之有效的報告制度。報告主要包括以下八個方面的內容：

（1）客戶的鑒定意見以及上次會議以來的外部的新情況，這方面報告的作用在於使上級主管人員判斷情況的複雜程度和嚴重程度，以便決定他是否要介入以及介入的程度。

（2）進度情況。這方面報告的內容應將工作的實際進度與計劃進度進行比較，說明工作的進展情況。通常，擬訂工作的進度計劃可以採用「計劃評審技術」。對於上層主管人員來說，他所關心的是處於關鍵線路上的關鍵工作的完成情況，因為關鍵工作若不能按時完成，那麼整個工作就有可能誤期。

（3）費用情況。報告的內容應說明費用開支的情況。同樣，要說明費用情況，必須將其與費用開支計劃進行比較，並回答實際的費用開支為什麼超出了原定計劃，以及按此趨勢估算的總費用開支（或超支）情況，以便上級主管人員採取措施。

（4）技術工作情況。技術工作情況是表明工作的質量和技術性能的完成情況和目前達到的水準。其中很重要的問題是說明設計更改情況，要說明設計更改的理由和方案，以及這是提出的要求還是我們自己做出的決定。

以上關於進度、費用和技術性能的報告，從三個方面說明了計劃執行情況。下面是要報告需要上層主管人員決策和採取行動的那些項目，分為當前的關鍵問題和預計的關鍵問題兩項。

（5）當前的關鍵問題。報告者需要檢查各方面的工作情況，並從所存在的問題中挑出三個最關鍵的問題。他不僅要提出問題所在，還須說明對整個計劃的影響，列出準備採取的行動，指定解決問題的負責人，以及規定解決問題的期限，並說明最需要上級領導幫助解決的問題所在。

（6）預計的關鍵問題。報告的內容應指出預計的關鍵問題。同樣也需要詳細說明問題，指出其影響，準備採取的行動，指定負責人和解決問題的時間。預計的關鍵問題對上層主管人員來說特別重要，這不僅是為他們制定長期決策時提供選擇，也是因為他們往往認為下屬容易陷入日常問題而對未來漠不關心。

（7）其他情況。報告的內容應提供與計劃有關的其他情況。例如，對組織及客戶有特別重要情況，上月份（或季、年）的工作績效與下月的主要工作任務等。

（8）組織方面情況。報告的內容應向上層領導提交名單，名單上的人員可能會去找這位領導，這位領導也需要知道他們的姓名。同時還要審查整個計劃的組織工作，包括內部的研製開發隊伍以及其他有關的機構、部門。

(六) 其他控制方法

除上述介紹的幾種控制方法外，常用的控制方法還有多種，如目標管理、網絡計劃技術、全面質量管理、生產控制等。

總之，控制的方法是多種多樣的，在具體的實際控制中，要根據被控制對象的性質特點以控制者本身的經驗和習慣選擇合適的控制方法。

【思考】你所在組織的年度預算是如何執行的？由哪些部門來監管和控制？

【對引導案例的簡要分析】

根據預算編製的程序，一般來講主要包括 6 個步驟。很明顯，鴻發建設集團在預算控制中存在著較大的問題。雖然下一年度的預算，每次都是先由下屬項目單位先報部門預算，然後由財務部門匯總，並進行資金平衡計算。各下屬單位與財務部門都經常採用「下一年度指標＝本年度指標×（1＋變動率）」的公式來試算新的預算指標。但其公司缺少預算領導小組與最高決策人磋商，擬訂出整個組織的預算方案。這就使得下級單位為了本部門的利益多造預算。同時在追加投資時，片面聽取下級的追加理由，並沒有在預算執行過程中認真根據預算標準衡量執行情況，也沒有認真分析造成偏差的原因就對近 50% 的追加投資申請進行了批准，所以造成下級部門各個項目工程中普遍存在拖延工時和資金浪費的現象，也就是說公司管理層並沒有對預算執行情況進行認真的監督、分析超支原因和及時對偏差採取措施進行糾正。如果將同樣工程交給其他承包商，至少可節省 20% 的費用，可見公司的資金浪費之大。所以，鴻發建設集團很有必要對其公司的預算程序和制度進行改進和完善，使得預算真正能起到它應有的作用。

第三節　控制的過程

案例

Lily 的困惑

Lily 是華盛頓某政府機關辦公室的管理員。最近她下屬的員工士氣低落，原因是他們原先實行了彈性工作制，現又恢復了上午 8 點至下午 4 點半的傳統工作制。

上級批准她的辦公室實行彈性工作制時，她慎重地宣布了彈性時間制度：上午 10 點至下午 2 點半為核心時間，每個人均需要上班；上午 6 點至下午 6 點可由個人自行選擇上下班時間補足 8 小時。她相信員工是誠實的並且已經被激勵，因此，沒制定新的控制系統。開始，一切進行順利，士氣旺盛。兩年後，從總會計辦公室來了位審計員，調查發現 Lily 的員工平均每人每天工作 7 小時，有兩位只在核心時間來工作達兩個月之久。Lily 的部門經理看到審計員的報告後，命令 Lily 的辦公室恢復傳統工作制。Lily 極為不安，對她的下屬員工很失望，認為自己信任的人使她下不了臺。

【問題】

你認為 Lily 的問題出在哪兒？

一、控制的基本過程

儘管控制的種類很多，但其基本過程是相同的，控制的基本過程都包括 3 個步驟：確定控制標準、根據標準衡量執行情況、糾正偏差。其控制過程可用圖 8-4 表示。

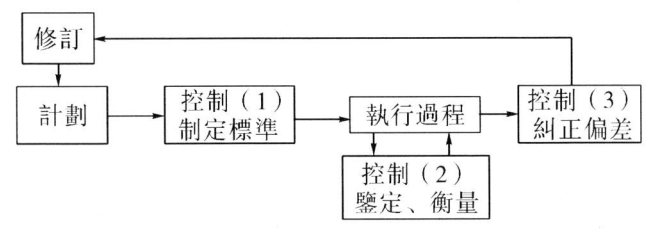

圖 8-4 控制的過程

（一）確定控制標準

確定控制標準是控制過程的起點，由於計劃是控制的依據，所以從邏輯上講，控制過程的第一步是制訂計劃，但是計劃內容詳盡，環節複雜，各級管理人員在實際管理活動中，往往不便於掌握其中的每個細節，因而有必要建立一套科學的控制標準。

標準是一種作為模式和規範而建立起來的測量單位或具體的尺度，是一種模式、規範或指標。對照標準管理人員可以判斷績效和成果。標準是控制的基礎，離開標準要對一個人的工作或一項勞動成果進行評估則毫無意義。

1. 控制標準的種類

標準的種類很多，管理控制中所用的標準主要有五種。

（1）時間標準。主要是反應工作時間進度的各種標準，如完工日期、時間定額等。

（2）成本標準。主要是反應各種工作與活動所支出的費用的標準，如產品成本、質量成本等。

（3）數量標準。主要是從量的方面規定工作和活動所應達到的水準和完成的時間等。

（4）質量標準。主要是從定性的角度規定工作的範圍、水準及質的要求。

（5）行為標準。行為標準是對職工規定的行為準則。

2. 制訂控制標準的要求

控制標準制訂的科學與否以及水準的高低，關係到整個控制工作的有效性。因此，一個好的控制標準，應符合以下要求：

（1）總括性和一致性。標準應具有總括性的特點，不能過於繁雜，以免給衡量和鑑定工作帶來麻煩；同時，還要保持一致性。標準之間要相輔相成，完成一個標準應對完成另一個標準有促進作用，不能相互矛盾、相互影響。

（2）可行性。可行性是指制定的標準既不能過高，也不能過低。標準過高，經過努力也無法實現，會挫傷員工的積極性；標準過低，不經過努力就能實現，控制也就失去了本來的意義。

(3) 穩定性。控制標準一旦定下來之後,要在一定的時間內保持一定的穩定性。一方面可以簡化控制工作,同時也有利於保持員工的工作積極性。

(二) 根據標準衡量執行情況

控制過程的第二個步驟是衡量、對照及測定實際工作的成績與標準之間的差異。通常也把這個步驟稱之為控制過程的「反饋」。

在這一步驟中,首先要明確衡量的手段和方法,設置監測機構,落實進行衡量和檢查的人員。為準確地測量執行情況,必須憑藉切實可行的測定手段,還要考慮測定的精度和頻率。所謂測定精度是指對執行情況的衡量結果能在多大程度上反應出被控制對象的變化。精度越高,越能反應被控制對象的狀態,但衡量工作就越複雜。因此,總的原則是衡量的精度要適度。所謂頻率,是指對控制對象多長時間進行一次測量和評定。頻率越高,越能掌握狀態變化,但同時增加了監測機構的工作量,或者有時根本做不到,因此,總的原則是測定要適當。

對於規模較大的組織來說,要設置獨立的監測機構和工作人員,他們不僅是計劃的執行者,而且還是計劃的制訂者和執行的監督者。他們的工作成績,不僅決定著他們的個人前途,而且還關係到一個組織的未來。因此,不但要對他們的工作進行評價和測量,而且對他們個人的素質也要進行考評。

其次,通過衡量工作獲得大量信息。通過這些信息,一方面可以反應出計劃的進程,使主管人員瞭解到哪些組織部門的工作成績顯著,以便對他們進行資助;另一方面,可使主管人員及時發現那些已經發生或預期將要發生的偏差。這一步工作是依據標準情況,把實際與標準進行比較,對工作做出評價。按照標準衡量實際成效,最理想的是在偏差尚未出現之前就有所覺察,並採取措施加以避免。這一步工作總的要求是所收集到的信息要準確、及時、可靠和適用。

(三) 糾正偏差

糾正偏差是控制過程的最後一個步驟,也是最關鍵的一步。它之所以關鍵,就在於體現了執行控制職能的目的,同時,將控制工作與其他管理職能結合在一起。糾正偏差過程中要注意做好如下工作:

1. 確定偏差產生的原因

偏差的產生,可能是在執行任務過程中由於工作的失誤而產生的,也可能是原有計劃的不周所導致,必須對這兩類不同性質的偏差做出及時而準確的判斷,以便採取不同的糾正偏差行動。

2. 提高補救工作的效率

糾正偏差的活動,要經過發現差異、尋找原因、進行修正等幾個環節。在這幾個環節中,任何一個環節的延遲,都會拉長反饋和糾偏行動的時間,使很多補救措施成為「馬後炮」。因此,除了加強預先控制以外,主要應採取現場控制的方式,以提高糾偏的效率。

3. 制訂補救措施,採用適當的補救工具

補救措施也應有預見性。在制訂標準的同時,就應針對易出問題的環節,制訂出

應急的補救措施；此外，還要設立賞罰制度作為補救的輔助工具。

4. 採取控制措施，達到預期目的

具體的控制措施有許多種類，就根據實際情況加以選擇。一般來講，控制措施大都是從以下幾個方面進行的：

（1）調整和修正原有計劃。控制結果所顯示的偏差過大，有可能是原有計劃安排不當，在控制活動中這些不當之處逐漸顯露出來；也可能是由於內外因素的變化，使原有計劃與現實狀況偏離甚遠。在這種情況下，就要對原計劃加以適當調整。必須指出的是，調整計劃不是任意地變動計劃，它不能偏離組織總的發展目標。調整計劃歸根究柢還是為了組織總體目標的實現。要特別注意不能用計劃來遷就控制，任意地根據控制的需要來修改計劃，這樣就是本末倒置。

（2）改進技術。達不到原定的控制標準，技術上的原因佔有重要的地位。特別是在企業組織中，其生產與計劃的目的之一就是生產出高質量的、符合社會需要的產品。因此，它的計劃工作和控制工作都是以生產為中心的，而生產技術則是生產過程中的主要一環。在很多情況下偏差是來自技術上的原因。為此，就要採取技術措施，及時處理生產上出現的技術問題，糾正偏差，完成計劃目標。

（3）改進組織工作。控制職能是與組織職能相互影響的。在這裡組織工作的問題可以分為兩種：一是計劃制訂之後，在組織實施方面的工作沒有做好，沒有完成預定的目標。二是控制階段本身的組織體系不完善，不能對已產生的偏差加以及時的跟蹤與糾正。在這兩種情況下，都要進一步改進組織工作，如調整組織機構、調整責權利的關係、改進分工協作關係、適當調配和培訓人員等。

上述控制過程的三個基本步驟構成了一個完整的控制系統，三個步驟完成了一個控制週期。通過每一次循環，使偏差不斷縮小，保證組織目標最有效的實現。

【思考】管理者的主要活動就是控制嗎？

二、有效控制的條件

從控制過程的分析中可以看出，有效的控制應滿足以下條件和要求：

（一）控制系統應切合管理者的個別情況

控制系統和信息是為協助每個管理者行使其控制職能的。如果所建立的控制系統不為管理者所理解、信任和使用，那麼，它就沒有多少意義。因此，建立控制系統必須符合每個管理者的情況及其個性，使他們能夠理解它、信任它並自覺地運用它。例如：不同的人提供的信息形式不盡相同，工程技術人員喜歡用數據和圖表形式；統計、會計人員喜歡用複雜的表格和數字形式；行政人員喜歡用文字形式等。而對管理人員來說，由於知識水準有限，不可能樣樣精通。因此，提供信息就要注意他們的個性特點，要提供那些能夠為他們所熟悉、理解和接受的信息。同樣，控制技術也是如此。不同的管理者應適用不同的控制技術。

（二）控制工作應確立客觀標準

管理難免有許多主觀因素存在，但是對於一個下級工作的評價不應僅憑主觀來決

定。在憑主觀來控制的那些地方，管理者或下級的個性也許會影響對工作的準確判斷。但是如能定期地檢查過去所擬的標準和計量規範，並使之符合現時的要求，那麼人們客觀地來控制他們的實際執行情況就不會很難。因此，可以說，有效的控制必須有客觀的、準確的和適當的標準。

客觀的標準可以是定量的，如每一個控制對象的完成時間、費用、數量等；也可以是定性的，例如一項專門的訓練計劃，或者職工技能的培訓計劃等。問題的關鍵在於，在每一種情況下，標準應是可以測定和可以考核的。

(三) 控制工作應具有靈活性

控制工作即使是在面臨著計劃發生了變化，出現了未能預見的情況或計劃全盤錯誤的情況下，也應當能發揮它的作用。有管理學家曾指出：「在某種特殊情況下，一個複雜的管理計劃可能失常。控制系統應當報告這些失常的情況，它還應當含有足夠靈活的要素以便在出現任何失常情況下能保持對運行過程的管理控制。」也就是說，如果要使控制工作在計劃出現失常或預見不到的變動的情況下保持有效性的話，那麼，所設計的控制系統就要有靈活性。這就要求在制訂計劃時，要考慮各種的情況而擬訂各種抉擇方案。一般而言，靈活的計劃最有利於靈活的控制。但是要注意的是，這一要求僅僅是應用於計劃失常情況下，而不適合於在正確計劃指導下人們的工作不當的情況。

(四) 控制工作應有糾正措施

一個正確而有效的控制除了應能揭示出工作過程中哪些環節出了差錯，誰應對此負責以外，還應確保能採取適當的糾正措施，否則這個系統就等於名存實亡。應當牢記的是只有通過適當的計劃工作、組織工作、人員配備工作、領導工作等方法能夠揭示或糾正所發生的偏離計劃的情況，才能保證該控制工作的正確和有效。

(五) 應具有全局觀點

在組織結構中，各個部門及其成員都在為實現其個別的或局部的目標而活動著。許多管理者在進行控制工作時，就往往從本部門利益出發，只求能正確實現自己局部的目標而忽視了組織目標的實現。組織總的目標是要靠各部門及成員協調一致的活動才能實現的。所以，對於一個合格的管理者而言，進行有效的控制時，不能沒有全局觀點，他要從整體利益出發來實施控制，將各個局部的目標協調一致。

(六) 有效的控制應面向未來

一個真正有效的控制系統應能預測未來，及時發現可能出現的偏差，預先採取措施，調整計劃，而不是等出現了問題再去解決。

【對引導案例的簡要分析】

從該案例可以看出，Lily 在實行彈性工作制時間時，並沒有制定相應的控制辦法。雖有標準，但沒有對照標準進行檢查實際執行情況，更不用說採取措施糾正偏差了。同時，針對不同的員工，應採取不同的控制技術，所以 Lily 的控制方法不是一種有效的控制。控制應是一個連續的過程，是按照計劃標準來衡量所取得的成果，並糾正所

發生的偏差，以確保計劃與目標的實現的閉路系統。控制活動是貫穿於管理活動始終的一條主線，只要有管理，就必然有控制。如果不進行控制，管理就會成為無效的管理。

第四節　控制中的阻力

一、反對控制的原因

不管一個組織的控制系統是多麼有效，總會有人反對或抵制組織的控制。人們為什麼會反對甚至抵制組織的控制呢？根據總結，其主要的原因有：

（一）過分的控制

有的組織者企圖對組織內所有的一切都進行嚴格的控制，結果是引起組織成員的普遍不滿。一個組織對員工應何時上班、何時吃午飯、何時下班做一些控制是必要的，但若對員工上廁所的次數和時間都進行控制，恐怕就有點過分了。如果一個組織對員工增加一些額外的無理控制，那麼矛盾就可能會激化。一般地，人們越是感到控制過分，反對和抵制控制的情緒也就越劇烈。

【思考】全面控制與過分的控制有何不同？

（二）不恰當的控制點

即使不是面面俱到的控制，如果控制點選擇不當，也會遭到反對和抵制。如有的組織只注意產品的數量而不注重質量，有的大學只強調教師出論著的多少而忽視教學等，都可能引起人們對控制的反感。

（三）不公平的報酬

有時人們反對控制是因為管理者未能根據考評的結果給予公平的獎懲。如果考評歸考評，獎懲歸獎懲，人們會覺得這樣的考評是沒有必要的。例如，當兩個同等規模和類型的部門在年終結束時，一個部門的行政費尚有 5,000 元結餘，另一個部門則超支 3,000 元，在這種情況下，若管理者在決定這兩個部門第二年的預算時，給予的行政費相同，均為 3 萬元，其中前一個部門的 3 萬元包括上年度結餘的 5,000 元在內，後一個部門的 3 萬元則已扣除上年度的 3,000 元赤字。這樣前者實際的預算為 2.5 萬元，後者的預算為 3.3 萬元。前者因為結餘而受到了懲罰，後者反而因上年的赤字受到了結餘。很明顯，人們對這樣的預算往往會持反對和抵制態度。

（四）責任制度問題

效率高的控制系統往往都明確規定各人的工作職責，若職責不明，就容易被一部分人鑽空子，因為組織中常常有一部分人不堅守崗位好好工作。當制度不明時，當這些人在工作中出現了問題時，就會千方百計地推卸自己的責任，反對和抵制組織對自己的控制。

二、抵制控制的表現方式

當人們反對控制時，常常會有以下幾種表現方式：

（一）對抗某項制度

例如，企業的部門經理們會經常虛報預算，以預防所在部門的經費被消減；員工們如果不喜歡組織的某條規定，往往就會一味死扣它的字眼為自己辯護，卻根本不顧那條規定的用意；當操作人員不喜歡公司的安全預防措施時，就會以不折不扣地按相關條文辦事為借口而故意拖慢工作速度，以此迫使管理者修改條文。

（二）提供片面的或錯誤的信息

無論是經理還是員工，向上級匯報自己的工作失誤總不是件令人愉快的事情。因此，有的信息會被故意拖延，匯報時也會遮遮掩掩，甚至被篡改得面目全非。

【思考】為什麼有的管理者對下屬的錯誤總是千方百計地為其辯解？

（三）製造控制的假象

當向上級匯報工作時，人們常說的一句話就是「一切正常」，而事實上可能存在著很多的問題。

（四）故意怠工與破壞

假如管理者把有的標準制定得不合理，員工們會以故意怠工的方式來對抗。而管理人員為了證明某一套控制方法不靈，就會有意製造混亂，弄出一大堆問題，給管理造成困擾。

三、管理者的對策

人們反對和抵制控制的原因和方式是多種多樣的。面對人們的反對和抵制，管理者應如何處理呢？以下是一些可供採用的方法：

（一）建立有效的控制系統

要想進行順利有效的控制，就必須從一開始就建立一個高效率的控制系統。如果控制圍繞著計劃目標，有重點、有靈活性、有及時性、有準確性和合理的獎懲制度的話，就會減少或避免過分控制和控制不當等問題的出現，同時也可逐漸使那些對工作不負責的人意識到自己應該擔負的責任。

（二）讓盡可能多的人參與控制

參與可減少和避免人們對控制和變革的阻力。讓盡可能多的人參與計劃和控制系統的制定，可以使參與的人在遵守和執行控制中負有更大的責任心，參與的人越多，反對和抵制的力量就會越小。

（三）採用目標管理

採用目標管理可減少人們對控制的反對和抵制情緒。因為目標管理是由管理者和

下屬共同制定目標和有關標準的，每一個人事先都清楚自己即將得到的報酬，並且目標管理把計劃與控制系統緊密結合，因此，人們自然會減少對控制的不滿。

(四) 建立記錄備查制度

為了明確責任和便於解釋，要建立各方面的記錄備查制度。例如，一個車間主管認為他這個車間之所以未能達到原定的降低成本的要求，是因為原材料的漲價。如果控制信息系統詳細地記載著各種原材料的進價的話，就可很快查出這個主管的解釋是否正確，並確定相應的責任。因此，建立各方面的記錄備查制度可減少人們對控制的反對情緒。

本章小結

1. 控制就是按照計劃標準來衡量所取得的成果，並糾正所發生的偏差，以確保計劃與目標的實現。

2. 控制按控制點處於事物發展進程的哪一個階段，可以劃分為事前控制、事中控制和事後控制；按控制信息的性質，可以分為反饋控制和前饋控制；按控制力量的來源可分為正式組織控制、群體控制和自我控制；按照控制工作的專業劃分，可以分為庫存控制、進度控制、質量控制和預算控制；按控制的手段可以分為直接控制和間接控制。

3. 對於不同的組織而言，其預算會各不相同，即使同一個組織內部的不同部門，也會有各種各樣的預算。歸納起來，預算可分為收支預算、實物量預算、投資預算、現金預算、負債預算和總預算。

4. 非預算控制的方法有會計控制法、審計控制法、人事管理控制法、深入現場法和報告法等。

5. 控制的基本過程都包括三個步驟，即確定控制標準、根據標準衡量執行情況、糾正偏差。

6. 要使控制工作取得預期的成效，應注意：要切合管理者的個別情況；應確立客觀標準；應具有靈活性；應有糾正措施；具有全局觀點；面向未來。

關鍵概念

1. 控制　2. 預算　3. 事前控制　4. 事中控制　5. 事後控制　6. 非預算控制　7. 反饋控制　8. 預算控制

思考題

1. 控制系統由哪些要素構成？
2. 事前標準有何重要意義？

3. 有效控制的特徵是什麼？

練習題

一、單項選擇題

1. 控制工作得以開展的前提條件是（　　）。
   A. 建立控制標準　　　　　　　　B. 分析偏差原因
   C. 採取矯正措施　　　　　　　　D. 明確問題性質

2. 一般而言，預算控制屬於（　　）。
   A. 反饋控制　　　　　　　　　　B. 前饋控制
   C. 現場控制　　　　　　　　　　D. 即時控制

3. 下面的論述中哪一個是現場控制的優點？（　　）
   A. 防患於未然。
   B. 有利於提高工作人員的工作能力和自我控制能力。
   C. 適用於一切領域中的所有工作。
   D. 不易造成管理者的心理衝突。

4. 對於建立控制標準，下列哪一種說法不恰當？（　　）
   A. 標準應便於衡量。
   B. 標準應有利於組織目標的實現。
   C. 建立的標準不可以更改。
   D. 建立的標準應當盡可能與未來的發展相結合。

5. 為了對企業生產經營進行控制，必須制定績效標準作為衡量的依據，這個標準（　　）。
   A. 應該有彈性，以適應情況的變化
   B. 越高越好，從嚴要求
   C. 一旦制定便不能改動
   D. 應盡量具體，最好用數量來表示

6. 「根據過去工作的情況，去調整未來活動的行為。」這是（　　）。
   A. 前饋控制　　　　　　　　　　B. 反饋控制
   C. 現場控制　　　　　　　　　　D. 即時控制

7. 外科實習醫生在第一次做手術時需要有經驗豐富的醫生在手術過程中對其進行指導，這是一種（　　）。
   A. 預先控制　　　　　　　　　　B. 事後控制
   C. 隨機控制　　　　　　　　　　D. 現場控制

8. 在常用的控制標準中，「合格率」屬於（　　）。
   A. 時間標準　　　　　　　　　　B. 數量標準
   C. 質量標準　　　　　　　　　　D. 成本標準

9. 下面關於控制工作的描述，哪一種更合適？（　　）
   A. 控制工作主要是制定標準以便和實際完成情況進行比較。
   B. 控制工作主要是糾正偏差，保證實際組織的目標。
   C. 控制工作是按照標準衡量實際完成情況和糾正偏差以確保計劃目標的實現，或適當修改計劃，使計劃更加適合於實際情況。
   D. 控制工作是收集信息、修改計劃的過程。
10. 不適合進行事後控制的產品是（　　）。
    A. 相機　　　　　　　　　　B. 膠卷
    C. 水泥　　　　　　　　　　D. 洗髮精

二、論述題

1. 如何實現組織的有效控制？
2. 結合你的學習和工作實際，談談你是如何對計劃進行控制的。

三、案例分析

（一）控制的範圍

一個機床操作工把大量的機油灑在機床周圍的地面上。車間主任叫操作工把灑掉的機油清掃干淨，操作工拒絕執行，理由是工作說明書裡沒有包括清掃的條文。車間主任顧不上去查工作說明書的原文，就找來一名服務工來做清掃工作。但服務工同樣拒絕，他的理由是工作說明書裡也沒有包括這一類工作。車間主任威脅說要把他解雇，因為這種服務工是分配到車間來做雜務的臨時工。服務工勉強同意，但是干完之後立即向公司投訴。

有關人員看了投訴，審閱了三類人員的工作說明書：機床操作工、服務工和勤雜工。機床操作工的工作說明書規定：操作工有責任保持機床的清潔，使之處於可操作狀態，但並未提及清掃地面。服務工的工作說明書規定：服務工有責任以各種方式幫助操作工，包括清掃工作。勤雜工的服務工作說明書中確實包括了各種形式的清掃，但是他的工作時間是從正常工人下班後開始的。

【問題】
1. 對於服務工的投訴，你認為該如何解決？有何建議？
2. 如何防止類似分歧的重複發生？
3. 你認為該公司在管理上有哪些地方需要改進？

（二）控制目標

某機修廠是深圳某股份公司的下屬企業，主要負責本公司200多臺機械設備（起重機、拖車、皮帶運輸機等）的維修和保養。

根據公司要求和機修廠的職責和任務，為了使生產實現優質、高效、低耗，制定了如下的管理目標：

（1）完成稅後利潤＞500萬元，人員定編＜85人。

(2) 設備計劃維修完成率＞80％，最長停車日＜20天。
(3) 設備出廠合格率＞95％，返修率＜3％。
(4) 修理質量優秀率＞90％，工時按時完成率＞95％。
(5) 具有中級技術職稱的員工＞80％。
(6) 門機維修成本＜0.5元/噸，清倉機維修成本＜0.55元/噸。
(7) 全年為生產解決五個技術難題。

【問題】
1. 該目標的優點是什麼？
2. 該目標存在什麼不足？
3. 請設計更好的目標體系。

（三）客戶服務質量控制

美國Visa信用卡公司的卡片分部認識到高質量的客戶服務是相當重要的。客戶服務不僅影響公司信譽，也和公司利潤息息相關。比如，一張信用卡每早到客戶手中一天，公司可獲得33美分的額外銷售收入，這樣一年下來，公司將有140萬美元的淨利潤，及時地將新辦理的和更換的信用卡送到客戶手中是客戶服務質量的一個重要方面，但這遠遠不夠。

決定對客戶服務質量進行控制來反應其重要性的想法，最初是由卡片分部的一個地區副總裁凱西·帕克提出來的。她說：「一段時間以來，我們對傳統的評價客戶服務的方法不太滿意。向管理部門提交的報告有偏差，因為它們很少包括有問題但沒有抱怨的客戶，或那些只是勉強滿意公司服務的客戶。」她相信，真正衡量客戶服務的標準必須基於和反應持卡人的見解。這就意味著要對公司控制程序進行徹底檢查。第一項工作就是確定用戶對公司的期望。對抱怨信件的分析指出了客戶服務的3個重要特點：及時性、準確性和反應靈敏性。持卡者希望準時收到帳單、快速處理地址變動、採取行動解決抱怨。

瞭解了客戶期望，公司質量保證人員開始建立控制客戶服務質量的標準。所建立的180多個標準反應了諸如申請處理信用卡發行，帳單查詢反應及帳戶服務費代理等服務項目的可接受的服務質量。這些標準都基於用戶所期望的服務的及時性、準確性和反應靈敏性上；同時也考慮了其他一些因素。

除了客戶見解，服務質量標準還反應了公司競爭性、能力和一些經濟因素。比如一些標準因競爭引入，一些標準受組織現行處理能力影響，另一些標準反應了經濟上的能力。考慮了每一個因素後，適當的標準就成型了，於是開始實施控制服務質量的計劃。計劃實施效果很好，比如處理信用卡申請的時間由35天降到15天，更換信用卡從15天降到2天，回答用戶查詢時間從16天降到10天。這些改進給公司帶來的潛在利潤是巨大的。例如，辦理新卡和更換舊卡節省的時間會給公司帶來1,750萬美元的額外收入。另外，如果用戶能及時收到信用卡，他們就不會使用競爭者的卡片了。

該質量控制計劃潛在的收入和利潤對公司還有其他的益處，該計劃使整個公司都注意客戶期望。各部門都以自己的客戶服務記錄為驕傲。而且雇員在為客戶服務時，

都認為自己是公司的一部分，是公司的代表。

信用卡客戶服務質量控制計劃的成功，使公司其他部門紛紛效仿。無疑，它對該公司的貢獻是非常巨大的。

【討論】
1. 該公司控制客戶服務質量的計劃是前饋控制、反饋控制還是現場控制？
2. 找出該公司對計劃進行有效控制的三個因素。
3. 為什麼該公司將標準設立在經濟可行的水準上，而不是最高可能的水準上？

(四) 蘇南機械有限公司

蘇南機械有限公司是江蘇的一個擁有三千多名職工的國有企業，主要生產金屬切削機械。公司建立於新中國成立初期，當初只是一個幾十人的小廠。公司從小到大，經歷了幾十年的風風雨雨，為國家做出過很大的貢獻。

20世紀80年代，公司獲得了一系列令人羨慕的殊榮：經主管局、市有關部門及國家有關部委的考核，公司各項指標均達到了規定的要求，因此被光榮地評為國家一級企業；廠裡的當家產品質量很好，獲得了國家銀質獎。隨著外貿體制改革，逐漸打破了國家對外貿的壟斷，除了外貿公司有權從事外貿外，有關部門經考核，挑選了一部分有經營外貿潛力的國有大、中型企業，賦予它們外貿自主權，讓它們直接進入國際市場，從事外貿業務。公司就是在這種形勢下，得到了上級有關部門的青睞，獲得了外貿自主權。

進入90年代，企業上上下下都感到日子吃緊，雖然經過轉制，工廠改制成了公司，但資金問題日益突出，一方面公司受「三角債」的困擾，另一方面產品積壓嚴重，銷售不暢。為此公司領導多次專題研究銷售工作，大部分人都認為，公司的產品銷不動，常常競爭不過一些三資企業和鄉鎮企業，問題不在產品質量，而主要是在銷售部門的工作上。因此，近幾年公司對銷售工作做了幾次大的改革，先是打破了只有公司銷售部門獨家對外進行銷售的格局，賦予各分廠（即原來的各車間）進行對外銷售的權力，還另外組建了幾個銷售門市部，從而形成一種競爭的局面，利用多方力量來推動銷售工作，公司下達包括價格浮動幅度在內的一些指標來加以控制。

與此同時，公司對原來的銷售科進行了充實調整工作，把銷售科改為銷售處、以後又改為銷售部，現在正式改為銷售公司。在人員上也作了調整，抽調了一批有一定技術、各方表現均不錯的同志充實進銷售公司。這樣一來，從事銷售工作的人員增加了不少，銷售的口子也從原來的一個變成了十幾個。當初人們擔心，這樣會造成混亂，但由於公司通過一些指標加以控制，所以基本上沒有出現這種情況，但是銷售工作不景氣的狀況卻沒有根本改變，這是近年來一直困擾公司領導的一大問題。

與此同時，公司的外銷業務有了長足的發展。當初公司從事外銷工作的一共只有五六個人，是銷售科內的一個外銷組，以後公司獲得了外貿自主權，公司決定成立進出口部專門從事外銷工作，人員也從原來的幾個發展到了今天的30個：除了12個人在外銷倉庫，18個人中有5個外銷員，5個貨源員，其他的人從事單證、商檢、海關、船運、後勤等各項工作。公司專門抽調了老王擔任進出口部經理。老王今年50歲，一

直擔任車間、科室的主要領導，是公司有名的實力派人物。在王經理的帶領下，進出口部的業績令人矚目：1996 年的外銷量做到了 450 萬美元，1997 年達到 500 萬美元，1998 年計劃為 650 萬美元，到 9 月份已達到了 500 多萬美元，看來完成預定的計劃是不成問題的。

　　成績是顯著的，但問題矛盾也不少。進出口部成立以來，有三件事一直困擾著王經理：一是外銷產品中，本公司產品一直上不去。公司每年下達指標，要求進出口部出口本公司一定量的產品，如 1998 年的指標是 650 萬美元的外銷量，其中本公司的產品應達 350 萬美元。公司的理由是：內銷有困難，進出口部要為公司挑擔子。雖然做本公司產品對進出口部來講沒多大利潤，但這關係到全公司 3,000 人的吃飯問題。因此，進出口部只得接受這任務，王經理再將指標分解給外銷員，即每人做 70 萬美元的本公司產品，可結果總是完不成。王經理和外銷員都反應，完不成的責任不在進出口部，因為訂單來了，本公司分廠不能及時交貨，價格也有問題，所以只能讓其他廠去做，進出口部做收購，這樣既控制了價格、質量，又能及時交貨。講穿了，做本公司的產品，進出口部要去求分廠，而做外購是人家求進出口部，好處也就不言而喻了。公司對進出口部完成不了本公司產品的出口任務一直有意見，進出口部與各分廠的關係也搞得很僵，而且矛盾還在發展之中。二是外銷員隊伍的穩定問題。近幾年已有幾位外銷員跳了槽，而且跳出去的人據說都「發」了，有的自己開公司做貿易，有的跳到別的外貿公司，因為他們是業務熟手，手中又有客戶，所以都享有很高待遇，一句話，比在原來公司好多了。這又影響了現在的外銷員。公司雖然在工資、獎金上向外銷員作了傾斜，但他們比跳槽的收入還差一大截，因此總有些人心不定，有的已在公開揚言要走，王經理也聽到一些消息，說是有的人已在外面悄悄干上了。面對這樣的狀況，王經理心裡萬分著急，他知道，培養一個好的外銷員不易，走掉一個外銷員，就會帶走一批生意。他深知問題的嚴重性，也想了好多辦法，想留住人心，比如搞些活動，加強溝通等，但在有些人身上收效很少。該怎麼辦呢？這是王經理一直在思考的問題。

　　【對該案例的簡要分析】

　　從案例中，我們注意到蘇南機械廠存在的一個重要問題就是「只設定了經營目標，而缺乏對整個實施目標過程的全面控制」，這樣就影響了組織目標的實現——案例中提到，蘇南機械廠採用目標管理對銷售人員的控制還是比較有效的，銷售人員完成銷售任務的情況也比較好，可見目標管理是一種比較有效的對中、基層管理人員進行控制的手段。但是，他們採用的目標管理也存在一定的問題：一是給銷售人員制定的目標不夠細緻；二是老王沒有定期檢查銷售人員的目標完成進度；三是當銷售人員沒有按照要求完成目標時，缺乏有力的負強化手段。

　　但是對各分廠的生產進度管理缺乏直接、有效的控制，在案例中幾乎沒有任何的體現，經營效果上總是不能按時完成生產任務，總公司對各分廠的控制缺乏力度。建議給各分廠的廠長指定明確的業績指標，並專設一名負責財務的副廠長進行預算控制，對一線的生產車間要進行嚴格控制，實施目標管理，甚至是由車間主任進行直接監督。

　　而案例中關於蘇南機械廠的銷售人員的大量流失，究其原因，主要有兩個方面：

①銷售人員由於工作性質特點，雖然廠裡已經在薪水上做了傾斜，但是傾斜的力度還是不夠。②企業只注重物質上的激勵，而缺乏精神上的激勵，尤其是忽視了企業文化在激勵和控制上的作用——員工在完成了銷售指標後，只是獲得了薪酬獎勵。企業可以專門為銷售人員舉辦一個「節日」，在這個節日裡，向那些為企業做出突出貢獻的銷售人員進行表彰，為他們頒發獎章，把他們的照片掛在光榮榜上，由他們為新來的員工做演講、介紹自己的工作經驗，使他們除了獲得薪酬外，還獲得了榮譽和尊重，他們自己甚至成為構建企業文化的重要一員。

【問題】如果是處於王經理的位置，你如何解決目前公司所面臨的困局？

第九章　激勵理論

學習目標

1. 掌握激勵的含義和概念
2. 掌握常見的幾種激勵理論
3. 掌握激勵的常見方法

引導案例

小段的困惑

小段畢業於國內某名牌大學的機電工程系，是液壓機械專業方面的工學碩士。畢業以後，小段到北京某研究院工作，其間因業績突出而被破格聘為高工。在中國科研體制改革大潮的衝擊下，小段和另外幾個志同道合者創辦了一家公司，主要生產液壓配件，公司的資金主要來自幾個個人股東，包括小段本人、他在研究院時的副手老黃，以及他原來的下屬小秦和小劉。他們幾個人都在新公司任職，老黃在研究院的職務還沒辭退掉，小段、小秦、小劉等人則徹底割斷了與研究院的聯繫。新公司還有其他幾個股東，但都不在公司任職。各人在公司的職務安排是，小段任總經理，負責公司的全面工作，小秦負責市場銷售，小劉負責技術開發，老黃負責配件採購、生產調度等。近年來公司業務增長良好，但也存在許多問題，這使小段感到了沉重壓力。

首先，市場競爭日趨激烈，在公司的主要市場上，小段感受到了強烈的挑戰。其次，老黃由於要等研究院分房子而未辭掉在原研究院的工作，儘管他分管的事抓得挺緊，小段仍認為他精力投入不夠。再次，有兩個外部股東向小段提建議，希望公司能幫助國外企業做一些國內的市場代理和售後服務工作。這方面的回報不低，這使小段(也包括其他核心成員)頗為心動，但現在仍舉棋不定。最後，由於公司近兩年發展迅速，股東們的收入有了較大幅度的增加，當初創業時的那種拼搏奮鬥精神正在消退。例如，小段要求大家每天必須工作滿12小時，有人開始表現出明顯的抵觸情緒，勉強應付或者根本不聽。

公司的業績在增長，規模在擴大，小段感到的壓力也越來越大。他不僅感到應付工作很累，而且對目前的公司狀況有點不知所措，不知該解決什麼問題，該從何處下手，公司的某些核心成員也有類似的感覺。在這樣的情況下小段應如何令公司發展更上一個臺階並在人員使用上進入一個良性的循環呢？

案例來源：http://www.doc88.com。

第一節　激勵概述

一、激勵的含義

　　激勵對於不同的人具有不同的解釋，對有的人來說，激勵是一種動力，對另一些人來說，激勵則是一種精神上的支柱，或者為自己樹立起榜樣。激勵是一種抽象的東西，所以當我們試圖解釋它的含義及應用時總會有些困難。通過觀察所導致的行為，人們已經提出了許多關於激勵的解釋，在這些解釋和研究成果的基礎上，形成了一些對激勵的定義。管理工作中的激勵就是通常所說的調動人的積極性。

　　弗魯姆（Vroom）把激勵定義為：對於個人及低層組織就其自願行為所作的選擇進行控制的過程。激勵是誘導人們按照預期的行動方案進行行動的行為。這些活動可能對被激勵者有利，也可能對被激勵者不利。

　　貝雷爾森（Burleson）和斯坦尼爾（Steiner）給激勵下了如下的定義：「一切內心要爭取的條件、希望、願望、動力等都構成了對人的激勵。……它是人類活動的一種內心狀態。」

　　佐德克（Zedeck）和布拉德（Blood）認為，激勵是朝某一特定目標行動的傾向。

　　愛金森（Atchinson）認為，激勵是對方向、活動和行為持久性的直接影響。

　　蓋勒曼（Gellerman）認為，激勵引導人們朝著某些目標行動，並花費一些精力去實現這些目標。

　　多數定義似乎都強調了同樣的內容，一種驅動力或者誘發力。基於此，本書對激勵進行如下定義：

　　激勵（motivation）是指影響人們的內在需求或動機，從而加強、引導和維持行為的活動或過程。激勵的本質就是激發人的行為動機的心理過程。

　　從管理學的角度說，激勵是領導和管理的一種職能，是指領導者運用各種手段，激發下屬的動機，鼓勵下屬充分發揮內在的潛力，努力實現自己所期望的目標並引導下屬按實現組織既定目標的要求去行動的過程。

　　可以從以下三個方面來理解激勵這一概念。

　　（1）激勵是一個過程。人的很多行為都是在某種動機的推動下完成的。對人的行為的激勵，實質上就是通過採用能滿足人需要的誘因條件，引起行為動機，從而推動人採取相應的行為，以實現目標，然後再根據人們新的需要設置誘因，如此循環往復。

　　（2）激勵過程受內外因素的制約。各種管理措施，應與被激勵者的需要、理想、價值觀和責任感等內在的因素相吻合，才能產生較強的合力，從而激發和強化工作動機，否則不會產生激勵作用。

　　（3）激勵具有時效性。每一種激勵手段的作用都有一定的時間限度，超過時限就會失效。因此，激勵不能一勞永逸，需要持續進行。

二、激勵過程

激勵和動機緊密相連，所謂動機就是個體通過高水準的努力而實現組織目標的願望，而這種努力又能滿足個體的某些需要。這裡有三個關鍵要素：努力的強度和質量、組織目標、需要。動機是個人與環境相互作用的結果，動機是隨環境條件的變化而變化的，動機水準不僅因人而異，而且因時而異，動機可以看做是需要獲得滿足的過程。

心理學的研究表明，人的動機是由他所體驗到的某種未滿足的需要和為達到的目標所引起的。這種需要或目標可以是生理或物質上的，也可以是心理和精神上的。在現實情境中，人的需要往往不只有一種，而是會同時存在多種需要。這些需要的強弱也隨時會發生變化。在任何時候，一個人的行為動機總是由其全部需要中最重要、最強烈的需要所支配、決定的，這種最重要、最強烈的需要就叫優勢/主導需要。人的一切行為都是由其當時的優勢需要引發，朝著滿足這種優勢需要的目標努力的。這種努力的結果又作為新的刺激反饋回來調整人的需要結構，指導人的下一個新的行為，這就是所謂的激勵過程，也稱動機—行為過程。

激勵的過程主要有四個部分，即需要、動機、行為、績效。首先是需要的產生，在個人內心引起不平衡狀態，產生了行為的動機。通過激勵，使個人按照組織目標去尋求和選擇滿足這些需要的行為，最後達到提高績效的目的。其基本模式如圖9-1所示：

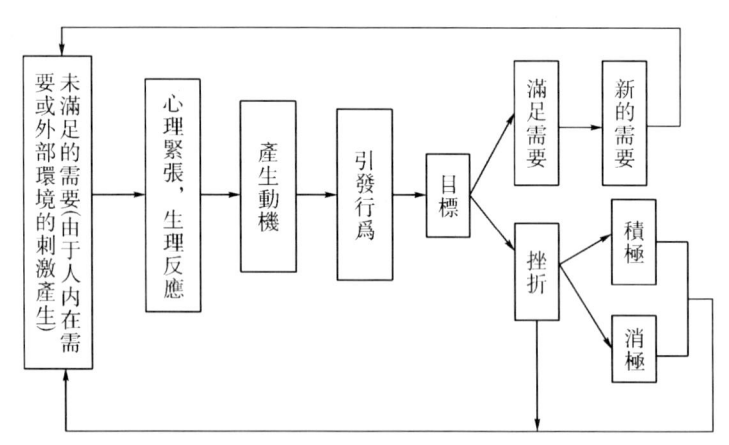

圖9-1　激勵過程的基本模式

三、內在激勵與外在激勵

激勵產生的根本原因可分為內因和外因。內因由人的生理需要及其認知產生，外因則是人所處的環境，顯然，激勵的有效性在於對內因和外因的深刻理解，並合理地運用。

(一) 外在性需要和激勵

這種需要所瞄準和指向的目標（或誘激物），是當事者自身所無法控制而由外界環境來支配的。換句話說，外在性需要是靠組織所掌握和分配的資源（或獎酬）來滿足的。能滿足外在性需求的資源（或獎酬），就是外在性的資源（或獎酬），由這類資源所誘發的動機則是外在性動機，這樣所調動起來的積極性便是外在性激勵。

(二) 內在性需要和激勵

這種需要是不能靠外界組織所掌握和分配的資源直接滿足的，它的激勵源泉來自所從事的工作本身，依靠工作活動本身或工作任務完成時所提供的某些因素而滿足。這些因素都是與工作有關的，它們都是抽象的、不可見的，要通過當事者自身的主觀體驗來汲取和獲得。

與外在性需要相反，內在性需要與工作密切相關，其滿足或激勵源存在於工作之中，此時工作本身具有激勵性而不再是工具性的了。可見，所謂「內在性」是指內在於工作之中，並非指內在於受激者自身之內，「內在」與「外在」都是相對於工作而言的。

內在性需求的滿足取決於受激者自身的體驗、愛好與判斷，內在性激勵由受激者自己控制和支配。從這種意義上說，內在性激勵才是真正的工作激勵，它不像外在性激勵那樣由組織控制的誘激物所牽引，而是由工作中的內在力量所推動。

外在性激勵在外在誘激物消失時便會隨之消退；內在性激勵則不管環境如何變化，都能持續、堅韌地發揮作用，加之它基本上不另外增加成本，所以是很值得管理者重視、發掘和利用的有效激勵手段。

第二節　激勵理論

一、需要層次理論

這一理論是由美國社會心理學家亞伯拉罕・馬斯洛（Abraham Maslow）提出來的，因而也稱為馬斯洛需要層次論（hierarchy of needs theory）。

馬斯洛的需要層次論有兩個基本出發點。一個基本論點是人是有需要的動物，其需要取決於他已經得到了什麼，還缺少什麼，只有尚未滿足的需要能夠影響行為。換言之，已經得到滿足的需要不再起激勵作用。另一個基本論點是人的需要都有層次，某一層需要得到滿足後，另一層需要才出現。在這兩個論點的基礎上，馬斯洛認為在特定的時刻，人的一切需要如果都未能得到滿足，那麼滿足最主要的需要就比滿足其他需要更迫切，只有前面的需要得到充分的滿足後，後面的需要才顯示出其激勵作用。

為此，馬斯洛認為每個人都有五個層次的需要：生理的需要、安全的需要、社交或情感的需要、尊重的需要、自我實現的需要。

生理的需要是任何動物都有的需要，只是不同的動物對這種需要的表現形式不同

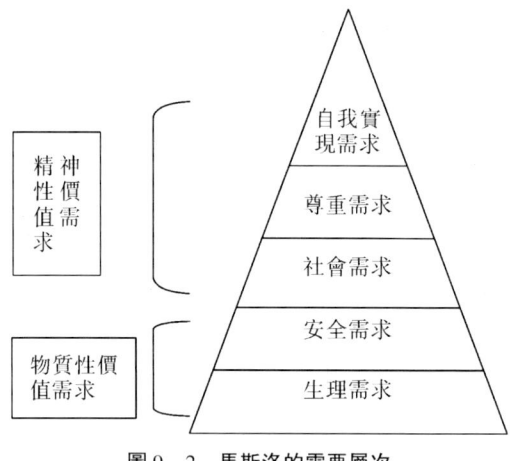

圖9-2 馬斯洛的需要層次

[精神性價值需求：自我實現需求、尊重需求、社會需求]
[物質性價值需求：安全需求、生理需求]

而已。對人類來說，這是最基本的需要，如衣、食、住、行等。

安全的需要是人作為一個高級動物為了保護自己免受身體和情感傷害的需要。它又可以分為兩類：一類是現在的安全的需要，另一類是對未來的安全的需要。即一方面要求自己現在的社會生活的各個方面均能有所保證，另一方面，希望未來生活能有所保障。

社交的需要包括友誼、愛情、歸屬及接納方面的需要。這主要產生於人的社會性。馬斯洛認為，人是一種社會動物，人們的生活和工作都不是孤立地進行的，這已由20世紀30年代的行為科學研究所證明。這說明，人們希望在一種被接受或屬於的情況下工作，屬於某一群體，而不希望在社會中成為離群的孤島。

尊重的需要分為內部尊重和外部尊重。內部尊重因素包括自尊、自主和成就感；外部尊重因素包括地位、認可和關注或者說受人尊重。自尊是指在自己取得成功時有一種自豪感，它是驅使人們奮發向上的推動力。受人尊重，是指當自己做出貢獻時能得到他人的承認。

自我實現的需要包括成長與發展、發揮自身潛能、實現理想的需要。這是一種追求個人能力極限的內趨力。這種需要一般表現在兩個方面。一是勝任感方面，有這種需要的人力圖控制事物或環境，而不是等事物被動地發生與發展。二是成就感方面，對有這種需要的人來說，工作的樂趣在於成果和成功，他們需要知道自己工作的結果，成功後的喜悅要遠比其他任何薪酬都重要。

馬斯洛還將這五種需要劃分為高低兩級。生理的需要和安全的需要稱為較低級需要，而社會需要、尊重需要與自我實現需要稱為較高級的需要。高級需要是從內部使人得到滿足，低級需要則主要是從外部使人得到滿足。馬斯洛的需要層次論會自然得到這樣的結論，在物質豐富的條件下，幾乎所有員工的低級需要都得到了滿足。

馬斯洛的理論特別得到了實踐中的管理者的普遍認可，這主要歸功於該理論簡單明了、易於理解、具有內在的邏輯性。但是，正是由於這種簡捷性，也提出了一些問題，如這樣的分類方法是否科學等。其中，一個突出的問題就是：這種需要層次是絕

對的高低還是相對的高低？馬斯洛理論在邏輯上對此沒有回答。

二、雙因素理論（保健─激勵理論）

這種激勵理論也叫「保健─激勵理論」（motivation - hygiene theory），是美國心理學家弗雷德里克·赫茲伯格（Frederick Herzberg）於20世紀50年代後期提出的。他在匹茲堡地區的11個工商業機構中，向近2,000名白領工作者進行了調查。通過對調查結果的綜合分析，赫茲伯格發現，引起人們不滿意的因素往往是一些工作的外在因素，大多同他們的工作條件和環境有關；能給人們帶來滿意的因素，通常都是工作內在的，是由工作本身所決定的。

由此，赫茲伯格提出，影響人們行為的因素主要有兩類：保健因素和激勵因素。保健因素是那些與人們的不滿情緒有關的因素，如公司的政策、管理和監督、人際關係、工作條件等。這類因素並不能對員工起激勵的作用，只能起到保持人的積極性、維持工作現狀的作用，所以保健因素又稱為「維持因素」。激勵因素是指那些與人們的滿意情緒有關的因素。與激勵因素有關的工作處理得好，能夠使人們產生滿意情緒，如果處理不當，其不利效果頂多只是沒有滿意情緒，而不會導致不滿。他認為，激勵因素主要包括工作表現機會和工作帶來的愉快，工作上的成就感，由於良好的工作成績而得到的獎勵，對未來發展的期望，以及職務上的責任感等。

赫茲伯格雙因素激勵理論的重要意義，在於它把傳統的滿意─不滿意（認為滿意的對立面是不滿意）的觀點進行了拆解，認為傳統的觀點中存在雙重的連續體：滿意的對立面是沒有滿意，而不是不滿意；同樣，不滿意的對立面是沒有不滿意，而不是滿意。這種理論對企業管理的基本啟示是：要調動和維持員工的積極性，首先要注意保健因素，以防止不滿情緒的產生。但更重要的是要利用激勵因素去激發員工的工作熱情，努力工作，創造奮發向上的局面，因為只有激勵因素才會增加員工的工作滿意感。

不過，正如馬斯洛的需要層次論在討論激勵的內容時有固有的缺陷一樣，赫茲伯格的雙因素理論也有欠完善之處。像在研究方法、研究方法的可靠性以及滿意度的評價標準這些方面，赫茲伯格這一理論都存在不足。另外，赫茲伯格討論的是員工滿意度與勞動生產率之間存在的一定關係，但他所用的研究方法只考察了滿意度，並沒有涉及勞動生產率。

三、期望理論

相比較而言，對激勵問題進行比較全面研究的是激勵過程的期望理論。這一理論主要由美國心理學家V. 弗魯姆（Victor Vroom）在20世紀60年代中期提出並形成。期望理論認為，只有當人們預期到某一行為能給個人帶來有吸引力的結果時，個人才會採取特定的行動。它對於組織通常出現的這樣一種情況給瞭解釋，即面對同一種需要以及滿足同一種需要的活動，為什麼不同的組織成員會有不同的反應：有的人情緒高昂，而另一些人卻無動於衷呢？期望理論認為有效的激勵取決於個體對完成工作任務以及接受預期獎賞的能力的期望。根據這一理論的研究，員工對待工作的態度依

賴於對下列三種聯繫的判斷：

（1）努力—績效的聯繫。員工感覺到通過一定程度的努力而達到工作績效的可能性。如需要付出多大努力才能達到某一績效水準？我是否真能達到某一績效水準？概率有多大？

（2）績效—獎賞的聯繫。員工對於達到一定工作績效後即可獲得理想的獎賞結果的信任程度。如當我達到某一績效水準後，會得到什麼獎賞？

（3）獎賞—個人目標的聯繫。如果工作完成，員工所獲得的潛在結果或獎賞對他的重要性程度。如這一獎賞能否滿足個人的目標？吸引力有多大？（如圖9－3所示）。

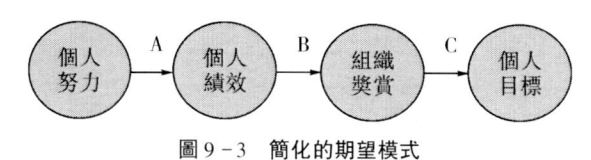

個人努力 →A→ 個人績效 →B→ 組織獎賞 →C→ 個人目標

圖9－3　簡化的期望模式

弗魯姆認為，人總是渴求滿足一定的需要並設法達到一定的目標。這個目標在尚未實現時，表現為一種期望，這時目標反過來對個人的動機又是一種激發的力量，而這個激發力量的大小，取決於目標價值（效價）和期望概率（期望值）的乘積。用公式表示就是：

$M = \sum V \times E$

M表示激發力量，是指調動一個人的積極性，激發人內部潛力的強度。

V表示目標價值（效價），這是一個心理學概念，是指達到目標對於滿足他個人需要的價值。同一目標，由於各個人所處的環境不同，需求不同，其需要的目標價值也就不同。同一個目標對每一個人可能有三種效價：正、零、負。效價越高，激勵力量就越大。某一客體如金錢、地位、汽車等，如果個體不喜歡、不願意獲取，目標效價就低，對人的行為的拉動力量就小。舉個簡單的例子，幼兒對糖果的目標效價就要大於對金錢的目標效價。

E是期望值，是人們根據過去經驗判斷自己達到某種目標的可能性是大還是小，即能夠達到目標的概率。目標價值大小直接反應人的需要動機強弱，期望概率反應人實現需要和動機的信心強弱。如果個體相信通過努力肯定會取得優秀成績，期望值就高。

這個公式說明：假如一個人把某種目標的價值看得很大，估計能實現的概率也很高，那麼這個目標激發動機的力量越強烈。

經發展後，期望公式表示為：動機＝效價×期望值×工具性。其中：工具性是指能幫助個人實現的非個人因素，如環境、快捷方式、任務工具等。例如，戰爭環境下，效價和期望值再高，也無法正常提高人的動機性；外資企業良好的辦公環境、設備、文化制度，都是吸引人才的重要因素。

期望理論的基礎是自我利益，他認為每一員工都在尋求獲得最大的自我滿足。期望理論的核心是雙向期望，管理者期望員工的行為，員工期望管理者的獎賞。期望理論的假說是管理者知道什麼對員工最有吸引力。期望理論的員工判斷依據是員工個人

的知覺，而與實際情況關係不大。不管實際情況如何，只要員工以自己的知覺確認自己經過努力工作就能達到所要求的績效，達到績效後就能得到具有吸引力的獎賞，他就會努力工作。

　　激勵過程的期望理論對管理者的啟示是，管理人員的責任是幫助員工滿足需要，同時實現組織目標。管理者必須盡力發現員工在技能和能力方面與工作需求之間的對稱性。為了提高激勵，管理者可以明確員工個體的需要，界定組織提供的結果，並確保每個員工有能力和條件（時間和設備）得到這些結果。根據期望理論，應使工作的能力要求略高於執行者的實際能力，即執行者的實際能力略低於（既不太低、又不太高）工作的要求。

四、公平理論

　　公平理論（equity theory）是美國心理學家亞當斯（J. S. Adams）在 1965 年首先提出來的，也稱為社會比較理論。這種理論的基礎在於，員工不是在真空中工作，他們總是在進行比較，比較的結果對於他們在工作中的努力程度有影響。大量事實表明，員工經常將自己的付出和所得與他人進行比較，而由此產生的不公平感將影響到他們以後付出的努力。這種理論主要討論薪酬的公平性對人們工作積極性的影響。他指出，人們將通過橫向和縱向兩個方面的比較來判斷其所獲薪酬的公平性。

　　員工選擇的與自己進行比較的參照類型有三種，分別是「其他人」、「制度」和「自我」。「其他人」包括在本組織中從事相似工作的其他人以及別的組織中與自己能力相當的同類人，包括朋友、同事、學生甚至自己的配偶等。「制度」是指組織中的工資政策與程序以及這種制度的運作。「自我」是指自己在工作中付出與所得的比率。

（一）公平是激勵的動力

　　公平理論認為，人能否受到激勵，不但受到他們得到了什麼而定，還要受到他們所得與別人所得是否公平而定。組織中員工不僅關心從自己的工作努力中所得的絕對薪酬，而且還關心自己的薪酬與他人薪酬之間的關係。他們對自己的付出與所得和別人的付出與所得之間的關係進行比較，做出判斷。如果發現這種比率和其他人相比不平衡，就會感到緊張，這樣的心理是進一步驅使員工追求公平和平等的動機基礎。

（二）公平理論的模式（即方程式）

$$Q_p/I_p = Q_o/I_o$$

　　式中，Q_p 代表一個人對他所獲報酬的感覺。I_p 代表一個人對他所做投入的感覺。Q_o 代表這個人對某比較對象所獲報酬的感覺。I_o 代表這個人對比較對象所做投入的感覺。

（三）不公平的心理行為

　　當人們感到不公平待遇時，在心裡會產生苦惱，呈現緊張不安，導致行為動機下降，工作效率下降，甚至出現逆反行為。個體為了消除不安，一般會出現以下一些行為措施：通過自我解釋達到自我安慰，逐個上造成一種公平的假象，以消除不安；更

換對比對象，以獲得主觀的公平；採取一定行為，改變自己或他人的得失狀況；發洩怨氣，製造矛盾；暫時忍耐或逃避。

公平理論對企業管理的啟示是非常重要的，它告訴管理人員，工作任務以及公司的管理制度都有可能產生某種關於公平性的影響作用。而這種作用對僅僅起維持組織穩定性的管理人員來說，是不容易覺察到的。員工對工資提出增加的要求，說明組織對他至少還有一定的吸引力，但當員工的離職率普遍上升時，說明企業組織已經對員工產生了強烈的不公平感，這需要引起管理人員高度重視，因為它意味著除了組織的激勵措施不當以外，更重要的是，企業的現行管理制度有缺陷。如美國航空公司一度大面積出現員工的離職和曠工，公司對此百思不得其解。在激勵方面，公司為突出員工對航空公司的貢獻率，貫徹了一種旨在降低工資率的顯性雙軌制度，主要表現在拉開新老員工的工資差距。但對員工的抱怨進行分析後，公司高級管理層發現，原來是這種顯性的雙軌制工資制度讓員工普遍感到惱火，認為這是工資待遇不公平的制度形式。在同一工作崗位上的新老員工，工資差距很大，新員工難以忍受他們的低工資成為公開制度化的管理內容。結果是在公司內部，各個職能和團隊的工作都面臨巨大的協調困難，員工之間抵觸情緒明顯，消極怠工嚴重。找到這一原因後，公司果斷取消了這種顯性工資差距，結果，員工的抵觸行為趨於緩和，離職率明顯降低。

公平理論的不足之處，在於員工本身對公平的判斷是極其主觀的，這種行為對管理者施加了比較大的壓力。因為人們總是傾向於過高估計自我的付出，過低估計自己所得到的薪酬，而對他人的估計則剛好相反。因此管理者在應用該理論時，應當注意實際工作績效與薪酬之間的合理性，並注意留心對組織的知識吸收和累積有特別貢獻的個別員工的心理平衡。

五、X 理論和 Y 理論

道格拉斯・麥格雷戈（Douglas McGregor）提出了有關人性的兩種截然不同的觀點：一種是基本上消極的 X 理論（theory X）；另一種是基本上積極的 Y 理論（theory Y）。通過觀察管理者處理員工關係的方式，麥格雷戈發現，管理者關於人性的觀點是建立在一些假設基礎之上的，而管理者又根據這些假設來塑造他們自己對下屬的行為方式。

（一）X 理論以下面四種假設為基礎

（1）員工天生不喜歡工作，只要可能，他們就會逃避工作。
（2）由於員工不喜歡工作，因此必須採取強制措施或懲罰辦法，迫使他們實現組織目標。
（3）員工只要有可能就會逃避責任，安於現狀。
（4）大多數員工喜歡安逸，沒有雄心壯志。

（二）Y 理論基於這樣的假設

（1）員工視工作如休息、娛樂一般自然。
（2）如果員工對某項工作做出承諾，他們會進行自我指導和自我控制，以完成

任務。

（3）一般而言，每個人不僅能夠承擔責任，而且會主動尋求承擔責任。

（4）絕大多數人都具備做出正確決策的能力，而不僅僅管理者才具備這一能力。

麥格雷戈的人性觀點對於激勵問題的分析具有什麼意義呢？這一問題在馬斯洛需要層次的框架基礎上進行解釋效果最佳：X理論假設較低層次的需要支配著個人的行為；Y理論則假設較高層次的需要支配著個人的行為。麥格雷戈本人認為，Y理論的假設相比X理論更實際有效，因此他建議讓員工參與決策，為員工提供富有挑戰性和責任感的工作，建立良好的群體關係，這都會極大地調動員工的工作積極性。

遺憾的是，並無證據證實某一種假設更為有效，也無證據表明採用Y理論的假設並相應改變個體行為的做法，更有效地調動了員工的積極性。現實生活中，確實也有採用X理論而卓有成效的管理者案例。例如，豐田公司美國市場營運部副總裁鮑勃·麥格克雷（Bob Mccurry）就是X理論的追隨者，他激勵員工拼命工作，並實施「鞭策」式體制，這在競爭激烈的市場中，這種做法使豐田產品的市場佔有份額得到了大幅度的提高。

六、強化理論

強化理論（reinforcement theory）觀點主張對激勵進行針對性的刺激，只看員工的行為及其結果之間的關係，而不是突出激勵的內容和過程。強化理論是由美國心理學家斯金納（B. F. Skinner）首先提出的。該理論認為人的行為是其所受刺激的函數。如果這種刺激對他有利，則這種行為就會重複出現；若對他不利，則這種行為就會減弱直至消失。因此管理要採取各種強化方式，以使人們的行為符合組織的目標。根據強化的性質和目的，強化可以分為正強化、負強化和自然消減。

（一）正強化

所謂正強化，就是獎勵那些符合組織目標的行為，以使這些行為得到進一步加強，從而有利於組織目標的實現。正強化的刺激物不僅包含獎金等物質獎勵，還包含表揚、提升、改善工作關係等精神獎勵。為了使強化達到預期的效果，還必須注意實施不同的強化方式。有的正強化是連續的、固定的正強化，譬如對每一次符合組織目標的行為都給予強化，或每隔固定的時間給予一定數量的強化。儘管這種強化有及時刺激、立竿見影的效果，但久而久之，人們就會對這種正強化有越來越高的期望，或者認為這種正強化是理所當然的。管理者要麼不斷加強這種正強化，否則其作用會減弱甚至不再起到刺激行為的作用。另一種正強化的方式是間斷的、時間和數量都不固定的正強化，管理者根據組織的需要和個人行為在工作中的反應，不定期、不定量實施強化，使每次強化都能起到較大的效果。實踐證明，後一種正強化更有利於組織目標的實現。

（二）負強化

所謂負強化，就是懲罰那些不符合組織目標的行為，以使這些行為削弱甚至消失，從而保證組織目標的實現不受干擾。實際上，不進行正強化也是一種負強化，譬如，過去對某種行為進行正強化，現在組織不再需要這種行為，但基於這種行為並不妨礙

組織目標的實現，這時就可以取消正強化，使行為減少或者不再重複出現。同樣，負強化也包含著減少獎酬或罰款、批評、降級等。實施負強化的方式與正強化有所差異，應以連續負強化為主，即對每一次不符合組織的行為都應及時予以負強化，消除人們的僥幸心理，減少直至消除這種行為重複出現的可能性。

(三) 自然消減

對於所不希望發生的行為，除了直接懲罰外，還可以從「冷處理」或「無為而治」的角度使這種行為自然消減。如開會時，管理者不希望下屬提出無關或干擾性的問題，可以當他們舉手要發言時，無視他們的表現，這樣舉手行為必然會因為得不到強化而自行消失。從某種意義上說，撤銷原來的正強化也是一種冷處理。

總之，強調行為是其結果的函數，通過適當運用即時的獎懲手段，集中改變或修正員工的工作行為。強化理論的不足之處，在於它忽視了諸如目標、期望、需要等個體要素，而僅僅注重當人們採取某種行動時會帶來什麼樣的後果，但強化並不是員工工作積極性存在差異的唯一解釋。

第三節　如何激勵員工

一、員工的需求分析

許多組織在分析員工的需要，制定激勵政策時，往往都是憑著組織（或管理人員）的主觀臆斷進行的。正如薛恩所說：「每位管理幹部都有一整套價值觀，而他對人為什麼要工作以及應該如何去激勵他們和管理他們的看法，就是這種價值觀的一部分。」由於領導者和普通員工所處的地位和分工上的差別，他們在把握真實需要方面總會存在一些差異。這樣，領導者認為員工所需要的，並不一定是員工真正所需要的，而不針對員工真實需要的激勵措施，便是毫無意義的。因此，調查普通員工的真實需要是調動員工積極性的第一步。

在美國工業界的一次調查中，要求領導者按自己對普通員工各種需要的理解，對10種需要進行排序，然後再與普通員工對自己的實際需要進行排序，結果兩者之間出入很大（如表9-1所示）。

表9-1　　　　　　　　領導者和普通員工對需要的排序對比

需要的內容	領導者認為（等級）	普通員工認為（等級）
高薪	1	5
工作穩定性	2	4
升遷及企業的成長	3	7
好的工作環境	4	9
有趣的工作	5	6

表9-1(續)

需要的內容	領導者認為（等級）	普通員工認為（等級）
管理當局對工人的關心	6	8
技巧的訓練	7	10
工作所受的讚賞	8	1
對個人問題的同情和理解	9	3
對事情的投入感	10	2

根據中國目前的經濟和社會發展水準，以及社會制度的特點，國有企業員工的微觀需要結構大體上可以歸納為以下4個方面：生理需要、安全與依附需要、自尊需要、自我實現需要。具體需要層次劃分如表9-2所示。

表9-2　　　　　　　　　　國有企業員工需要層次

需要分類	需要的具體內容	綜合得分	位次
生理需要	工資獎金高 住房條件好	7.136	1
安全與依附需要	工作穩定、輕鬆 人際關係好 領導辦事公道	6.451	3
自尊需要	社會地位高 工作有意義 工作成績得到承認	6.426	4
自我實現需要	個人有發展前途 工作能發揮自己的才能	7.032	2

通過對普通員工需要進行調查，能夠瞭解到員工需要的複雜性。超Y理論認為，人和人不同，個人的需要是不一樣的，普通員工的需要也是不一樣的。中國的一家企業曾用職工基本情況調查表的形式對全廠職工的需要進行了普查，收回表格1,147份，職工共提出1,698項具體的需要。工廠針對不同的需要，進行了不同的處理。

由圖9-4不難看出，對普通員工需要的瞭解和把握，可以採用各種正式的調查方式，更重要的是管理者平時對普通員工一言一行的細心觀察，管理者只有把自己放在普通員工的位置上，才能更準確地把握員工的真正需要。

二、對普通員工的激勵方式

組織在確定激勵內容時，最基本的一條原則是激勵資源對獲得者要有價值。期望理論告訴我們，對普通員工來說，效價為零或很低的獎酬資源難以調動他們的積極性。為了滿足不同員工對獎酬內容的不同要求，可列出獎酬內容的菜單，讓員工自己選擇。對普通員工來說，最常用的激勵內容有以下幾種：

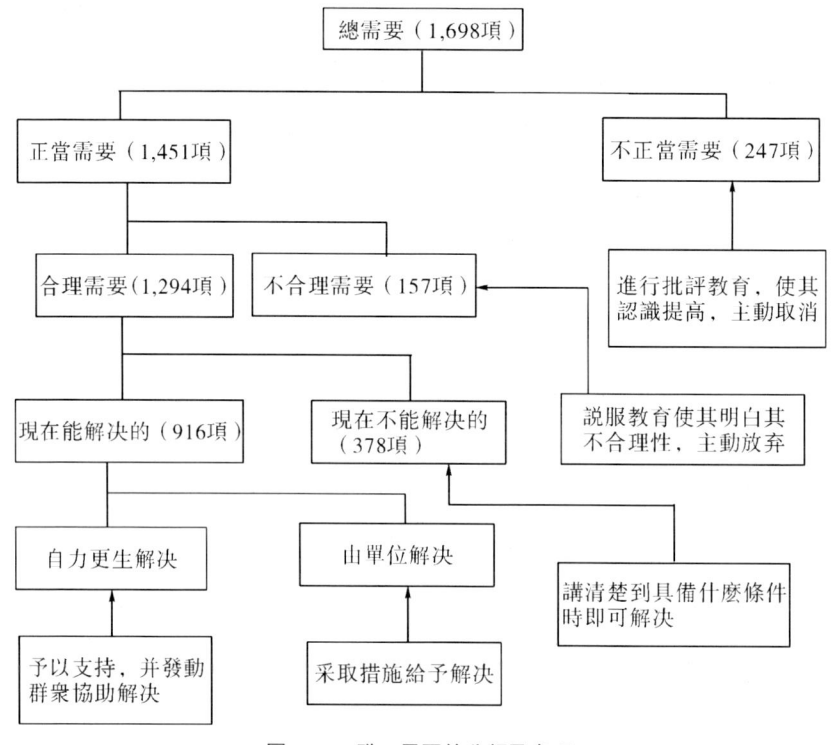

```
                    總需要（1,698項）
                   /              \
        正當需要（1,451項）      不正當需要（247項）
         /         \                    ↑
  合理需要（1,294項） 不合理需要（157項） 進行批評教育，使其
     /      \              ←          認識提高，主動取消
現在能解決的  現在不能解決的
（916項）    （378項）
  /    \         ↑           說服教育使其明白其
自力更生解決  由單位解決      不合理性，主動放棄
   ↑            ↑
予以支持，并發動  采取措施給予解決  講清楚到具備什麼條件
群眾協助解決                        時即可解決
```

圖 9-4　職工需要的分類及處理

（一）金錢

金錢的激勵作用在人們生活達到寬裕水準之前是十分明顯的。如果能將金錢激勵和員工工作成績緊密聯繫起來，它的激勵將會持續相當長一段時期。日本著名的人事專家三浦智得認為，普通員工對工資的需求也表現出五個層次：

生理需要，包括對滿足吃飽的工資水準的要求等。

安全需要，即對工資體系中要有一部分固定收入的需要。

社交需要，即對能體現與同事平等和公平的工資的需要。

尊重需要，即把工資作為與自己能力和工作相稱的地位的象徵，以及取得高於別人的工資的需要。

自我實現需要，即對能促進個人發展和過富裕生活的工資的需要。

上述分析對我們理解工資對普通員工的激勵作用有一定的借鑑意義，但我們不能把金錢看做是滿足所有需要的先決條件，對知識型員工尤其如此。

（二）認可與讚賞

認可與讚賞可以成為比金錢更具激勵作用的獎酬資源。範佛利特認為：「受人重視、得到賞識、引起注意的願望是一個人最強大的、最原始的動力之一。」詹姆士更進一步指出：「人性的第一原則是渴望得到讚賞。」用認可和讚賞的方式對員工進行獎勵，

可以採用多種樣式。例如：

把本月最佳員工稱號授予銷售額最高、產品或服務質量最好、生產率最高、工藝改進最多、進步最大、曠工次數最少、使顧客滿意度最高，或者在其他被認為是最重要方面成績突出的員工。

對於實現重要目標的員工，頒發證書、獎勵、獎品、徽章等。

對做出重大貢獻的員工，授予一定的特權。

對好人好事進行宣傳報導，比如在公司或地方的報紙上發表表揚性文章，在公司的宣傳欄中張貼署名照片等。

對優秀員工採取象徵受特殊待遇的獎勵措施，如安裝專用電話、配備專用小汽車或停車位等。

(三) 帶薪休假

帶薪休假對很多員工來說都具有吸引力，特別是對那些追求豐富的業餘生活的員工來說，更是情之所鐘。一般情況下，帶薪休假可以用於下面幾種情況：

把一件工作交給員工，並確定完成期限和質量要求，如果他們在規定期限之前完成任務，多餘的時間就屬於自己，作為他們的獎勵。

對於那種必須整天待在崗位上的工作，也可以利用這種方式。例如，給他們規定在一定時期休息一個下午、一天或一週。或者，可以通過評價制度，測定他們在完成工作量的情況下多長時間可以獎勵一小時的休息時間，並儲存起來；當儲存到 4 小時時，可以休息半天；當儲存到 8 小時時，就可以休息一天；等等。還可以對提高產品質量、減少事故、增進合作或者其他被認為重要的一切行為採用這種獎勵方式。

(四) 員工持股

許多公司的實踐證明，一旦員工變成所有者，他們就會以主人翁的精神投入工作。那些擁有公司的一部分股票、並從公司經營成功中分享利潤的人，基本上不會做出損害公司效率和利潤的行為。密執根大學的一位研究人員發現，那些員工擁有部分股票的企業，平均利潤高於同行業其他公司一倍半。當然，員工持股方式的有效運用，最好與完善的員工參與管理制度配套實施。

(五) 享有一定的自由

對能有效地完成工作的員工，可以減少或撤除對他們的工作檢查，允許他們選擇工作時間、地點和方式，或者允許他們選擇自己喜歡幹的工作。

(六) 提供個人發展和晉升機會

這一方式幾乎對所有的員工都有吸引力。例如，對工作成績優異的員工提供帶薪進修、參加研討班、學習一門新技術等條件；對那些能夠勝任管理工作、並且願意做管理工作的員工，可以把他們提拔到管理工作崗位；對專業人員，向電腦專家、技術專家、財務問題專家、客戶問題專家和科學家等，可以建立和管理人員分開的職稱等級、工資待遇和權利，這樣，技術人員可以繼續發揮他們的專業特長，並得到了相應的晉升，而不必成為管理者。

哈默等人認為，對普通員工可以使用專員待遇。專員是一種授予那些具有綜合能力並能為組織創造良好績效的員工的資格，具備這種資格的員工將享受特殊的待遇。

儘管獎酬激勵方法多種多樣，金錢、認可與讚賞是最有效的方式。組織在制定獎酬激勵方案時，可以對不同的激勵方式進行成本核算，讓員工在成本相同或相近的幾個方案中選擇。

三、對普通員工激勵的基本原則

對普通員工的激勵工作要遵循一些基本原則，才能收到預期效果。

(一) 激勵要漸增

激勵漸增的原則是指無論是獎勵還是懲罰，其分量都要逐步增加，以增強激勵效應的持久性。就獎勵而言，在組織範圍內的每一種獎勵措施的效果都有一定的限度。在激勵工作中，常會遇到三種情況：

第一，抗激勵性。這是指同一種激勵措施長期作用於員工而呈作用遞減趨勢，直至無效。這時，對員工來說，這種獎勵措施使用與否，結果都一樣。斯金納的強化理論認為，固定間隔的間歇性強化，只能帶來一般的和不穩定的工作表現，組織所強化的行為快速消退。如果組織長期使用這種強化方式，幾乎收不到激勵效果。這就是員工表現出來的抗激勵性。

第二，激勵的依賴性。這是指由於受到某種短期的或臨時的激勵措施的刺激作用後，形成了對這種激勵措施的長期的、不可撤除的依賴性。若這種激勵措施被撤除了，則員工的工作積極性立即就會受到影響，甚至低於沒有使用這種激勵措施以前的工作積極性。而企業要維持這種激勵措施，將導致較高的激勵成本。

第三，激勵的飽和性。這是指一種激勵措施，出現邊際效應遞減現象，並在一定分量時，達到激勵效果的飽和狀態。這時，若再增大分量或改進一下，都不能獲得預期的激勵效果，這種情況與第一種情況的區別在於，這種激勵措施不能撤除。但是，我們知道，在這種激勵因素滿足員工的某些需要之前（即在達到飽和狀態之前）是具有激勵效應的。上述三種情況的出現，容易使組織的激勵工作處於被動狀態。

為了防止這三種情況的出現，組織必須遵循激勵漸增的原則，即結合獎勵成本（為開展激勵工作所指出的費用）的大小，對所採取的獎勵措施的作用效果做適當的估計後，從一定的基點開始，逐步提高激勵措施的分量，逐步滿足員工的某些需要，以維持較長時間的作用效果。

就懲罰而言，也要給表現不佳者一個悔過自新的機會，不能「一棍子打死」。員工達不到組織的要求，一般有兩種原因：一是因能力、水準有限或外部條件、環境的影響，達不到組織的要求，這是客觀的原因；二是因員工本人工作不努力，或對所幹的工作態度不端正，這是主觀的原因。組織真正要懲罰的是後者。魏納的歸因理論告訴我們，人們對自己的成功與失敗的不同歸因，對他們在後期事件中的積極性有很大影響。因此，組織面對績效水準低的員工，首先要幫助他們分析達不到要求的原因，正確的歸因是處理表現不佳者的第一步。對於有第二種原因導致的績效水準低，組織在

採取一定的教育措施仍然達不到效果的情況下，才有必要採取懲罰措施，所採取的懲罰措施也要逐步加重分量。

(二) 情景要適當

由於員工個性差異的客觀性，個人對受獎勵和懲罰的時間、方式和環境要求都不一樣。並且，由於受獎勵和懲罰的原因各不一樣，個人對情境的要求也不一樣。因此，組織在實施激勵措施時要因人、因時、因地、因事制宜，選擇適當的機會和環境。

具體說來，情境由五方面的因素組成：一是來自員工方面的，如他的性格特徵、情緒狀態、所要求的獎懲方式等；二是來自管理者方面的，包括實施獎懲時所持的態度、藝術、技巧等；三是實施獎懲的時機，其時機要選在最能對激勵對象起有效作用的那一時刻；四是實施獎懲的地點，即要選在對激勵對象起有效作用的地點；五是事件本身的性質，即因為什麼要受到獎懲。五方面因素的有機結合才能起到最佳的激勵作用。

(三) 激勵要公平

激勵公平要求組織要遵循社會的公平規範，或者是員工普遍接受的公平規範實施激勵措施。激勵公平原則具體包括：①機會均等，即所有員工在獲得或爭取獎酬資源方面，機會要均等；讓所有員工處於同一起跑線，具備同樣的工作條件，使用統一考核標準。②獎懲的程度要與員工的功過相一致，獎懲的原因必須是相關事件的結果，並且不能以功掩過，或以過掩功。③激勵措施實施的過程要公正，即要做到過程的公開化和民主化。

本章小結

1. 動機是個體通過高水準的努力而實現組織目標的願望，而這種努力又能滿足個體的某些需要。動機過程是與一個未被滿足的需要，它產生了心理緊張，從而驅動個人去尋求特定的目標，如果最終目標實現，則需要得以滿足，緊張得以解除。

2. 激勵產生的根本原因可分為內因和外因。內因由人的認知知識構成，外因則是人所處的環境，顯然，激勵的有效性在於對內因和外因的深刻理解，並使其達成一致。

3. 需要層次理論認為，人類有 5 個層次的需要：生理需要、安全需要、社會需要、尊重需要和自我實現的需要。個體試圖不斷努力以逐層滿足這些需要，一種需要相對得到滿足就不再會產生激勵作用了。

4. 激勵—保健理論認為，不是所有的工作要素都對員工產生激勵作用。保健因素只能安撫員工，而沒有激勵作用，它們不能使員工產生工作滿足感。而另一些因素 (如成就、認可、責任及晉升等) 使人們感受到內部的回報，它們對員工具有激勵作用，使員工產生工作滿足感。

5. 期望理論指出只有當人們預期到某一行為能給個人帶來既定結果，且這種結果對其具有吸引力時，個人才會採取這一特定行為。它主要包括以下三種聯繫：努力與工作績效之間的聯繫、工作績效與獎賞之間的聯繫，以及獎賞與個人目標之間的聯繫。

6. X 理論以基本上消極的觀點看待人性，它認為員工不喜歡工作，逃避責任且懶惰，所以必須強制他們進行工作。Y 理論則是基本上積極的觀點，認為員工具有創造性、願意主動承擔責任，能夠自我指導。

7. 公平理論認為個人總是將自己的付出—所得比與相關他人進行比較，如果他們感到自己的收入低於應得薪酬，則工作的積極性將降低；如果他們認為自己的收入高於應得薪酬，則會激勵他們努力工作以使自己的薪酬合情合理。

8. 強化理論強調獎勵管理模式，它認為只有使用積極強化而非消極強化才能獎勵理想行為。這一理論認為，行為是由環境因素導致的。而目標設定理論則認為，激勵的源泉來自於個人的內在目標。

9. 在管理實踐中，有效地激勵員工應重視兩個方面：①薪酬結構的設計；②工作設計。

關鍵概念

1. 激勵　2. 動機　3. 期望理論

思考題

1. 金錢在需要層次理論、雙因素理論、期望理論中分別起什麼作用？
2. 對比馬斯洛需要層次理論中較低層需要與較高層需要的不同之處。
3. 假如你贊同 Y 理論假設，你將如何去激勵你的員工？
4. 根據強化理論的觀點，談談為什麼管理者決不應該懲罰員工。

練習題

一、單項選擇題

1. 下列描述中正確的是（　　）。
 A. 需要可以直接引起行為
 B. 需要是引起動機的重要源泉
 C. 需要一旦得到滿足就不會再產生了
 D. 動機引起需要

2. 下列關於需要的描述不正確的是（　　）。
 A. 一切有機體，為了維持自己生存的需要，對外界環境必然存在各種各樣的需求
 B. 需要是一種主觀的心理狀態
 C. 需要是一種對有機體內部缺失狀態的感知
 D. 需要只有人才會具備

3. 下列關於需要性質的描述，不正確的是（　　）。
   A. 需要具有社會性　　　　　　　　B. 需要具有層次性與結構性
   C. 需要只具絕對性　　　　　　　　D. 需要具有時間性和相對性
4. 激勵的方式可以分為（　　）。
   A. 內部激勵和外部激勵　　　　　　B. 物質激勵和外部激勵
   C. 精神激勵和內部激勵　　　　　　D. 金錢激勵和外部激勵
5. 下列屬於內部激勵的因素有（　　）。
   A. 金錢　　　　　　　　　　　　　B. 成就感
   C. 責任和獎勵　　　　　　　　　　D. 工作關係
6. 下列屬於外部激勵的因素（　　）。
   A. 責任感　　　　　　　　　　　　B. 成就感
   C. 勝任感　　　　　　　　　　　　D. 領導方式
7. 馬斯洛提出了（　　）。
   A. 雙因素理論　　　　　　　　　　B. 需要層次理論
   C. 目標設置理論　　　　　　　　　D. 公平理論
8. 公平理論是由（　　）提出的。
   A. 亞當斯　　　　　　　　　　　　B. 馬斯洛
   C. 赫茲伯格　　　　　　　　　　　D. 洛克
9. 關於需要層次理論的描述，不正確的是（　　）。
   A. 人類的需要有五大類型
   B. 人的需要是按階梯由低級到高級上升的
   C. 最能夠激勵人的需要是在這種需要處於缺失或不滿足的狀態
   D. 人的需要很容易就達到了最高級
10. 下列關於雙因素理論的描述，不正確的有（　　）。
    A. 雙因素是激勵因素與保健因素
    B. 當保健因素缺乏時，員工會感到沒有不滿意
    C. 當激勵因素缺乏時，員工會感到沒有不滿意
    D. 激勵給予了保健因素後，員工會感到沒有不滿意

二、論述題

1. 當員工感到自己的投入產出比與他人比較不相等時，可能會出現什麼結果？
2. 你認為員工隊伍的多樣化會給管理者應用公平理論造成什麼困難？
3. 列出5種你選擇職務時最重要的標準（如薪酬、承認、挑戰性等），按重要性排列。

三、案例分析

宏基公司的人員管理與激勵

在臺灣，有一個響徹全球的著名品牌，它就是宏基電腦（Acer）。《亞洲商業周刊》

發表亞洲企業評價報告，評選宏碁為最受推崇的亞洲籍高科技公司，超越索尼、東芝與松下。宏碁集團目前是臺灣第一大資導公司和最大的自創品牌廠商，同時也是全球第三 PC 製造廠商。1999 年，宏碁的營業額達到 85 億美元，利潤是 75 億臺幣。2000 年，宏碁集團的目標是年收入 100 億美元。宏碁的發展與其創業者施振榮所提倡和實施的企業文化與管理方式有重大關係。

為了讓員工將個人利益與公司利益緊密地聯繫在一起，將眼前利益與長遠利益結合在一起，宏碁在創立的第三年推動員工入股制度。施振榮認為，要讓員工有信心入股，財務透明化是第一前提。於是公司實施了一套制度，包括每季公布財務報表，以淨值作為買回離職員工股票的價格等，因此，在宏碁電腦股票上市之前，內部就已經有公平的交易市場。

其實，宏碁從創立第一天開始，財務就是公開的。因為公司當時只有 11 個人，會計帳本放在桌上，誰都可以看得見，但重要的是，公司一直認為員工理所當然有權瞭解公司財務狀況。財務公開的做法，剛開始的確為管理帶來一些困擾。例如，有一位業務人員發現公司代理發展系統的毛利較高，就把業務拓展困難的責任，歸咎於價格太高。事實上，產品毛利高是因為售後服務成本較高。然而，公司並沒有從此把會計帳本藏起來，而是去和員工溝通清楚。

除了財務透明化之外，公司領導也想到，大多數同人沒有足夠的錢入股，怎麼辦？那就由公司來貼錢吧！早期，因為有股東撤股，公司就買下這部分股權，推動員工入股的時候，打八折賣給公司，公司再打對折賣給員工，差價由公司吸收。就這樣，宏碁的員工入股制跨出了第一步。

在施振榮的理念裡，「人性本善」是最重要的核心價值，他相信，當同人被尊重、被授權的時候，就會將潛力發揮出來。這一點，他還真不是光說不練。施振榮對同人一向客氣，並盡可能向下授權。開會時，施振榮通常不會先發言，而是先讓同人充分表達意見之後，才提出他的看法，有時，他和同人的想法並不相同，但如果同人堅持按照自己的方案，他會尊重同人，讓人們去試。同人會非常珍惜這樣的機會，分外努力去印證自己的看法，同人獨立自主的責任感也因此從中培養出來。特別是新進同人，總會有些顧忌，放不開，但當主管願意主動授權給他們之後，膽子一大，能力就施展出來了。

當然，也並不是每個人、每一回都喜歡施振榮的授權風格，有些人就是喜歡主管幫他出主意。有時候，同人之間意見相左，而施振榮向來不願在自己還未全盤瞭解之前就下決定，便會讓同人先自行協調，因此有些人抱怨他不夠決斷。但他的想法是，事事幫同人做決策，同人會養成信賴的習慣，做錯了就把責任往上推，做對了也不知所以，經驗無法累積，成長也相對有限。

因為宏碁的授權管理，同人對公司的決策介入很深，所以難免出現不同的意見。施振榮很能包容同人提出不同的意見，當少數有異議的同人，被其他人「圍剿」時，他還會勸大家：「公司能有不同的聲音是件好事。」有人就稱他是「刻意容忍異己」。

也因為這個風氣的養成，施振榮在面對同人的挑戰時，就必須以溝通、說服來代替命令，他只好又開始「腦力運動」——想出好的表達方式來回應同人。這產生了兩

個結果：第一，他的表達能力與日俱增，可以將自己的想法推廣在同人的共識；第二，想出讓公司更進步的策略。

最典型的例子，就是1989年宏碁將組織改成分散式多利潤中心。在此之前，總部對轉投資事業的股權比例都相當高，因此關係企業的收益也都是統籌分配，但是，因為關係企業的表現互有高低，於是，獲利狀況較好的明基就堅持要分家，不吃「大鍋飯」。這個主張出現之後，有些事業的負責人很不以為然，因為每一家公司都是有起有落，為什麼錢賺得少的時候不提分家，賺多了就要分家？

站在公司領導人的角色，施振榮可以採取強制拒絕的做法，但是他覺得夥伴會這樣想，也是人之常情；而且，讓表現好的公司和表現不好的公司齊頭分享利潤，也不公平，所以就發展出各事業單位獨立核算利潤架構。這個看法，最初是為了解決利潤分配的爭執，後來卻因此促進各事業的經營績效，並且奠定了宏碁主從架構的基礎。

根據宏碁人事部門的調查，宏碁同人的民主意識非常高，不喜歡干涉別人，也不喜歡被管。開會時，就有主管嚷著：「我們要跳脫施振榮的框框。」

全「人性本善」的管理模式也是有代價的。併購而來的公司並未經過如此企業文化的熏陶，授權太快的結果，就會失控。早在1984年宏碁創大投資成立時，就已經有這個問題。當時，施振榮的想法很單純，他覺得很多有才華卻不善表達的年輕人任職大公司，總在看老板的臉色，一不小心還會被冷凍起來，實在很可惜。公司很幸運地把事業做起來，應該幫助這些年輕人創業。結果創大的兩個投資案都失敗了，因為彼此沒有經過長期共事，對方不見得可以體會和接受公司幫忙的方式。後來，宏碁電腦股票上市之後，公司獎金比較充裕，便又在歐洲併購了幾家公司，還是授權給當地的負責人經營。但是有些公司內部管理出現問題，負責人不但不接受臺灣派駐當地幹部的改善意見，還將多位資源同人排擠出去；財務結構不健全，負責人還一再為不稱職的財務主管辯護，這些都和宏碁文化完全背道而馳。後來狀況一再出現，公司也不得不派人去整頓，才使局面得以改善。

多年來，施振榮一直把培養人才當做最重要的事，如今也有了成績。他的許多部下現在已經具備獨當一面的大將之風。施振榮常說，他很以宏碁的第二代接班人為榮。其實，不管是接班、授權、員工入股，或是建立「人性本善」的文化，都反應了施振榮的個性──看重人性的價值，而看淡錢財與權力。他曾經說過：「只要看到這個世界上那麼多財大勢大的人，行為亂七八糟，道德還不如普通百姓，就會覺得僅僅追求財勢真的沒什麼價值。」

【討論】

1. 宏碁公司採用了哪些激勵形式？各有何優缺點？
2. 作為一家備受推崇的高科技公司，宏碁公司的人員管理和激勵在其中起到了什麼樣的作用？

第十章　管理創新與現代管理的發展趨勢

學習目標

1. 瞭解創新理論的發展及管理創新的重要性
2. 理解學習型組織的概念及內容
3. 理解全面質量管理的相關內容
4. 掌握企業資源計劃（ERP）的內涵

引導案例

案例一：廣州市某面粉廠的原料庫存管理

該廠一貫非常重視原料採購管理，早年已引入了企業資源計劃（ERP）管理，每個月都召開銷—產—購聯席會議，制定銷售、生產和原料採購計劃。採購部門則「照單抓藥」，努力滿足生產部門的需要，並把庫存控制在兩個月的生產用量之下，明顯降低了原料占用成本。

但是，2005年下半年開始，國內外的小麥價格大幅度上漲，一年內漲幅接近30%，而由於市場競爭激烈，面粉產品的價格不能夠同步提高，為了維持經營和市場的佔有率，該廠不得不一邊買較高價的原料，另一邊生產銷售相對低價的產品，產銷越多，虧損也厲害，結果當年嚴重虧損。

案例二：佛山五鹿糧油實業公司的原料庫存管理

同是糧食行業的面粉廠，佛山某糧油實業公司也非常重視原料的採購庫存管理，但他們沒有生硬地按照ERP的原理去做。他們也有類似的月度聯席會議，討論銷—產—購計劃，但會議最重要的內容是分析小麥原料價格走勢，並根據分析結論做出採購決策（請注意：五鹿公司不是根據生產計劃來做採購計劃）。當判斷原料要漲價，他們就會加大採購量，增加庫存；相反，就逐漸減少庫存。

該公司有3萬噸的原料倉庫容量，滿倉可以滿足6個月的生產用量，在1994年、2000年等幾個小麥大漲價的年份，五鹿都是超滿倉庫存，倉庫不夠用，就想方設法在倉庫之間和車間過道設臨時的「帳篷倉」，有時候還讓幾十艘運糧船長時間在碼頭附近排隊等候卸貨，無形中充當了臨時倉庫。

正是通過這種「低價吸納，待價而沽」的原料管理絕招，五鹿公司在過去的十多年裡，不但能夠平安渡過原料波動所帶來的衝擊，而且從中獲得了豐厚的價差利潤。

這是五鹿基於經營戰略的ERP管理的勝利，這肯定是單純實施ERP管理所不能夠做到的。

案例來源：http://www.chinasteelinfo.com。

【問題】
1. 案例一採用 ERP 為什麼會失敗？
2. 案例二採用 ERP 為什麼會成功？
3. 比較兩者的不同。

第一節　管理創新

當今時代是急遽變革的時代。面對這一全新的信息時代，如何把握未來變化的新趨勢、新動向，如何主動調整自己，迎接新的挑戰，如何順應時代的潮流，尋求發展的新思路、新途徑，已成為每一個企業所面臨的最重要的戰略性課題。

【思考】管理是科學還是藝術？創新是科學還是藝術？

隨著社會經濟的不斷發展、國際競爭不斷加劇及新技術革命突飛猛進，管理理論的應用不斷深化和拓展。管理理論的廣泛應用又促進了管理理論的不斷更新，與新理論對應的管理活動不斷湧現，使管理科學的發展更為廣泛和深入。有關管理的新理論、新方法、新思路層出不窮，當前管理理論和實踐的發展趨勢主要表現在以下幾個方面。

創新的概念自 20 世紀初誕生以來，已經成為當代最重要的科技與經濟密切結合的綜合性理論思想之一。當今世界各國，無論是發達國家還是發展中國家都紛紛把創新列為國民經濟發展和社會進步的基本國策。創新已經超越意識形態和社會制度的差異，成為人類的共識，並被視為未來知識經濟、知識社會的核心。

鑒於創新的重要性，創新理論、創新動力和創新戰略的研究已成為 21 世紀經濟學和管理科學國際性研究熱點，並受到哲學、社會學和政治學界的關注。

一、創新理論及其發展

創新，英文為 innovation，詞義解釋為創新（innovate）行為、發明（invent）行為或創造（create）某種新事物的行為，因而有知識創新、技術創新、產品創新等。

(一) 熊彼特的創新理論

美籍奧地利經濟學家約瑟夫・阿洛伊斯・熊彼特（Joseph A. Schumpeter）在其 1912 年出版的《經濟發展理論》一書中首次提出創新理論。熊彼特以創新理論為核心，研究了資本主義經濟發展的實質、動力和機制，探討了經濟增長和經濟發展的模式和週期波動，預測了經濟發展的長期趨勢，提出了獨特的經濟發展理論體系。

熊彼特認為，創新就是把生產要素和生產條件的新組合引入生產體系，即「建立一種新的生產函數」，其目的是獲取潛在的利潤。所謂生產函數是在一定時間內，在技術條件不變的情況下生產要素的投入同產出或勞動的最大產出之間的數量關係，它表示產出是投入的函數。

熊彼特認為，創新的承擔者，即創新的主體只能是企業家。熊彼特把創新活動的倡導者與實施者稱為企業家。熊彼特認為，靜態中的經濟主體是經濟人，而動態的經

濟主體則是企業家或創新者。但發明者不一定是創新者，只有那種敢於冒風險，把新的發明引入經濟之中的企業家，才是創新者。企業家與普通的企業經營者也不同，前者是資本主義的企業家，其職能就是實現創新，引入新組合。經濟發展就是整個社會不斷地進行這種新組合。

熊彼特認為創新包括五種情況：

（1）採用一種新的產品，即製造一種消費者還不熟悉的產品，或一種與過去產品有本質區別的新產品；

（2）採用一種新的生產方法，採用一種產業部門從未使用過的方法進行生產和經營；

（3）開闢一個新的市場，開闢有關國家或某一特定產業部門以前尚未進入的市場，不管這個市場以前是否存在；

（4）獲得一種原料或半成品的新供給來源，即開發新的資源，不管這種資源是已經存在，還是首次創造出來；

（5）實行一種新的企業組織形式，如形成新的產業組織形態，建立或打破某種壟斷。

熊彼特的創新概念雖然涉及了管理創新的核心，但仍然有許多局限。首先，熊彼特並未準確地認定創新的資源配置功能，熊彼特論述了創新概念及創新的五種活動對經濟發展的作用，但未意識到創新對經濟發展的作用在於成功實施了一種全新的資源配置方式，使資源的利用符合全社會利潤最大化的要求。其次，熊彼特認為，創新的本質是對現有生產手段進行選擇，作不同的使用，現實生活中存在的閒置的生產手段，是創新的後果或是非經濟事件的後果，所以新組合必須從舊組合中獲得必要的生產手段，而不是從閒置的生產手段中去尋找機會。而實際上創新完全可以是創造一種全新的有效率的生產手段，現代科學技術的發展足以證明這一點。最後，熊彼特新組合的五個方面概括並不完全，如何進行價格聯盟，如何瓜分市場等，都應該屬於新的組合範疇。

（二）熊彼特創新理論的發展

到了20世紀30年代以後，熊彼特的擁護者和追隨者把創新理論發展成為當代西方經濟學的另外兩個分支：以技術變革和技術推廣為對象的技術創新經濟學，以制度變革和制度形成為對象的制度經濟學。其中涉及管理創新的人士和學派，首推以美國學者科斯（R. H. Coase）教授為代表的新制度經濟學派。

科斯於1937年發表了一篇被認為是新制度經濟學奠基之作的論文：《論企業的性質》。在這篇論文中，科斯提出了交易費用的概念。科斯認為，市場交易是有成本的，這一成本就叫做交易費用，企業的產生和存在是為了節約市場交易費用，即用費用較低的企業內交易替代費用較高的市場交易。科斯的交易費用概念為觀察企業產生、發展及創新提供了新視角。

科斯的追隨者威廉姆森（Oliver Williamson）進一步發展了科斯的思想與觀點，他認為，企業或公司的形成與發展，是追求節約交易費用目的和效應的組織創新的結果。

在威廉姆森的理論裡，組織創新可以節約交易費用，而組織創新的原動力又在於追求交易費用的節約。

因此，他認為組織創新的方向和原則有三條：

(一) 資產專用性原則

在組織構造中資產專用性程度要高，因為資產專用性程度越高，組織取代市場所節約的交易費用越大。

(二) 外部性內在化原則

所謂外部性機會主義行為，也稱「搭便車」。外部性越強，交易費用越高。因此，組織創新的方向與原則之一應將外部性盡量內部化，從而使外部性降低，節約交易費用，防範機會主義行為。

(三) 等級分解原則

即在組織創新的過程中，對組織結構及相應的決策權力和責任應進行分解，並落實到每個便於操作的組織的各個基層單位，從而有助於防止「道德風險」，進一步節約交易費用和組織運作成本。

組織創新是管理創新的一部分，因為組織從形式上來看是一群人按照一定的規則為了實現一定目的組成的一個團體或一個實體，當欲達成的目的方式變化，或既定目標未能達成時，組織就需要變動或革新。由於管理本身是有效配置資源以實現組織既定目標，管理又是組織內的管理，也可以管理組織本身，那麼組織形式的變革與創新，自然是管理創新的一部分。

美國管理學家錢德勒（Alfred D. Chandler）在《看得見的手——美國企業的管理革命》一書中也認為企業組織的創新與發展是管理革命、管理創新的一部分。他指出：「現代工業企業——今天大型公司的原型——是把大量生產過程和分配過程結合於一個單一的公司之內形成的，美國工業界最早的一批『大公司』，就是那些把大行銷商所創造的分配最終形式同被發展起來以管理新的大量生產過程的工廠組織形式聯合起來的公司——這些活動和它們之間的交易的內部化降低了交易成本和信息成本。」大公司出現之後，管理的複雜化程度提高，從而導致了經理階層的職業化和科層式管理方式的形成，這就是人類歷史上最偉大的一次管理創新。

芮明杰於1994年在《超越一流的智慧——現代企業管理的創新》中提出管理創新的概念，認為管理創新不是組織創新的輻射，把管理創新界定為「創造一種新的更有效的資源整合範式」，這種範式既可以是新的有效整合資源以達到組織目標和責任的全過程管理，也可以是新的具體資源整合及目標制定等方面的細節管理。

現代關於創新的觀點還有：創新是企業家向經濟中引入的能給社會或消費者帶來價值追加的新事物，這種事物以前未從商業的意義引入到經濟中；創新是一個商業行為，絕不是單純的技術行為，決定創新成敗的標準是其市場表現。

【思考】你的組織有什麼措施鼓勵創新活動的開展？

二、管理創新在企業發展中的位置

自從熊彼特提出創新理論以來,創新概念就開始成為經濟學和管理學的一個重要概念,而企業作為社會經濟活動的微觀主體,整個社會的發展和創新很大程度上是由企業內部的創新實踐所推動。

(一) 企業創新

一般把企業創新分為技術創新、制度創新和管理創新三部分。

1. 技術創新

科學技術是知識形態的生產力,即潛在的生產力,它只有通過技術創新及其擴散而進入生產過程,使它和生產緊密結合,才會轉化為現實的生產力。因此,技術創新是科學技術進入社會生產和再生產運動的基本方式,也是科技進步促進經濟社會發展的基本途徑。技術創新已成為現代經濟可持續發展的主要動力。技術創新是在自然界中為某種自然物找到新的應用,並賦予新的經濟價值。從經濟學的觀點看,技術創新不僅僅是指技術系統本身的創新,更主要是把科技成果引入生產過程所導致的生產要素的重新組合,並把它轉化為能在市場上銷售的商品或工藝的全過程。

2. 制度創新

企業制度是企業作為一個有機組織,為了實現企業既定目標和實現內部資源與外部環境的協調,在財產關係、組織結構、運行機制和管理規範等方面的一系列制度安排。企業制度主要包括產權制度、經營制度和管理制度三個不同層次、不同方面的內容。產權制度是決定企業其他制度的根本性制度,它規定著企業所有者對企業的權利、利益和責任。按照資源配置方式的不同,有計劃配置方式下的「公有製單位」形式和市場配置形式下的「企業制」形式。而企業制度按其產權歸屬及歷史發展順序可分為業主制、合夥制和公司制三種基本類型。經營制度又稱經營機制,是有關經營權的歸屬及行使權力的條件、範圍、限制等方面的原則規定,它構成公司的「內部治理結構」,包括目標機制、激勵機制和約束機制等。管理制度是行使經營權,組織企業日常經營的各項具體規則的總稱,包括材料、資金、設備、勞動力等各種因素的取得和使用的規定。

從以上有關企業制度含義的分析可以看出,企業的制度創新就是實現企業制度的變革,通過調整和優化企業所有者、經營者和勞動者三者之間的關係,使各個方面的權利和利益得到充分的體現;不斷調整企業的組織結構和修正完善企業內部的各項規章制度,使企業內部各種要素合理配置,並發揮最大限度的效能。中國目前的企業制度創新主要是建立現代企業制度,它是企業產權制度、經營制度、管理制度的綜合創新。

3. 管理創新

企業管理簡單來說就是對企業內、外資源的整合。管理創新就是指創造一種新的更有效的資源整合範式,這種範式既可以是新的有效整合資源以達到企業目標和責任的全過程式管理,也可以是新的具體資源整合及目標制定等方面的細節管理。

文化、戰略、組織是企業各職能部門運作的內部微觀環境，三者在時間和空間上共同構建起企業的基本結構，企業的一切經營活動都是基於這一基本構架而進行的。因此，企業管理創新又可分為企業文化創新、戰略管理創新、組織結構創新、行銷管理創新等。

(二) 管理創新與技術創新、制度創新的關係

管理創新本身是由經濟發展、技術進步導致企業生存與發展問題需要解決而產生的。錢德勒指出：「現有的需求和技術將創造出管理協調的需求和機會。」知識經濟時代企業保持活力的唯一途徑就是創新，其中最重要的和最直接的創新方式是技術創新和制度創新，而管理創新對技術創新和制度創新都起著巨大的推動作用。

1. 從技術創新的角度看管理創新

知識經濟理論證明技術創新是企業發展的重要力量。著名經濟學家弗里曼（Friedman）認為，現代產業的一個顯著特點就是技術創新，主要由專門機構〔如 R&D（research and development）體系〕承擔。統計資料顯示，企業規模與 R&D（research and development）項目的規模呈明顯的正相關關係，技術創新成效顯著的企業，其成長速度將大大超過一般的企業。事實上，人們在現實生活中也經常看到一些企業由於技術創新（包括產品創新）的成功，使企業一下子超出競爭對手許多，從而擁有壟斷的資本和技術，享有更多的市場份額和利潤。

技術創新的投入和產出是一個不確定性的過程，這種不確定性大大高於生產經營過程的不確定性，技術創新的不確定性是由諸多因素造成的，除了技術領域的特性因素外，實際上還受到技術創新主體的創新能力、行為方式、投入的各種資源數量和質量以及技術創新過程的管理效率因素的影響。因此，技術創新的成功與否首先在於這一創新主題的選擇是否科學，其次則在於這一創新的具體組織與管理。

因此，技術創新的過程不僅僅是個技術的問題，也是個管理的問題，管理可以降低技術創新過程中資源配置的不確定性，提高技術創新過程中資源的配置效率。既然技術創新是一個管理的過程，那麼管理創新應在這個方面具有空間，可以發揮管理創新的巨大作用。技術創新從早先的在獨立於企業外的研究機構、實驗室中進行，逐步變為在企業內進行，尤其在企業中設立獨立的 R&D 體系進行技術創新的內在化，這本身就是一大管理創新。而現代計算機技術用於技術設計與技術創新之後，原先的順序式研製與開發創新的流程就變為平行式開發創新和研製的流程，設立與平行式創新開發流程一致的管理組織體系便是一大管理創新，雖然這一創新尚未在許多企業中展開。管理創新將有助於技術創新提高投入與產出效率，有助於技術創新的成功。

2. 從制度創新的角度看管理創新

知識經濟也已證明制度創新是企業發展的重要因素，制度創新與技術創新兩者之間存在相似性，即只有當創新的預期收益超過創新的預期成本時，才有可能發生或實現。新制度經濟學認為，企業制度的創新過程實為產權體系重新安置的過程。這一再安置的效率最終要通過優化資源配置的效率得以展現。科斯指出：「在這種情況下（指存在市場交易費用），合法權利的初始界定會對經濟制度運行的效率產生影響，權利的

一處調整會比其他安排產生更多的產值。但除非這是法律制度確認的權利的調整，否則通過轉移和合併權利達到同樣後果的市場費用非常高，以至於最佳的財富配置以及由此帶來的更高的產值也許永遠也不會實現。」在科斯看來，在交易費用為零的條件下，產權變動對資源的最優配置沒有影響。然而現實社會中交易費用不為零，因而產權再安置對企業資源配置效率存在影響，故而企業才會有進行制度創新的動力。

企業制度創新過程實際上也是一個不確定性的過程，制度創新也有投入與產出效率的問題，由此制度創新過程中也有管理的問題。一方面，企業制度創新離不開管理的配合，離不開組織結構的適應性調整或變更，即管理創新。另一方面，管理創新本身將有助於制度創新目標的實現。因為管理創新的目標與制度創新的目標是一致的，即提高企業的資源配置效率。管理創新與企業制度創新一樣對企業發展有重要的作用。

3. 創新過程

一些專家認為，創新的過程可以劃分為若干個階段。早在1926年，就有人提出了創新思維過程的四階段：準備、構思、明朗、確立。後來的研究人員在此基礎上作了進一步修正，提出了更為準確的創新五階段：

（1）收集素材。本階段是一個累積的過程。在這個時期需要進行廣泛的探索，研究與問題有關的一切事物，以累積和收集各種有用的信息與素材。

（2）深思熟慮。在此階段要克服各種思想障礙，發揮思維的靈活性，運用演繹、歸納、移植、綜合等多種創造原理進行思索，此階段有時也會出現思想火花，經過詳細的思考，也能發展為創新思想。

（3）醞釀儲備。當出現某些新思想的時候，也許最初只是初級的、粗糙的，需要進一步進行琢磨、充實與完善，把原始的數據信息和思索時發掘的新資料通過加工整理，進行構思。

（4）領悟發現。這是作出創造性發現的階段。在進行深思熟慮與醞釀儲備的基礎上，一旦出現思想的飛躍，就產生了新的認識與見解。

（5）確立完善。對創新思想通過修正、擴充、提煉加以完善。

【思考】創新是否需要很先進的科學技術？

第二節　學習型組織

學習型組織是美國學者彼得·聖吉（Peter M. Senge）在《第五項修煉》（The Fifth Discipline）一書中提出的管理觀念。其含義為面臨劇烈的外在環境，組織應力求精簡、扁平化、終身學習，不斷自我組織再造，以維持競爭力。

學習型組織不存在單一的模型，它是關於組織的概念和雇員作用的一種態度或理念，是用一種新的思維方式對組織的思考。在學習型組織中，每個人都要參與識別和解決問題，使組織能夠進行不斷的嘗試，改善和提高它的能力。學習型組織的基本價值在於解決問題，與之相對的傳統組織設計的著眼點是效率。在學習型組織內，雇員參加問題的識別，這意味著要懂得顧客的需要。雇員還要解決問題，這意味著要以一

種獨特的方式將一切綜合起來考慮以滿足顧客的需要，組織因此通過確定新的需要並滿足這些需要來提高其價值。它常常是通過新的觀念和信息而不是物質的產品來實現價值的提高。

【思考】你認為所在的組織是學習型組織嗎？為什麼？

一、學習型組織的概念

學習型組織是指通過培養彌漫於整個組織的學習氣氛，充分發揮員工的創造性思維能力而建立起來的一種有機的、高度柔性的、扁平的、符合人性的、能持續發展的組織，是一個能使組織內的全體成員全身心地投入並有持續增長的學習力的組織，是通過學習能創造自我、擴大創造未來能量的組織。

(一) 學習型組織包括的五項要素

(1) 建立共同願景（building shared vision）：願景可以凝聚公司上下的意志力，透過組織共識，大家努力的方向一致，個人也樂於奉獻，為組織目標奮鬥。

(2) 團隊學習（team learning）：團隊智慧應大於個人智慧的平均值，以做出正確的組織決策，透過集體思考和分析，找出個人弱點，強化團隊向心力。

(3) 改變心智模式（improve mental models）：組織的障礙，多來自於個人的舊思維，例如固執己見、本位主義，唯有通過團隊學習，以及標杆學習，才能改變心智模式，有所創新。

(4) 自我超越（personal mastery）：個人有意願投入工作，專精工作技巧的專業，個人與願景之間有種「創造性的張力」，正是自我超越的來源。

(5) 系統思考（system thinking）：應通過資訊搜集，掌握事件的全貌，以避免見樹不見林，培養綜觀全局的思考能力，看清楚問題的本質，有助於清楚瞭解因果關係。

學習是心靈的正向轉換，企業如果能夠順利導入學習型組織，不止能夠達致更高的組織績效，更能夠帶動組織的生命力。

(二) 學習型組織的領導

學習型組織是從組織領導人的頭腦中開始的。學習型組織需要有頭腦的領導，他要能理解學習型組織，並能夠幫助其他人獲得成功。學習型組織的領導具有三個明顯的作用。

1. 設計社會建築

社會建築是組織中看不見的行為和態度。組織設計的第一個任務就是培養組織目的、使命和核心價值觀的治理思想，它將用來指導雇員。有頭腦的領導要確定目標和核心價值觀的基礎。第二個任務是設計支持學習型組織的新政策、戰略和結構，並進行安排。這些結構將促進新的行為。第三個任務是領導並設計有效的學習程序。創造學習程序並且保證它們得到改進和理解。這需要領導的創造力。

2. 創造共同的願景

共同的願景是對組織理想未來的設想。這種設想可以由領導或雇員的討論提出，公司的願景必須得到廣泛的理解並被深深銘刻在組織之中。這個願景體現了組織與其

雇員所希望的長期結果，雇員可以自己自由地識別和解決眼前的問題，這一問題的解決將會幫助實現組織的願景。但是，如果沒有提出協調一致的共同願景，雇員就不會為組織整體提高效益而行動。

3. 服務型的領導

學習型組織是由那些為他人和組織的願景而奉獻自己的領導建立的。作為靠自己一人建立組織的領導人形象不適合學習型組織。領導應將權力、觀念、信息分給大家。學習型組織的領導要將自己奉獻給組織。

(三) 學習型組織的內涵

(1) 學習型組織基礎——團結、協調及和諧。組織學習普遍存在「學習智障」，個體自我保護心理必然造成團體成員間相互猜忌，這種所謂的「辦公室政治」導致高智商個體，組織群體反而效率低下。從這個意義上說，班子的團結，組織上下協調以及群體環境的民主、和諧是建構學習型組織的基礎。

(2) 學習型組織核心——在組織內部建立完善的「自學習機制」。組織成員在工作中學習，在學習中工作，學習成為工作新的形式。

(3) 學習型組織精神——學習、思考和創新。此處學習是團體學習、全員學習，思考是系統、非線性的思考，創新是觀念、制度、方法及管理等多方面的更新。

(四) 學習型組織的關鍵特徵——系統思考

只有站在系統的角度認識系統，認識系統的環境，才能避免陷入系統動力的旋渦裡去。

(五) 組織學習的基礎——團隊學習

團隊是現代組織中學習的基本單位。許多組織不乏就是組織現狀、前景的熱烈辯論，但團隊學習依靠的是深度匯談，而不是辯論。深度匯談是一個團隊的所有成員，攤出心中的假設，而進入真正一起思考的能力。深度匯談的目的是一起思考，得出比個人思考更正確、更好的結論；而辯論是每個人都試圖用自己的觀點說服別人同意的過程。

二、創建學習型企業的幾個誤區

誤區之一：神祕化思想。創建學習型企業組織理論是由美國麻省理工學院教授彼得·聖吉首先提出來的，目前國內創建學習型組織理論都借鑑了彼得·聖吉的基本理論。許多人認為，這個理論中的許多名詞晦澀難懂，內容博大精深，我們又不是科研機構，自然掌握不了這麼高深的學問。這其實是一種誤解。學習型組織理論由外文翻譯而來，不太好理解是事實，但它的基本精神和主要內容和我們的觀念差距並不是很遠，只不過是用一種新的思想把我們已經做的工作加以整合和改造而已。中國許多知名企業的成功實踐充分說明了這一點，像海爾、蒙牛等就是典型的例子。

誤區之二：一般化認識。有許多人認為，創建學習型企業就是辦班講課、讀書看報，沒有什麼新鮮的。我們說培訓是要搞的，專家講課也是必要的，書報更是必看不

可。但這些做法只是從外部支援的角度為企業創建學習型組織提供理論上的解釋和操作上的諮詢，其本身並不是創建學習型組織的必經環節，更不是創建學習型組織的本質意義。因此，創建學習型組織應當是自己親手去做的事情。如果一個組織整天「學習」而不創造，那就不是一個真正意義上的學習型組織，只能算是一個形而上學的組織。學習型組織的學習特別強調把學習轉化為生產力，有「學」有「習」，而且「習」重於「學」。

　　誤區之三：創建學習型企業等同於以往的思想政治工作。現在，創建學習型組織很熱。有人認為，只要我們將思想政治工作的標籤換一下，跟著喊就行了。這種觀點是有偏頗的。創建學習型企業固然可以借鑑思想政治工作中的一些做法，但絕不等同於思想政治工作。總體來說，學習型企業所倡導的學習主要有兩方面內容：一是工作學習化，即把工作的過程看成是學習的過程，工作跟學習是同步進行的；二是學習工作化，今天的學習型組織理論明確要求，上班不僅僅是工作，而是要把生產、工作、學習和研究這四件事情有機地聯繫起來。由此可見，創建學習型企業與以往的思想政治工作並不是一回事，不能混為一談。

　　誤區之四：「等、靠、要」。有人說，既然上級這麼重視學習型企業，我們只要按老辦法抓就行了。我們說，建立學習型組織的動力來自於企業發展的內在需求，應當是一項自發、自主的工作。因此，要徹底改變那種上級下文件、訂計劃，基層照方吃藥、跟著執行的「等、靠、要」做法。具體說來，應以提高企業的核心競爭力為目的，切實加強自主性、針對性、創造性的學習。

　　誤區之五：「一陣風」。不能把創建學習型企業當做一項應急活動或短期工作，刮「一陣風」就完事。它應當成為伴隨我們工作、學習的永久使命，持之以恒地延續下去。綜觀國內外成功的學習型企業，它們的創建過程多為幾年甚至十幾年。所謂成功，也只能說是完善了創建學習型企業的形式和機制。所以，有學者提出，這種學習的過程應用 n 來表示，即沒有具體數值。因此，我們必須破除急於求成的思維方式，必須破除「一陣風」式的行為模式。

　　總之，創建學習型企業是一個漫長的、艱苦的過程，必須結合本企業的實際情況，不斷探索、不斷總結，以期建立起具有自身鮮明特色的學習型組織，真正促進企業的長遠發展。

第三節　全面質量管理

　　全面質量管理這個名稱，最先是 20 世紀 60 年代初由美國的著名專家菲根堡姆提出。它是在傳統的質量管理基礎上，隨著科學技術的發展和經營管理上的需要發展起來的現代化質量管理，現已成為一門系統性很強的科學。

　　自 1978 年以來，中國推行全面質量管理（當時稱為 total quality control，TQC）已有二十多年。從二十多年的深入、持久、健康地推行全面質量管理的效果來看，它有利於提高企業素質，增強國有企業的市場競爭力。

一、全面質量管理相關概念簡述

全面質量管理,即 total quality management,是一種由顧客的需要和期望驅動的管理哲學。全面質量管理是以質量為中心,建立在全員參與基礎上的一種管理方法,其目的在於長期獲得顧客滿意、組織成員和社會的利益。ISO8402 對全面質量管理的定義是:一個組織以質量為中心,以全員參與為基礎,目的在於通過讓顧客滿意和本組織所有成員及社會受益而達到長期成功的管理途徑。菲根堡姆對全面質量管理的定義是:「為了能夠在最經濟的水準上,並考慮到充分滿足顧客要求的條件下進行市場研究、設計、製造和售後服務,把企業內各部門的研製質量,維持質量和提高質量的活動構成為一體的一種有效的體系。」具體來說,全面質量管理蘊涵著如下含義:

(一) 強烈地關注顧客

從現在和未來的角度來看,顧客已成為企業的衣食父母。「以顧客為中心」的管理模式正逐漸受到企業的高度重視。全面質量管理注重顧客價值,其主導思想就是「顧客的滿意和認同是長期贏得市場,創造價值的關鍵」。為此,全面質量管理要求必須把以顧客為中心的思想貫穿到企業業務流程的管理中,即從市場調查、產品設計、試製、生產、檢驗、倉儲、銷售、到售後服務的各個環節都應該牢固樹立「顧客第一」的思想,不但要生產物美價廉的產品,而且要為顧客做好服務工作,最終讓顧客放心滿意。

(二) 堅持不斷地改進

全面質量管理是一種永遠不能滿足的承諾,「非常好」還是不夠,質量總能得到改進,「沒有最好,只有更好」。在這種觀念的指導下,企業持續不斷地改進產品或服務的質量和可靠性,確保企業獲取對手難以模仿的競爭優勢。

(三) 改進組織中每項工作的質量

全面質量管理採用廣義的質量定義。它不僅與最終產品有關,並且還與組織如何交貨、如何迅速地回應顧客的投訴、如何為客戶提供更好的售後服務等都有關係。

(四) 精確地度量

全面質量管理採用統計度量組織作業中人的每一個關鍵變量,然後與標準和基準進行比較以發現問題,追蹤問題的根源,從而達到消除問題、提高品質的目的。

(五) 向員工授權

全面質量管理吸收生產線上的工人加入改進過程,廣泛地採用團隊形式作為授權的載體,依靠團隊發現和解決問題。

二、全面質量管理的相關問題

(一) PDCA 循環

PDCA 循環亦稱戴明循環(如圖 10-1 所示),即由戴明提出的一種科學的工作程序,以循環提高產品、服務或工作質量。P(plan)——計劃;D(do)——實施;C （check）——檢查；A（action）——處理。

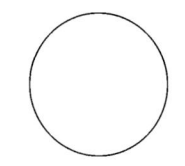

圖 10－1　PDCA 循環圖

　　第一個階段稱為計劃階段，又叫 P 階段。這個階段的主要內容是通過市場調查、用戶訪問、國家計劃指示等，搞清楚用戶對產品質量的要求，確定質量政策、質量目標和質量計劃等。

　　第二個階段為執行階段，又稱 D 階段。這個階段是實施 P 階段所規定的內容，如根據質量標準進行產品設計、試製、試驗，其中包括計劃執行前的人員培訓。

　　第三個階段為檢查階段，又稱 C 階段。這個階段主要是在計劃執行過程中或執行之後，檢查執行情況，是否符合計劃的預期結果。

　　第四階段為處理階段，又稱 A 階段。主要是根據檢查結果，採取相應的措施。四個階段循環往復，沒有終點，只有起點。在全面質量管理中，通常還可以把 PDCA 循環四階段進一步細化為 8 個步驟。

(二) 美國式全面質量管理概念

　　圖 10－2 是美國式全面質量管理的思路，其思想與日本的 TQC 有許多類似之處，但最大的區別在於，美國的全面質量管理活動都是建立在社會大網絡的基礎之上。也就是說，美國的質量管理目標正在發生轉移，正逐步從「追求企業利益最大化」向「體現企業的社會責任」轉移。

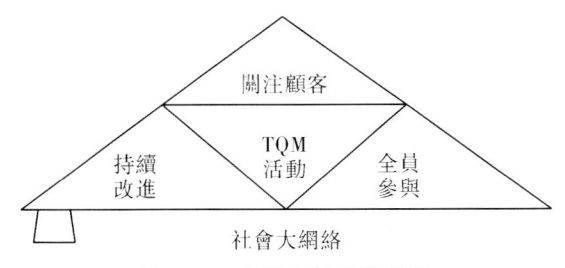

圖 10－2　**美國式全面質量管理**

(三) 全面質量管理的系統思考

　　圖 10－3 描述了全面質量管理與顧客完全滿意（total customer satisfaction）之間的系統關聯性。有關顧客完全滿意的內容，我們下面將詳細敘述。

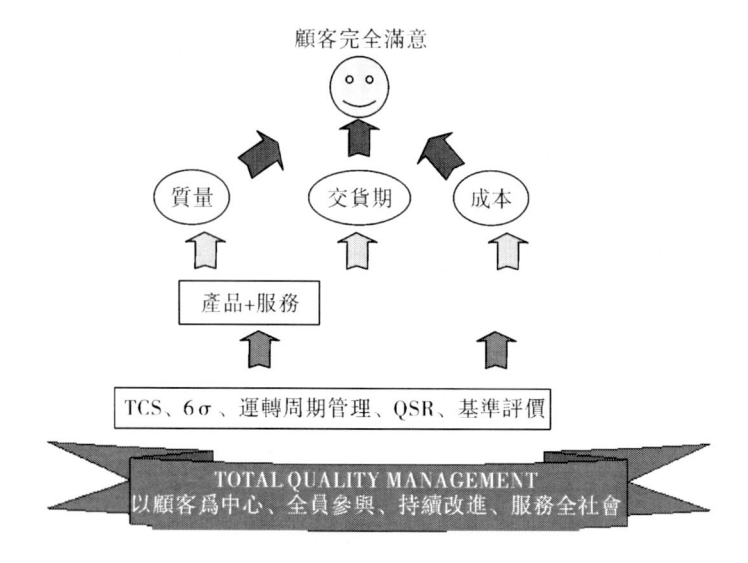

圖 10-3　全面質量管理與顧客全滿意之間的系統關聯性

三、全面質量管理的內容及步驟

(一) 全面質量管理的內容

全面質量管理過程的全面性，決定了全面質量管理的內容應當包括設計過程、製造過程、輔助過程、使用過程四個過程的質量管理。

1. 設計過程質量管理的內容

產品設計過程的質量管理是全面質量管理的首要環節。這裡所指設計過程，包括市場調查、產品設計、工藝準備、試製和鑒定等過程（即產品正式投產前的全部技術準備過程）。主要工作內容包括通過市場調查研究，根據用戶要求、科技情報與企業的經營目標，制定產品質量目標；組織有銷售、使用、科研、設計、工藝、制度和質管等多部門參加的審查和驗證，確定適合的設計方案；保證技術文件的質量；做好標準化的審查工作；督促遵守設計試製的工作程序，等等。

2. 製造過程的質量管理的內容

製造過程，是指對產品直接進行加工的過程。它是產品質量形成的基礎，是企業質量管理的基本環節。它的基本任務是保證產品的製造質量，建立一個能夠穩定生產合格品和優質品的生產系統。主要工作內容包括組織質量檢驗工作；組織和促進文明生產；組織質量分析，掌握質量動態；組織工序的質量控制，建立管理點；等等。

3. 輔助過程質量管理的內容

輔助過程，是指為保證製造過程正常進行而提供各種物資技術條件的過程。它包括物資採購供應、動力生產、設備維修、工具製造、倉庫保管、運輸服務等。它的主要內容有：做好物資採購供應（包括外協準備）的質量管理，保證採購質量，嚴格入庫物資的檢查驗收，按質、按量、按期地提供生產所需要的各種物資（包括原材料、

輔助材料、燃料等）；組織好設備維修工作，保持設備良好的技術狀態；做好工具製造和供應的質量管理工作等。另一方面，企業物資採購的質量管理也日益顯得重要。

4. 使用過程質量管理的內容

使用過程是考驗產品實際質量的過程，它是企業內部質量管理的繼續，也是全面質量管理的出發點和落腳點。這一過程質量管理的基本任務是提高服務質量（包括售前服務和售後服務），保證產品的實際使用效果，不斷促使企業研究和改進產品質量。它主要的工作內容有：開展技術服務工作，處理出廠產品質量問題；調查產品使用效果和用戶要求。

(二) 全面質量管理的推行步驟

進行全面質量管理必須要做到「三全」：①內容與方法的全面性。不僅要著眼於產品的質量，而且要注重形成產品的工作質量。注重採用多種方法和技術，包括科學的組織管理工作、各種專業技術、數理統計方法、成本分析、售後服務等。②全過程控制。即對市場調查、研究開發、設計、生產準備、採購、生產製造、包裝、檢驗、儲存、運輸、銷售、為用戶服務等全過程都進行質量管理。③全員性。即企業全體人員包括領導人員、工程技術人員、管理人員和工人等都參加質量管理，並對產品質量各負其責。

在具體推行過程中，我們可以從以下幾個步驟來實施：

(1) 通過培訓教育使企業員工牢固樹立「質量第一」和「顧客第一」的思想，製造良好的企業文化氛圍，採取切實行動，改變企業文化和管理形態。

(2) 制訂企業人、事、物及環境的各種標準，這樣才能在企業運作過程中衡量資源的有效性和高效性。

(3) 推動全員參與，對全過程進行質量控制與管理。以人為本，充分調動各級人員的積極性，推動全員參與。只有全體員工的充分參與，才能使他們的才幹為企業帶來收益，才能夠真正實現對企業全過程進行質量控制與管理；並且確保企業在推行全面質量管理過程中，採用了系統化的方法進行管理。

(4) 做好計量工作。計量工作包括測試、化驗、分析、檢測等，是保證計量的量值準確和統一，確保技術標準的貫徹執行的重要方法和手段。

(5) 做好質量信息工作。企業根據自身的需要，應當建立相應的信息系統，並建立相應的數據庫。

(6) 建立質量責任制，設立專門質量管理機構。全面質量管理的推行要求企業員工自上而下地嚴格執行。從一把手開始，逐步向下實施；全面質量管理的推行必須要獲得企業一把手的支持與領導，否則難以長期推行。

四、全面質量管理與ISO9001的對比

(一) ISO9001與全面質量管理的相同點

首先兩者的管理理論和統計理論基礎一致。兩者均認為產品質量形成於產品全過程，都要求質量體系貫穿於質量形成的全過程；在實現方法上，兩者都使用了PDCA

質量循環運行模式。其次，兩者都要求對質量實施系統化的管理，都強調「一把手」對質量的管理。最後，兩者的最終目的一致，都是為了提高產品質量，滿足顧客的需要，都強調任何一個過程都是可以不斷改進，不斷完善的。

(二) ISO9001 與全面質量管理的不同點

首先，期間目標不一致。全面質量管理質量計劃管理活動的目標是改變現狀。其作業只限於一次，目標實現後，管理活動也就結束了，下一次計劃管理活動，雖然是在上一次計劃管理活動的結果的基礎上進行的，但絕不是重複與上次相同的作業。而 ISO9001 質量管理活動的目標是維持標準現狀。其目標值為定值。其管理活動是重複相同的方法和作業，使實際工作結果與標準值的偏差量盡量減少。其次，工作中心不同。全面質量管理是以人為中心，ISO9001 是以標準為中心。最後，兩者執行標準及檢查方式不同。實施全面質量管理企業所制定的標準是企業結合其自身特點制定的自我約束的管理體制；其檢查方主要是企業內部人員，檢查方法是考核和評價（方針目標講評、QC 小組成果發布等）。ISO9001 系列標準是國際公認的質量管理體系標準，它是世界各國共同遵守的準則。貫徹該標準強調的是由公正的第三方對質量體系進行認證，並接受認證機構的監督和檢查。

全面質量管理是一個企業「達到長期成功的管理途徑」，但成功地推行全面質量管理必須達到一定的條件。對大多數企業來說，直接引入全面質量管理有一定的難度。而 ISO9001 則是質量管理的基本要求，它只要求企業穩定組織結構，確定質量體系的要素和模式就可以貫徹實施。貫徹 ISO9001 系列標準和推行全面質量管理之間不存在截然不同的界限，我們把兩者結合起來，才是現代企業質量管理深化發展的方向。

企業開展全面質量管理，必須從基礎工作抓起，認真結合企業的實際情況和需要，貫徹實施 ISO9001 標準。應該說，「認證」是企業實施標準的自然結果。而先行請人「捉刀」，認證後再逐步實施，是本末倒置的表現；並且，企業在貫徹 ISO9000 標準、取得質量認證證書後，一定不要忽視甚至丟棄全面質量管理。

五、全面質量管理與統計技術

統計技術是 ISO9001 中的重要要素，包含了五大統計技術：顯著性檢驗（假設檢驗）、實驗設計（試驗設計）、方差分析與迴歸分析、控制圖、統計抽樣。這僅是統計技術中的中等統計技術方法，它在質量管理中的應用只有六十多年歷史，經歷了兩個階段：統計質量控制和全面質量管理。統計質量控制起源於美國：1924 年，美國貝爾電話公司的休哈特博士運用數理統計方法提出了世界上第一張質量控制圖，其主要的思想是在生產過程中預防不合格品的產生，變事後檢驗為事前預防，從而保證了產品質量，降低了生產成本，大大提高了生產率；1929 年，該公司的道奇與羅米格又提出了改變傳統的全數檢驗的做法，目的在於解決當產品不能或不需要全數檢查時，如何採用抽樣檢查的方法來保證產品的質量，並使檢驗費減少。

全面質量管理的主要理論認為，企業要能夠生產滿足用戶要求的產品，單純依靠數理統計方法對生產工序進行控制是很不夠的，提出質量控制應該從產品設計開始，

直到產品到達用戶手中，使用戶滿意為止，它包括市場調查、設計、研製、製造、檢驗、包裝、銷售、服務等各個環節，都要加強質量管理。因此，統計技術是全面質量管理的核心，是實現全面質量管理與控制的有效工具。

【思考】後勤人員也需要參與全面質量管理嗎？為什麼？

第四節　企業資源計劃（ERP）

企業資源計劃（enterprise resource planning，ERP）系統是指建立在信息技術基礎上，以系統化的管理思想，為企業決策層及員工提供決策運行手段的管理平臺。它是從 MRP（物料需求計劃）發展而來的新一代集成化管理信息系統，它擴展了 MRP 的功能，其核心思想是供應鏈管理。它跳出了傳統企業邊界，從供應鏈範圍去優化企業的資源。ERP 系統集信息技術與先進管理思想於一身，成為現代企業的運行模式，反應時代對企業合理調配資源，最大化地創造社會財富的要求，成為企業在信息時代生存、發展的基石。它對於改善企業業務流程、提高企業核心競爭力具有顯著作用。

【思考】ERP 是管理思想、管理系統還是管理軟件？

一、ERP 的管理思想和核心目的

ERP 是由美國 Garter Group 諮詢公司首先提出的，作為當今國際上一個最先進的企業管理模式，它在體現當今世界最先進的企業管理理論的同時，也提供了企業信息化集成的最佳解決方案。它把企業的物流、資金流、信息流統一起來進行管理，以求最大限度地利用企業現有資源，實現企業經濟效益的最大化。

ERP 的核心目的就是實現對整個供應鏈的有效管理，主要體現在以下三個方面：

（一）體現對整個供應鏈資源進行管理的思想

在知識經濟時代僅靠自己企業的資源不可能有效地參與市場競爭，還必須把經營過程中的有關各方如供應商、製造工廠、分銷網絡、客戶等納入一個緊密的供應鏈中，才能有效地安排企業的產、供、銷活動，滿足企業利用全社會一切市場資源快速高效地進行生產經營的需求，以期進一步提高效率和在市場上獲得競爭優勢。換句話說，現代企業競爭不是單一企業與單一企業間的競爭，而是一個企業供應鏈與另一個企業供應鏈之間的競爭。ERP 系統實現了對整個企業供應鏈的管理，適應了企業在知識經濟時代市場競爭的需要。

（二）體現精益生產、同步工程和敏捷製造的思想

ERP 系統支持對混合型生產方式的管理，其管理思想表現在兩個方面：其一是「精益生產」（lean production，LP）的思想，它是由美國麻省理工學院（MIT）提出的一種企業經營戰略體系。即企業按大批量生產方式組織生產時，把客戶、銷售代理商、供應商、協作單位納入生產體系，企業同其銷售代理、客戶和供應商的關係，已不再是簡單的業務往來關係，而是利益共享的合作夥伴關係，這種合作夥伴關係組成了一

個企業的供應鏈,這即是精益生產的核心思想。其二是「敏捷製造」(agile manufacturing, AM)的思想。當市場發生變化,企業遇有特定的市場和產品需求時,企業的基本合作夥伴不一定能滿足新產品開發生產的要求,這時,企業會組織一個由特定的供應商和銷售渠道組成的短期或一次性供應鏈,形成「虛擬工廠」,把供應和協作單位看成是企業的一個組成部分,運用「同步工程(SE)」,組織生產,用最短的時間將新產品打入市場,時刻保持產品的高質量、多樣化和靈活性,這是「敏捷製造」的核心思想。

(三)體現事先計劃與事中控制的思想

ERP 系統中的計劃體系主要包括主生產計劃、物料需求計劃、能力計劃、採購計劃、銷售執行計劃、利潤計劃、財務預算和人力資源計劃等,而且這些計劃功能與價值控制功能已完全集成到整個供應鏈系統中。

另一方面,ERP 系統通過定義事務處理(transaction)相關的會計核算科目與核算方式,以便在事務處理發生的同時自動生成會計核算分錄,保證了資金流與物流的同步記錄和數據的一致性。從而實現了根據財務資金現狀,可以追溯資金的來龍去脈,並進一步追溯所發生的相關業務活動,改變了資金信息滯後於物料信息的狀況,便於實現事中控制和即時做出決策。

此外,計劃、事務處理、控制與決策功能都在整個供應鏈的業務處理流程中實現,要求在每個流程業務處理過程中最大限度地發揮每個人的工作潛能與責任心,流程與流程之間則強調人與人之間的合作精神,以便在有機組織中充分發揮每個的主觀能動性與潛能。實現企業管理從「高聳式」組織結構向「扁平式」組織機構的轉變,提高企業對市場動態變化的回應速度。

總之,借助 IT 技術的飛速發展與應用,ERP 系統得以將很多先進的管理思想變成現實中可實施應用的計算機軟件系統。

【思考】為什麼中小型企業實行 ERP 系統的比較少?

二、ERP 的特點

ERP 是將企業所有資源進行整合集成管理,簡單地說是將企業的三大流——物流、資金流、信息流進行全面一體化管理的管理信息系統。它的功能模塊不同於以往的 MRP 或 MRP II 的模塊,它不僅可用於生產企業的管理,而且在許多其他類型的企業如一些非生產、公益事業的企業也可導入 ERP 系統進行資源計劃和管理。

ERP 系統的特點有:

(1)企業內部管理所需的業務應用系統,主要是指財務、物流、人力資源等核心模塊。

(2)物流管理系統採用了製造業的 MRP 管理思想;FMIS 有效地實現了預算管理、業務評估、管理會計、ABC 成本歸集方法等現代基本財務管理方法;人力資源管理系統在組織機構設計、崗位管理、薪酬體系以及人力資源開發等方面同樣集成了先進的理念。

(3)ERP 系統是一個在全公司範圍內應用的、高度集成的系統。數據在各業務系

統之間高度共享，所有源數據只需在某一個系統中輸入一次，保證了數據的一致性。

（4）對公司內部業務流程和管理過程進行了優化，主要的業務流程實現了自動化。

（5）採用了計算機最新的主流技術和體系結構：B/S、Internet 體系結構，Windows 界面。在能通信的地方都可以方便地接入到系統中來。

（6）集成性、先進性、統一性、完整性、開放性。

三、ERP 的主要模塊

在企業中，一般的管理主要包括三方面的內容：生產控制（計劃、製造）、物流管理（分銷、採購、庫存管理）和財務管理（會計核算、財務管理）。這三大系統本身就是集成體，它們互相之間有相應的接口，能夠很好地整合在一起來對企業進行管理。另外，要特別一提的是，隨著企業對人力資源管理重視的加強，已經有越來越多的 ERP 廠商將人力資源管理納入 ERP 系統，成為 ERP 的一個重要組成部分。對這一功能，我們也會進行簡要的介紹。這裡我們將仍然以典型的生產企業為例子來介紹 ERP 的功能模塊，據知名獵頭烽火獵聘年度報告顯示 ERP 人才正處在人才缺少階段，有很好的就業前景。

（一）財務模塊

企業中，清晰分明的財務管理是極其重要的。所以，財務模塊在 ERP 整個方案中是不可或缺的一部分。ERP 中的財務模塊與一般的財務軟件不同，作為 ERP 系統中的一部分，它和系統的其他模塊有相應的接口，能夠相互集成。比如，它可將由生產活動、採購活動輸入的信息自動計入財務模塊生成總帳、會計報表，取消了輸入憑證繁瑣的過程，幾乎完全替代以往傳統的手工操作。一般的 ERP 軟件的財務部分分為會計核算與財務管理兩大塊。

1. 會計核算

會計核算主要是記錄、核算、反應和分析資金在企業經濟活動中的變動過程及其結果。它由總帳、應收帳、應付帳、現金、固定資產、多幣制等部分構成。

（1）總帳模塊

它的功能是處理記帳憑證輸入、登記，輸出日記帳、一般明細帳及總分類帳，編製主要會計報表。它是整個會計核算的核心，應收帳、應付帳、固定資產核算、現金管理、工資核算、多幣制等各模塊都以其為中心來互相信息傳遞。

（2）應收帳模塊

應收帳模塊是指企業應收的由於商品賒欠而產生的正常客戶欠款帳。它包括發票管理、客戶管理、付款管理、帳齡分析等功能。它和客戶訂單、發票處理業務相聯繫，同時將各項事件自動生成記帳憑證，導入總帳。

（3）應付帳模塊

會計裡的應付帳是企業應付購貨款等帳，它包括了發票管理、供應商管理、支票管理、帳齡分析等。它能夠和採購模塊、庫存模塊完全集成以替代過去繁瑣的手工操作。

(4) 現金管理模塊

它主要是對現金流入流出的控制以及零用現金及銀行存款的核算。它包括了對硬幣、紙幣、支票、匯票和銀行存款的管理。在 ERP 中提供了票據維護、票據打印、付款維護、銀行清單打印、付款查詢、銀行查詢和支票查詢等和現金有關的功能。此外，它還和應收帳、應付帳、總帳等模塊集成，自動產生憑證，過入總帳。

(5) 固定資產核算模塊

即完成對固定資產的增減變動以及折舊有關基金計提和分配的核算工作。它能夠幫助管理者對目前固定資產的現狀有所瞭解，並能通過該模塊提供的各種方法來管理資產，以及進行相應的會計處理。

它的具體功能有：登錄固定資產卡片和明細帳，計算折舊，編製報表，以及自動編製轉帳憑證，並轉入總帳。它是和應付帳、成本、總帳模塊集成的。

(6) 多幣制模塊

這是為了適應當今企業的國際化經營，對外幣結算業務的要求增多而產生的。多幣制將企業整個財務系統的各項功能以各種幣制來表示和結算，且客戶訂單、庫存管理及採購管理等也能使用多幣制進行交易管理。多幣制和應收帳、應付帳、總帳、客戶訂單、採購等各模塊都有接口，可自動生成所需數據。

(7) 工資核算模塊

自動進行企業員工的工資結算、分配、核算以及各項相關經費的計提。它能夠登錄工資、打印工資清單及各類匯總報表，計算計提各項與工資有關的費用，自動做出憑證，導入總帳。這一模塊是和總帳、成本模塊集成的。

(8) 成本模塊

它將依據產品結構、工作中心、工序、採購等信息進行產品的各種成本的計算，以便進行成本分析和規劃；還能用標準成本或平均成本法按地點維護成本。

2. 財務管理

財務管理的功能主要是基於會計核算的數據，再加以分析，從而進行相應的預測、管理和控制活動。它側重於財務計劃、控制、分析和預測。

財務計劃：根據前期財務分析做出下期的財務計劃、預算等。

財務分析：提供查詢功能和通過用戶定義的差異數據的圖形顯示進行財務績效評估、帳戶分析等。

財務決策：財務管理的核心部分，中心內容是作出有關資金的決策，包括資金籌集、投放及資金管理。

(二) 生產控制管理模塊

這一部分是 ERP 系統的核心所在，它將企業的整個生產過程有機地結合在一起，使得企業能夠有效地降低庫存，提高效率。同時各個原本分散的生產流程的自動連接，也使得生產流程能夠前後連貫地進行，而不會出現生產脫節，耽誤生產交貨時間。

生產控制管理是一個以計劃為導向的先進的生產、管理方法。首先，企業確定它的一個總生產計劃，再經過系統層層細分後，下達到各部門去執行。即生產部門以此

生產，採購部門按此採購等。

1. 主生產計劃

它是根據生產計劃、預測和客戶訂單的輸入來安排將來的各週期中提供的產品種類和數量，它將生產計劃轉為產品計劃，在平衡了物料和能力的需要後，精確到時間、數量的詳細的進度計劃。它是企業在一段時期內的總活動的安排，是一個穩定的計劃，是以生產計劃、實際訂單和對歷史銷售分析得來的預測產生的。

2. 物料需求計劃

在主生產計劃決定生產多少最終產品後，再根據物料清單，把整個企業要生產的產品的數量轉變為所需生產的零部件的數量，並對照現有的庫存量，可得到還需加工多少，採購多少的最終數量。這才是整個部門真正依照的計劃。

3. 能力需求計劃

它是在得出初步的物料需求計劃之後，將所有工作中心的總工作負荷，在與工作中心的能力平衡後產生的詳細工作計劃，用以確定生成的物料需求計劃是否是企業生產能力上可行的需求計劃。能力需求計劃是一種短期的、當前實際應用的計劃。

4. 車間控制

這是隨時間變化的動態作業計劃，是將作業分配到具體各個車間，再進行作業排序、作業管理、作業監控。

5. 製造標準

在編製計劃中需要許多生產基本信息，這些基本信息就是製造標準，包括零件、產品結構、工序和工作中心，都用唯一的代碼在計算機中識別。主要的信息如下：

（1）零件代碼，對物料資源的管理，對每種物料給予唯一的代碼識別。

（2）物料清單（BOM），定義產品結構的技術文件，用來編製各種計劃。

（3）工序，描述加工步驟及製造和裝配產品的操作順序。它包含加工工序順序，指明各道工序的加工設備及所需要的額定工時和工資等級等。

（4）工作中心，使用相同或相似工序的設備和勞動力組成的，從事生產進度安排、核算能力、計算成本的基本單位。

(三) 物流管理模塊

1. 分銷管理

銷售的管理是從產品的銷售計劃開始，對其銷售產品、銷售地區、銷售客戶各種信息的管理和統計，並可對銷售數量、金額、利潤、績效、客戶服務做出全面的分析，這樣在分銷管理模塊中大致有三方面的功能。

（1）對於客戶信息的管理和服務

它能建立一個客戶信息檔案，對其進行分類管理，進而對其進行針對性的客戶服務，以達到最高效率地保留老客戶、爭取新客戶。在這裡，要特別提到的就是最近新出現的 CRM 軟件，即客戶關係管理，ERP 與它的結合必將大大增加企業的效益。

（2）對於銷售訂單的管理

銷售訂單是 ERP 的入口，所有的生產計劃都是根據它下達並進行排產的。而銷售

訂單的管理貫穿於產品生產的整個流程。它包括：

①客戶信用審核及查詢（客戶信用分級，審核訂單交易）。

②產品庫存查詢（決定是否要延期交貨、分批發貨或用代用品發貨等）。

③產品報價（為客戶作不同產品的報價）。

④訂單輸入、變更及跟蹤（訂單輸入後，變更的修正，及訂單的跟蹤分析）。

⑤交貨期的確認及交貨處理（決定交貨期和發貨事物安排）。

（3）對於銷售的統計與分析

這時系統根據銷售訂單的完成情況，依據各種指標做出統計，比如客戶分類統計、銷售代理分類統計等，再就這些統計結果來對企業實際銷售效果進行評價：

①銷售統計（根據銷售形式、產品、代理商、地區、銷售人員、金額、數量來分別進行統計）。

②銷售分析（包括對比目標、同期比較和訂貨發貨分析，來從數量、金額、利潤及績效等方面作相應的分析）。

③客戶服務（客戶投訴記錄，原因分析）。

2. 庫存控制

用來控制存儲物料的數量，以保證穩定的物流支持正常的生產，但又最小限度地占用資本。它是一種相關的、動態的、真實的庫存控制系統。它能夠結合、滿足相關部門的需求，隨時間變化動態地調整庫存，精確地反應庫存現狀。這一系統的功能又涉及：

①為所有的物料建立庫存，決定何時訂貨採購，同時作為採購部門採購、生產部門生產的依據。

②收到訂購物料，經過質量檢驗入庫，生產的產品也同樣要經過檢驗入庫。

③收發料的日常業務處理工作。

3. 採購管理

確定合理的定貨量、優秀的供應商和保持最佳的安全儲備。能夠隨時提供定購、驗收的信息，跟蹤和催促對外購或委外加工的物料，保證貨物及時到達。建立供應商的檔案，用最新的成本信息來調整庫存的成本。具體有：

①供應商信息查詢（查詢供應商的能力、信譽等）。

②催貨（對外購或委外加工的物料進行跟催）。

③採購與委外加工統計（統計、建立檔案、計算成本）。

④價格分析（對原料價格分析，調整庫存成本）。

（四）人力資源管理模塊

以往的 ERP 系統基本上都是以生產製造及銷售過程（供應鏈）為中心的。因此，長期以來一直把與製造資源有關的資源作為企業的核心資源來進行管理。但近年來，企業內部的人力資源，開始越來越受到企業的關注，被視為企業的資源之本。在這種情況下，人力資源管理，作為一個獨立的模塊，被加入到了 ERP 的系統中來，和 ERP 中的財務、生產系統組成了一個高效的、具有高度集成性的企業資源系統。它與傳統

方式下的人事管理有著根本的不同。

1. 人力資源規劃的輔助決策

對於企業人員、組織結構編製的多種方案，進行模擬比較和運行分析，並輔之以圖形的直觀評估，輔助管理者做出最終決策。

制定職務模型，包括職位要求、升遷路徑和培訓計劃，根據擔任該職位員工的資格和條件，系統會提出針對本員工的一系列培訓建議，一旦機構改組或職位變動，系統會提出一系列的職位變動或升遷建議。

進行人員成本分析，可以對過去、現在、將來的人員成本做出分析及預測，並通過 ERP 集成環境，為企業成本分析提供依據。

（1）招聘管理

人才是企業最重要的資源。優秀的人才才能保證企業持久的競爭力。招聘系統一般從以下幾個方面提供支持：

①進行招聘過程的管理，優化招聘過程，減少業務工作量；
②對招聘的成本進行科學管理，從而降低招聘成本；
③為選擇聘用人員的崗位提供輔助信息，並有效地幫助企業進行人才資源的挖掘。

（2）工資核算

①能根據公司跨地區、跨部門、跨工種的不同薪資結構及處理流程制定與之相適應的薪資核算方法。
②與時間管理直接集成，能夠及時更新，對員工的薪資核算動態化。
③回算功能。通過和其他模塊的集成，自動根據要求調整薪資結構及數據。

（3）工時管理

①根據本國或當地的日曆，安排企業的運作時間以及勞動力的作息時間表。
②運用遠端考勤系統，可以將員工的實際出勤狀況記錄到主系統中，並把與員工薪資、獎金有關的時間數據導入薪資系統和成本核算中。

（4）差旅核算

系統能夠自動控制從差旅申請、差旅批准到差旅報銷的整個流程。並且通過集成環境將核算數據導進財務成本核算模塊中去。

【思考】ERP 系統是否任何組織都需要？它成功的基礎是什麼？

隨著人們認識的不斷深入，ERP 已經被賦予了更深的內涵。它強調供應鏈的管理。除了傳統 MRP II 系統的製造、財務、銷售等功能外，還增加了分銷管理、人力資源管理、運輸管理、倉庫管理、質量管理、設備管理、決策支持等功能；支持集團化、跨地區、跨國界運行，其主要宗旨就是將企業各方面的資源充分調配和平衡，使企業在激烈的市場競爭中全方位地發揮足夠的能力，從而取得更好的經濟效益。現階段：融合其他現代管理思想和技術，面向全球市場，建設「國際優秀製造業」（world class manufacturing excellence）。這一階段倡導的觀念是精益生產、約束理論（TOC）、先進製造技術、敏捷製造以及現在熱門的 Internet/Intranet 技術。由此可見，企業管理理論的發展具有以下特點：

（1）它是一個供需鏈管理的完善過程

不論是最初的庫存管理，還是後來的採購、生產、銷售的管理，再後來的財務、工程技術的管理，企業外部資源的管理等，都是針對企業供需鏈的管理而不斷完善的一個過程。

（2）它與計算機技術的發展密切相關

這些企業管理思想的整個發展過程與計算機的發展息息相關，而且越來越緊密。計算機技術成了實現它們的必要工具，計算機軟件是它們的主要載體。

（3）它經歷了一個相當漫長的時期

整個理論的發展隨著經濟的發展、人們認識的提高、相關技術的進步，一步步發展起來。

第五節　現代管理的發展趨勢

知識經濟時代的到來，將掀起新一輪的管理變革。第二次世界大戰後，以信息技術為先導，電子信息、新材料、新能源、生物、空間、海洋等高科技領域均取得了一系列的重大突破和進展，如今，這些重大技術成就的全面產業化，為人類叩開了知識經濟新時代的大門。特別地，網絡互聯技術的發明與應用功不可沒，互聯網解決了異構計算機、異構網絡的互聯、互操作難題，借助光纖、衛星遠程通信等技術，使以指數增加的巨大的信息流向通過互聯網連接起來的成千上萬個國際組織和企業，加速了新技術新知識的廣泛傳播與應用，促進了世界經濟的一體化進程。

正因如此，知識經濟時代又被稱為網絡時代。現在，國際互聯網已由最初的科研教育領域延伸介入商業領域，正以年增百萬用戶的速度覆蓋全球，網上的網頁以1頁/秒的速度迅猛擴張；與此同時，PC機功能日趨強大，性能正在逼近或超過過去的中、小型機，價格則持續下降，良好的性能價格比使PC機得以進入億萬尋常百姓家，個人電腦現在基本上支持多媒體和聯網，上互聯網簡單輕鬆，網上消費成為一種時尚；信息家電產業出現，「機頂盒」能讓現有的電視、VCD進入互聯網世界，數字電視的出現使電視機與計算機的差別日益模糊⋯⋯互聯網上遍布各種類型的商業中心，提供從鮮花、圖書、軟件到計算機、汽車、投資諮詢等的各種消費商品和服務。互聯網早已不只是獲取信息的平臺，還是電子商務、交易、服務、娛樂的平臺，人類開始置身於數字化的生存空間，產業結構、生產方式乃至生活方式，都將經歷空前的社會性變遷。

管理的重心也正移向對知識和信息資源的管理。由於計算機和網絡通信技術的快速發展，Web技術、多媒體技術、數據倉庫、數據挖掘工具、網上搜索引擎等工具使信息的瀏覽、獲取、分析不再困難，以光纖網為骨幹的網絡提供的連通性，使信息可以世界範圍共享、高速傳遞。豐富、準確的信息使企業經營管理活動中的不確定性和盲目性大大降低，提高了對瞬息萬變的市場的快速應變能力。在日趨激烈的國際競爭中，產品正逐漸由勞動密集型向知識密集型演化，企業的生產經營越來越多地依靠智力，靠人才創新產品，人力資源發生質的變化。因此，不僅僅是常規的生產銷售方面

的信息，智力資源也進入管理的範疇，即所謂的知識管理，如施樂公司讓優秀技師們記錄下他們用來解決實際難題的竅門，提交給一個專家小組審查通過後有關記錄被存入一個公用知識數據庫中，並及時擴充、更新之，其他技師就可以通過網絡及時利用這些經過認可的有效實際經驗了。總之，在現代生產體系中，不僅勞動力、土地和資本，知識和信息也成為重要的生產資源，而且愈來愈重要。

知識經濟以創新為基本內容，數字化管理網絡的生命力就在於創新。最早生產出新產品，使用新技術和提供從未有過的新服務就能獲得一定壟斷利潤，取得競爭優勢。由於產品的市場生命週期大大縮短，產品推向市場所需的時間也大為縮短，不斷謀求創新，成為有計劃的常規活動。

【對引導案例的簡單分析】

許多企業把 ERP 的應用同企業的經營戰略實施混為一談，把「ERP」想像成包治百病的神丹妙藥，這是一種不恰當的做法。事實上通俗點講，ERP 僅僅是一種基於統計技術之上的管理思路和方法而已，通過準確、及時地將企業實際運作過程中產生的一些數據錄入系統，得到企業運轉過程中的各項統計報告；運用科學的方法對這些數據、報告進行分析，為決策提供參考和依據，這是 ERP 的價值和使命所在。

任何 ERP 軟件、包括 ERP 管理理論本身都不會直觀地告訴企業該做什麼樣的決策，它唯一能做的就是為企業奉獻數據——那些記錄和顯示著內外部環境變化的數據。至於怎樣讀懂這些數據、怎樣應對這些變化，那是管理的範疇，是決策者的能力和智慧應當去掌握和控制的。和質量控制的八項原則一致：它既是「以顧客為關注焦點」的體現，也強調「與供方的互利關係」；它既是一種「過程方法」的應用，更得益於「基於事實的決策方法」和「管理的系統方法」；它既需要各部門的「全員參與」，更取決於「領導作用」，只有實事求是地遵循和運用這些原則，它才能為你提供「持續改進」的堅強動力。

就提出的兩個案例而言：

首先，這兩家企業都非常重視採購庫存管理，案例 1 中的企業嚴格制定產供銷計劃，「採購部門則『照單抓藥』，努力滿足生產部門的需要，並把庫存控制在兩個月的生產用量之下，明顯地降低了原料占用成本」。這是「以顧客為關注焦點」、「全員參與」後得到的結果。然而，當某些目標見效之後，當更多的原始數據被分析提取出來之後，怎樣使之更好地為決策服務呢？這就是要運用「管理的系統方法」，突出領導的決策作用了。

案例一中也得出了原材料 30% 漲幅的結論，卻沒有圍繞這個結論更好地進行系統的決策，以應對這個變化。而案例二則「分析小麥原料價格走勢，並根據分析結論做出採購決策」。當原料的價格走勢得出之後，將囤積原料所增加的成本與材料漲價增加的成本做一個比較，於是——「當判斷原料要漲價，他們就會加大採購量，增加庫存；相反，就逐漸減少庫存」，「不但能夠平安渡過原料波動所帶來的衝擊，而且從中獲得了豐厚的價差利潤」。

其實提問者已經就兩個案例做出了比較並得到了答案：基於經營戰略的 ERP 管理的勝利，肯定是單純實施 ERP 管理所不能夠做到的。遺憾的是，許多實施 ERP 的企業領導不理解這一點，他們片面地以為用了 ERP 了就一切萬事大吉了，如果沒有的話肯

定就是 ERP 沒有實施好或者是軟件的問題。殊不知「領導作用」不僅在 ERP 實施中，在企業的各項管理中都是一個決定性的因素，不具備決策智慧和魄力的領導群體，其 ERP 實施成功的路途上一定會布滿荊棘、艱難無比。

本章小結

1. 企業創新一般分為技術創新、制度創新和管理創新三部分。
2. 管理創新可以降低技術創新過程中資源配置的不確定性，提高技術創新過程中資源的配置效率。
3. 在學習型組織中，每個人都要參與識別和解決問題，使組織能夠進行不斷的嘗試，改善和提高它的能力。
4. 學習型組織是指通過培養彌漫於整個組織的學習氣氛，充分發揮員工的創造性思維能力而建立起來的一種有機的、高度柔性的、扁平的、符合人性的、能持續發展的組織，是一個能使組織內的全體成員全身心地投入並有持續增長的學習力的組織，是通過學習能創造自我、擴大創造未來能量的組織。
5. 全面質量管理以質量為中心，建立在全員參與基礎上的一種管理方法，其目的在於長期獲得顧客滿意、組織成員和社會的利益。
6. 全面質量管理的內容應當包括設計過程、製造過程、輔助過程、使用過程四個過程的質量管理。
7. 企業資源計劃（enterprise resource planning，ERP）系統是指建立在信息技術基礎上，以系統化的管理思想，為企業決策層及員工提供決策運行手段的管理平臺。
8. ERP 主要包括三方面的模塊：生產控制（計劃、製造）、物流管理（分銷、採購、庫存管理）和財務管理（會計核算、財務管理）。

關鍵概念

1. 創新　2. 管理創新　3. 學習型組織　4. 全面質量管理　5. ERP

思考題

1. 為什麼成功的企業也需要創新的活動？
2. 從哪些方面開始創新？

練習題

一、單項選擇題

1. 美國管理大師彼德·德魯克說過，如果你理解管理理論，但不具備管理技術和

管理工具的運用能力，你還不是一個有效的管理者；反過來，如果僅具備管理技術和能力，而不掌握管理理論，那麼你充其量只是一個技術員。這句話說明（　　）。
  A. 有效的管理者應該既掌握理論，又具備管理技巧與管理工具的運用能力
  B. 是否掌握管理理論對管理工作的有效性來說，無足輕重
  C. 如果理解管理理論，就能成為一名有效的管理者
  D. 有效的管理者應該注重管理技術與工具的運用能力，而不必注意管理理論
2. 全面質量管理體現的是（　　）的管理思想。
  A. 以人為本　　　　　　　　B. 實事求是
  C. 成本領先　　　　　　　　D. 標準化
3. 全面質量管理區別於質量管理初級階段的內容在於（　　）。
  A. 以預防為主　　　　　　　B. 以過程控制為主
  C. 以成本核算為主　　　　　D. 以事後檢查為主
4. PDCA是戴明提出的工作程序，其中第一個階段是（　　）。
  A. P　　　　　　　　　　　　B. D
  C. C　　　　　　　　　　　　D. A
5. 知識經濟背景下，（　　）使組織的邊界變得模糊，出現了所謂的「空殼組織」，使企業組織把盡可能多的實體變成數字信息，減少實體空間，更多地依賴電子空間。
  A. 虛擬化　　　　　　　　　B. 網絡化
  C. 分立化　　　　　　　　　D. 柔性化

二、論述題

1. 論述實施全面質量管理的必要條件。
2. 試述管理創新的內容。

三、案例分析

(一) 危機管理：寶潔「SK－Ⅱ安全危機」事件

2005年3月初，江西消費者將寶潔告上法庭，原因是使用SK－Ⅱ產品後，非但沒有出現宣傳的神奇功效，反而導致皮膚灼傷；並在該產品掩藏在中文下的日文產品成分說明中發現俗稱「燒鹼」的氫氧化鈉。3月7日，寶潔發表緊急聲明，稱SK－Ⅱ產品是安全的，宣傳效果也有測試數據為證。3月9日，代言SK－Ⅱ緊膚抗皺精華乳的香港明星劉嘉玲發電子郵件表示聲援，稱「我很高興繼續支持SK－Ⅱ」。隨後寶潔公司草草地發布聲明，稱「產品有雙重保險保證其安全性」，並強調「產品手冊中對產品的宣傳有實驗數據支持」。同時，寶潔公司指責「此事後面有利益集團在操縱」。緊接著，寶潔公司在全球範圍內推出公益品牌——「生活、學習和成長」，向中國公益事業第一品牌「希望工程」捐獻400萬元。3月21日，河南《今日安報》披露，鄭州消費者由於擔心SK－Ⅱ質量有問題，要求退貨被拒絕，決定起訴寶潔公司。眾媒體轉載了

這條新聞，並對 SK-Ⅱ 的安全再次質疑，但寶潔仍然對外界閃爍其詞。4月1日，寶潔公司到南昌市工商局簽字接受20萬元處罰。4月7日，王海向國家工商總局舉報寶潔 SK-Ⅱ 廣告詐欺消費者。8月24日下午，寶潔公司臨時在北京召開 SK-Ⅱ 媒體溝通會。

【問題】如何應對突發危機？應對突發危機最好的處理原則有哪些？

(二) ERP 實例

我們舉個現實例子來說明一下什麼是 ERP。

一天中午，丈夫在外給家裡打電話：「親愛的老婆，晚上我想帶幾個同事回家吃飯可以嗎？」(訂貨意向)

妻子：「當然可以，來幾個人，幾點來，想吃什麼菜？」

丈夫：「6個人，我們7點左右回來，準備些酒，烤鴨，番茄炒蛋，涼菜，蛋花湯……你看可以嗎？」(商務溝通)

妻子：「沒問題，我會準備好的。」(訂單確認)

妻子記錄下需要做的菜單 (MPS 生產計劃)，具體要準備的東西：鴨，酒，番茄，雞蛋，調料…… (BOM 物料清單)。發現需要：1只鴨蛋，5瓶酒，4個雞蛋…… (BOM 展開)，炒蛋需要6個雞蛋，蛋花湯需要4個雞蛋 (共用物料)。

打開冰箱一看 (庫房)，只剩下2個雞蛋 (缺料)。

來到自由市場，妻子：「請問雞蛋怎麼賣？」(採購詢價)

小販：「1個1元，半打5元，1打9.5元。」

妻子：「我只需要8個，但這次買1打。」(經濟批量採購)

妻子：「這有一個壞的，換一個。」(驗收，退料，換料)

回到家中，準備洗採，切菜，炒菜…… (工藝線路)，廚房中有燃氣竈，微波爐，電飯煲…… (工作中心)。妻子發現拔鴨毛最費時間 (瓶頸工序，關鍵工藝路線)，用微波爐自己做烤鴨可能來不及 (產能不足)，於是在樓下的餐廳裡買現成的 (產品委託加工)。

下午4點，電話鈴又響了，兒子電話：「媽媽，晚上幾個同學想來家裡吃飯，你幫忙準備一下。」(緊急訂單)

「好的，你們想吃什麼？爸爸晚上也有客人，你願意和他們一起吃嗎？」

「菜你看著辦吧，但一定要有番茄炒雞蛋，我們不和大人一起吃，6:30左右回來。」(不能並單處理)

「好的，肯定讓你們滿意。」(訂單確定)

雞蛋又不夠了，打電話叫小販送來。(緊急採購)

下午六點三十分，一切準備就緒，可烤鴨還沒送來，急忙打電話詢問：「我是李太，怎麼訂的烤鴨還不送來？」(採購委外單跟催)

「不好意思，送貨的人已經走了，可能是堵車吧，馬上就會到的。」

門鈴響了。「李太太，這是您要的烤鴨。請在單上簽一個字。」(驗收，入庫，轉應付帳款)

下午六點四十五分，女兒的電話：「媽媽，我想現在帶幾個朋友回家吃飯可以嗎？」(呵呵，又是緊急訂購意向，要求現貨)

「不行呀，女兒，今天媽已經需要準備兩桌飯了，時間實在是來不及，真的非常抱歉，下次早點說，一定給你們準備好。」(哈哈，這就是 ERP 的使用局限，要有穩定的外部環境，要有一個起碼的提前期)

送走了所有客人，疲憊的妻子坐在沙發上對丈夫說：「親愛的，現在咱們家請客的頻率非常高，應該要買些廚房用品了 (設備採購)，最好能再雇個小保姆 (連人力資源系統也有接口了)。」

丈夫：「家裡你做主，需要什麼你就去辦吧。」(通過審核)

妻子：「還有，最近家裡花銷太大，用你的私房錢來補貼一下，好嗎？」(最後就是應收貨款的催要)

【問題】

ERP 主要包括哪些模塊？

(三) 香港銀行信用卡業務的行銷策略創新

在香港，有「銀行多過米鋪」的說法，這並不誇張。香港作為僅次於紐約和倫敦的國際金融中心，在不足 1,100 平方千米的彈丸之地，雲集了來自世界 40 個國家的數百家銀行，其中包括全世界 100 個最好的銀行中的 80 個國際性大銀行，368 個授權機構和地方銀行代表以及近 1,500 家支行。香港 11.6% 的人口從事與金融機關的工作，每一個香港人的生活都與銀行、金融密不可分。一張小小的信用卡就足以體現這種聯繫。信用卡為香港人普遍接受並廣泛使用，在其生活中佔有重要的地位，信用卡業務也自然成為商家必爭之地。香港信用卡市場潛力大但競爭者多，為求得生存和發展，各銀行積極展開促銷手段，金融創新層出不窮。

匯豐銀行是香港分支機構最多的銀行之一，它擁有相當完善的硬件設施。持有匯豐銀行的信用卡，可在遍布全球的 420 萬家商戶消費，在世界 9,000 部環球通自動櫃員機及全球 20 萬間特約服務機構提款。為了吸引更多的用戶，匯豐銀行的信用卡還附帶了 3 種額外服務：第一，30 天購物保障。使用信用卡所購之物如有損壞、失竊，可獲高至 3,000 港元的賠償。第二，全球旅遊保險。持卡人在旅遊期間享有高達 200 萬港元的個人意外保險，包括行李遺失賠償、法律支援、保障及意外醫療津貼。第三，全球緊急醫療支援。持卡人只要致電就近熱線，就可獲醫療諮詢和轉介服務。同時，持有信用卡可享受租車與有多家名店消費的折扣優惠，還可通過積分計劃換取香港多家名店和餐館的現金禮券。所謂「積分計劃」，是指每簽帳或透支現金 1 港元，對應某一分值，在銀行規定的時間段中，憑累積的分數，可免費或以優惠價換取禮品、旅遊或獎金。另外，匯豐銀行還針對不同的消費群體，以及各個時期的熱點採取不同的策略和不同的卡種。比如，為了爭取學生這一消費群體，匯豐銀行對大學生信用卡採取的策略是免繳首年年費，申請時贈送小禮品。在 1998 年世界盃足球賽期間，匯豐銀行利用這項全球矚目的體壇盛事針對球迷推出了「世界盃萬事達卡」。這張信用卡上印有「98 世界盃足球賽」的標誌，並邀請球王貝利為其做廣告宣傳。另外，申請該卡可享受三

種優惠：得到現金 100 元的體育用品名店購物券 3 張；憑卡在 3 家特約體育名店消費，享受九折優惠；獲取最新的體育諮詢。同時也享有 30 天購物保障，可參與積分計劃等。所以，該卡一推出，就得到廣大球迷的歡迎。

東亞銀行是匯豐的強勁對手。在香港地區，東亞推出「世界通」信用卡。持有「世界通」，可在全球有「Visainterlink」標誌的商戶直接購物，手續費全免，還可方便地轉帳給海外的親友。而在香港大學校園內，東亞銀行採取了與匯豐不同的行銷策略。東亞銀行推出專門針對香港大學生及教職工的信用卡業務；港大智能卡和香港大學信用卡。港大智能卡（HKU Smart Card）最特別的功能是：兼作大學學生證和教職員證。在智能卡上，印有持卡人的照片，在港大校園內及所有 VisaCash 商戶付帳時，持卡人無須簽名和輸入密碼，在校外的自動櫃員機上也可方便地進行各種操作。東亞銀行還針對學生價格彈性大的特點，對學生卡實行在校期間年費全免及積分優惠計劃等鼓勵措施。另外，東亞銀行還與港大合作，為持卡學生提供數項與在港大生活、學習密切相關的優惠：如持有東亞卡，可直接申請體育中心會員證，免繳大學學生會終身會籍會費 800 元；可在辦理圖書證時節省 500 元押金；申請港大某計算機中心的電腦網絡服務年費可獲折扣優惠等。為表明銀行與港大的相互支持，還聲明將香港大學信用卡每月簽帳額的 0.35% 轉贈港大「教研發展基金」，以後每年年費 50% 亦撥入該基金。這樣，東亞銀行便樹立起支持教育和與港大水乳交融的公眾形象，贏得了港大師生員工的信賴。

香港的其他銀行也採取各種措施來推銷它們的信用卡。比如，花旗銀行迎合香港人中「追星一族」對「四大天王」的崇拜心理，邀請郭富城推出系列廣告。只要申請花旗信用卡，除免交首年年費外，持卡可獲贈「98 郭富城演唱會門票」2 張以及「郭富城」腕表一只。這一促銷自然得到了「郭富城迷」的熱烈反應。而大通曼哈頓銀行的信用卡則以優先訂票（演唱會、體壇盛會、舞臺表演）和復式積分（積分採用復式計算）及長達 70 天的免費還款期來吸引客戶。

總之，在信用卡促銷大戰中，消費者們看到的是精美的卡片，誘人的優惠條件、豐厚的禮品和動人的廣告詞，然而隱藏在其後的卻是高超的行銷策略和巧妙的金融創新。

價格策略

價格策略即銀行通過降低信用卡這種商品的價格來吸引顧客。顧客用於購買信用卡服務的價格構成包括發卡費、信用卡年費、轉帳手續費、透支利息、資金沉澱及掛失補卡費等。在激烈的市場競爭中，各銀行都紛紛降低甚至免交各種手續費用來爭取客源，最典型的是免費辦卡、免年費、免費轉帳等，因此，這部分收入在銀行信用卡業務利潤構成中的比例有減少的趨勢。而降低價格的策略成為最基本的信用卡行銷策略。為鼓勵消費者的長期消費行為，各銀行又推出低透支息和優惠積分計劃等措施，以便獲得長期穩定的利息收入。更重要的是，借此增加顧客在特約商戶的消費，提高商戶佣金這部分收入。這樣，商戶的佣金在銀行信用卡業務利潤構成中的比重將會增大，成為銀行信用卡業務的利潤增長點。

服務策略

服務策略即銀行通過完善信用卡基本服務和增加信用卡附加服務來打動顧客。信用卡的基本服務有透支便利、存取便利等特點。在信用卡大戰的初期，銀行往往在提高基本服務質量上下工夫，如提高 ATM 通存通兌的便利性，增加商戶 POS 聯網的範圍，完善開銷戶、授權、掛失、補卡服務。但當競爭發展到一定程度後，服務策略就轉向增加信用卡附加服務上來，如信用卡附帶購物保障、旅遊保險、全球醫療緊急支援、優先訂票及諸多商戶的打折優惠。完善信用卡的各種服務，不僅能使持卡人體會方便快捷的消費感受，還能使持卡人獲得信用卡帶來的諸多優惠和安全保障，體現了銀行對持卡人的全面照顧。這種富有人情味的服務創新，更能引起顧客的好感，受到市場的青睞。

產品策略

產品策略即銀行通過開發針對細分市場的異樣化產品，占領特定的細分市場。針對持卡人年齡、職業、收入、愛好等特點，可劃分出不同的細分市場，推出具有特殊服務功能的卡種來贏得消費者。如為球迷推出世界杯足球卡，為某一大學的師生推出大學信用卡，為歌迷推出明星卡，這些產品創新都能更確實具體地滿足細分市場中的消費者的特定需要，所以更能被這一市場的消費者接受。隨著人們生活水準的提高，對商品的個性化要求會愈來愈高，因此，金融產品的設計也必須從面向諸多存在共性的消費者的大市場轉而面向具有鮮明個性和特殊需要的少數甚至個別消費者的小市場，這是金融產品創新的必然趨勢。

香港社會的經濟發達程度遠高於內地平均的經濟水準，其金融市場也因自由和法制的社會特質而得到充分競爭和全面發展，因此，香港的金融在世界上占據了一席之地。對內地而言，香港的迴歸帶來了兩地金融的交流與學習機會，借鑑香港銀行業在金融創新上的成功經驗顯得更為現實和具有積極意義。

【討論】

此案例對你有什麼啓發？對於產品的銷售，你有什麼創新的想法？舉例說明。

國家圖書館出版品預行編目（CIP）資料

管理學原理 / 徐中和, 張建濤 主編. -- 第一版.
-- 臺北市：財經錢線文化發行；崧博出版, 2019.11
　　面；　公分
POD版

ISBN 978-957-735-944-5(平裝)

1.管理科學

494　　　　　　　　　　　　　108018077

書　　名：管理學原理
作　　者：徐中和、張建濤 主編
發 行 人：黃振庭
出 版 者：崧博出版事業有限公司
發 行 者：財經錢線文化事業有限公司
E - m a i l：sonbookservice@gmail.com
粉 絲 頁：　　　　網　址：
地　　址：台北市中正區重慶南路一段六十一號八樓815室
8F.-815, No.61, Sec. 1, Chongqing S. Rd., Zhongzheng
Dist., Taipei City 100, Taiwan (R.O.C.)
電　　話：(02)2370-3310 傳　真：(02) 2388-1990
總 經 銷：紅螞蟻圖書有限公司
地　　址：台北市內湖區舊宗路二段 121 巷 19 號
電　　話:02-2795-3656 傳真:02-2795-4100　　網址：
印　　刷：京峯彩色印刷有限公司（京峰數位）

本書版權為西南財經大學出版社所有授權崧博出版事業股份有限公司獨家發行電子書及繁體書繁體字版。若有其他相關權利及授權需求請與本公司聯繫。

定　　價：320 元
發行日期：2019 年 11 月第一版
◎ 本書以 POD 印製發行